计算机网络技术

主　编　吴立勇
副主编　施艳召　郭　鹏　余　飞
　　　　卜天然　叶良艳　张　艳

北京航空航天大学出版社

内容简介

本书内容实用易学，强调动手能力。主要介绍了计算机网络的基础内容，包括网络的基本概述、局域网的组建、无线网络的规划和建设、路由和路由协议网络工程设计案例，最后介绍了网络的常见故障及排除，是学习计算机网络的入门教材。

本书可作为高职高专计算机网络专业教材，也可供成人教育参考、计算机网络技术爱好者使用。

图书在版编目(CIP)数据

计算机网络技术/吴立勇主编 .-- 北京：北京航空航天大学出版社，2010.5

ISBN 978-7-5124-0061-0

Ⅰ.①计… Ⅱ.①吴… Ⅲ.①计算机网络—高等学校:技术学校—教材 Ⅳ.①TP393

中国版本图书馆 CIP 数据核字(2010)第 062133 号

计算机网络技术

主　编　吴立勇

副主编　施艳召　郭　鹏　余　飞

　　　　卜天然　叶良艳　张　艳

责任编辑　胡　敏

*

北京航空航天大学出版社出版发行

北京市海淀区学院路 37 号(邮编 100191)　http://www.buaapress.com.cn

发行部电话:(010)82317024　传真:(010)82328026

读者信箱:bhpress@263.net　邮购电话:(010)82316936

北京市媛明印刷厂印装　各地书店经销

*

开本:787 mm×1 092 mm　1/16　印张:13.5　字数:346 千字

2010 年 5 月第 1 版　2010 年 5 月第 1 次印刷　印数:5 000 册

ISBN 978-7-5124-0061-0　定价:27.00 元

前 言

当今世界的互联网技术发展迅猛,已经渗入了各个领域,对人类的日常生活和生产活动产生了极大的影响。计算机网络构建与维护、网络工程设计、网络安全管理、网站设计构架、网络维护等已经变得越来越重要了。近年来随着互联网技术的迅速普及和应用,我国的通信和电子信息产业正以级数的增长速度发展起来,从而也带来了技术人才需求的不断增加,使计算机网络技术成为一个热门专业。

为了适应市场需求的不断变化,适应社会职业技能型人才培养的要求,编者编写了《计算机网络技术》。本书主要是供高等职业教育、成人教育以及计算机网络技术爱好者使用的计算机网络教材,能让读者在学习中一步一步地走进神奇的计算机网络世界,了解计算机网络的基本结构、应用及发展,从而有能力从事小型网络的建设和维护。

本书以适于企业应用为主,强调实际动手能力,在讲解网络基本知识的同时,加入在实际网络中的应用知识和经验,使读者对网络的基本工作原理和应用有一个较为直观的认知。

本书主要包括以下两部分内容:第一部分主要讲解了网络的基本知识,包括网络的基本概念、发展、协议以及局域网组网技术;第二部分主要讲解了网络的一般应用,包括基于 Windows 2003 的互联网服务的应用和配置、基于无线网络的应用以及一个校园网的工程案例。

参编作者及主要编写分工如下:安徽电子信息职业技术学院吴立勇编写第 3 章、第 6 章,施艳召编写第 10 章、第 11 章,郭鹏编写第 7 章、第 4 章,余飞编写第 1 章、第 2 章,叶良艳编写第 9 章;安徽商贸职业技术学院卜天然编写第 8 章;九江学院信息科学与技术学院张艳编写第 5 章。

在本书的编写过程中,编者参考了许多相关的文献资料,并在实际应用中做了大量的实践,力求做到全书知识实用、语言通俗易懂、层次分明,既能让读者轻松地学习知识,又能让读者把理论知识较为容易地应用到实际实践当中去。

本书的编写得到了许多朋友的关心和支持,编者特别感谢苏传芳副教授给予的指导和帮助,也特别感谢李荣香女士、王海璐女士、马建先生和吴羿辰先生给予的关心和支持。

由于编者水平有限,时间仓促,对于书中存在的疏漏与不足之处,敬请广大读者和专家批评指正。

编　者

2010 年 1 月

目 录

第1章 计算机网络概述

【学习目标】

- 掌握计算机网络的基本概念
- 掌握计算机网络体系结构的基本概念
- 了解计算机网络的组成
- 理解计算机网络的分层

随着计算机技术的快速发展与普及，计算机网络正以前所未有的速度向世界的每一个角落延伸。计算机网络应用领域极其广泛，包括现代工业、军事国防、企业管理、科教卫生、政府公务、安全防范和智能家电等。网络已经成为我们生活中不可或缺的一部分，例如 Internet、局域网，甚至手机通信的 GPRS，生活中到处反映着网络的力量。同时，网络传媒、电子商务等给更多企业带来了无限的商机。因此，学习计算机网络基础知识对于读者掌握计算机网络操作技能、融入社会生活是非常重要的。

1.1 计算机网络的初步认识

计算机网络是众多计算机借助于通信线路连接形成的结果。计算机通过连接的线路相互通信，从而使得位于不同地方的人借助计算机互相沟通。由于计算机是一种独立性很强的智能化机器系统，因此网络中的多个计算机可以协作沟通共同完成某项工作。由此可见，计算机网络是计算机技术与通信技术紧密结合的产物。

除此以外，计算机网络还可用于共享资源。计算机硬盘和其他存储设备中存储了大量的文字或数据等软件资源，网络中也可接入许多功能性设备，例如打印机、扫描仪等硬件资源，位于计算机网络中的任何计算机都可通过沟通得到这些资源的使用权，并借助于通信线路传输指令，获得软件资源，控制硬件资源，由此便达到了共享资源的目的。

1.1.1 什么是计算机网络

计算机网络是将位于不同地理位置并具有独立功能的多个计算机系统通过通信设备和线路系统连接起来，并配以完善的网络软件（网络协议、信息交换方式以及网络操作系统等）来实现网络通信和软、硬件资源共享的计算机集合。图 1.1 为计算机网络简化的示意图。

建立计算机网络就是为了使得在不同地方的人能够利用计算机网络相互交流和协作，从而共同创造和共享资源。例如，一家公司在全国各地拥有诸多公司分部和办事机构，要想使这

些部门保持持久联系，可以使用电话、信件和电报等传统的通信方式，这将耗费大量的时间和金钱。如果把各个部门用计算机网络连接起来，那么他们可以利用本部门的计算机在网络上进行低成本的实时通信，并且可以共同协作，共享资源。假如公司要求对全国各地的客户进行产品使用的调查，公司总部可在第一时间将调查项目通过网络传输给各个办事机构，各个办事机构则可一起在网上讨论，将调查项目按照要求分工，从而进行协作以及通过资源共享交流调查数据，最终完成调查工作并将调查数据汇总至公司总部。此公司计算机网络示意图如图 1.2 所示。

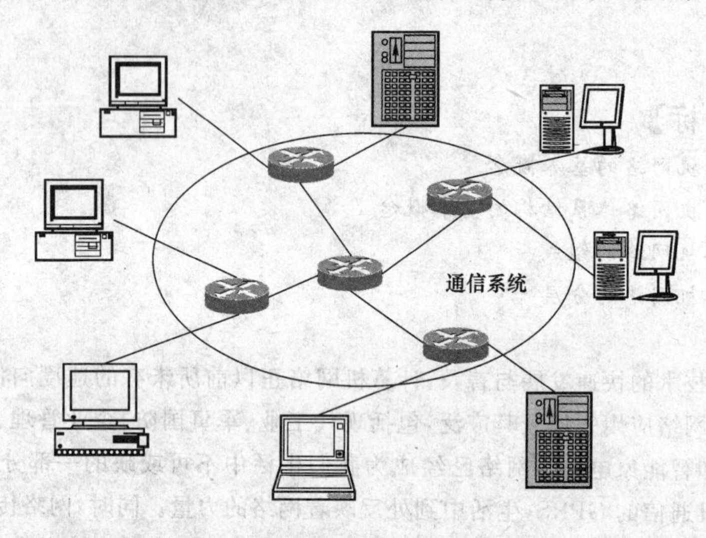

图 1.1　计算机网络简化的示意图

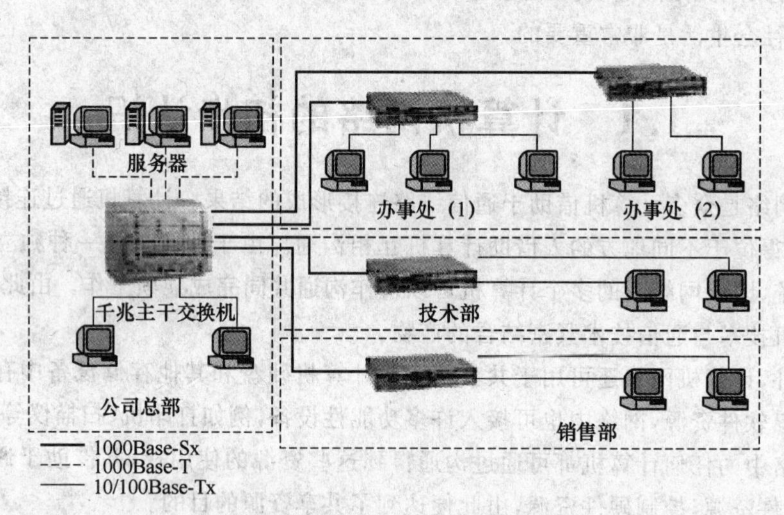

图 1.2　公司计算机网络示意图

在计算机网络的定义中需要强调的是，计算机网络一定是计算机的集合。如图 1.1 和图 1.2 所示，计算机网络除了通信设备和线路系统外，其末端都是一台独立的计算机，网络末端设备通常称为终端。而终端并不一定都是能够独立处理信息的高智能化的计算机，比如超市里最后计算总价并开票的机器和购买体育彩票时所用的“电脑”都不能算作一台计算机。因为它们尽管被通信设备和线路系统连接，但它们本身并不独立，只能算作是一个信息输入/输出

系统。这种哑终端的数据处理实际上是通过网络中的中央计算机进行的(如图1.3所示)。哑终端把已经输入的信息传输给中央计算机,中央计算机进行处理,然后把处理好的数据交给哑终端显示,由于中央计算机的性能很好,处理速度很快,所以会给人一种这些数据是哑终端自己处理的感觉。有的哑终端甚至只有显示器和键盘。由此可见,只有终端是计算机的网络,才能被称为计算机网络,而以哑终端构架的网络不属于计算机网络。

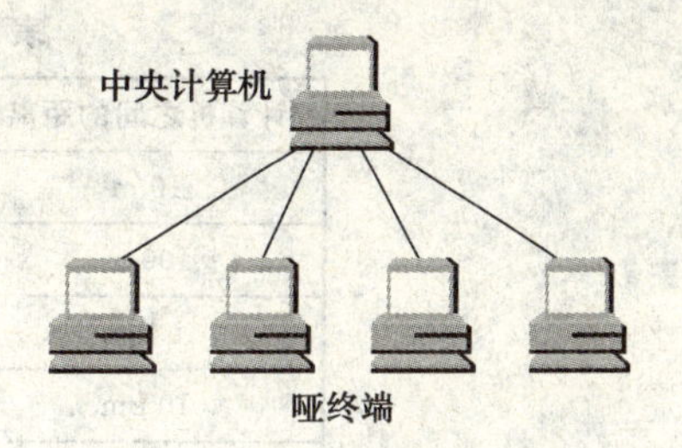

图1.3　哑终端网络示意图

1.1.2　计算机网络的分类

计算机网络有很多种类,其划分标准也不同。比如:按照技术分类,可分为以太网、令牌环网、X.25网和AIM网等;按照交换功能分类,可分为报文交换网络、分组交换网络和混合交换网络等;按照网络使用者分类,可分为专用网和公用网等。随着网络技术的高速发展,很多种类的网络已经被市场淘汰,我们现在用的网络都是以太网,数据交换方式为分组交换。因此,对于网络种类的划分最常用的是按照其地理覆盖范围。

按照地理覆盖范围,计算机网络可分为广域网、城域网、局域网。

1. 广域网 WAN(Wide Area Network)

广域网的作用范围通常是几十千米到几千千米以上,是覆盖范围最广的一种网络。它可以把不同省份、不同国家、不同地域的计算机或计算机网络连接起来,形成国际性的计算机网络。广域网也是Internet的核心,其任务是通过长距离运送主机所发送的数据。由于传送距离过长,广域网的通信设备和线路都有能够高速传输大量信息的特点。广域网一般由国家和大规模的通信公司利用卫星、海底光缆和公用网络等组建。

2. 城域网 MAN(Metropolitan Area Network)

城域网的覆盖范围仅次于广域网,作用范围是方圆几十千米以内的大量的企业、学校、机关等。一般认为它可以横跨一座城市,也可以是属于一个城市的公用网。当然一个城市的多个教育机构或者多家企业也可以拥有自己的城域网。

3. 局域网 LAN(Local Area Network)

局域网的作用范围很有限,只有一千米左右。一般只能作用于一个社区,一个企业,一个校园,甚至一栋大楼和一间房子。一个单位可拥有多个局域网。我们平时所说的校园网,企业网都属于局域网。局域网也是我们日常生活中最常见,应用最广泛的计算机网络。本书第2章将详细讲述局域网技术。图1.4是最简单的局域网示意图。

全球最大的网络是Internet,它被称为“网络的网络”。因为Internet本身就是由全球数不清的各种计算机网络通过通信设备互连而成的,而且接入Internet的计算机网络的数量每天都在增加,其中混合了局域网、城域网和广域网等网络。各种网络的作用范围如表1.1所列。

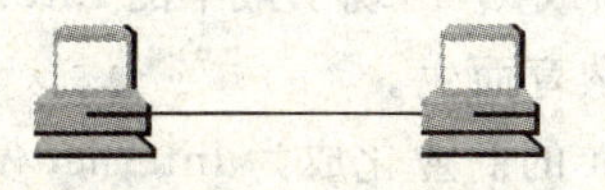

图1.4　局域网示意图

表 1.1　各种网络的作用范围

计算机之间的距离	计算机所在地	网络分类
10 m	机房	局域网
100 m	建筑物	
1 km	校园	
10 km	城市	城域网
100 km	跨省，市，国家	广域网
1 000 km	全球范围	Internet

1.1.3　计算机网络的发展与作用

网络最初发展可以追溯到 20 世纪 50 年代。这个时期，计算机技术正处于第一代电子管计算机向第二代晶体管计算机过渡期。当时人们尝试把分别独立发展的通信技术和计算机技术联系起来。例如美国的半自动地面防空系统(SAGE)。在 SAGE 系统中把远程距离的雷达和其他测控设备的信息经由线路汇集至一台 IBM 计算机上进行集中处理与控制。这个时期的通信技术经过几十年的发展已经初具雏形了。这些都奠定了今后网络发展的基础，为网络的出现做好了前期的准备工作。

有了第一阶段的理论基础，网络进入第二个发展阶段，即 20 世纪 60 年代。这个时期正值美苏的冷战时期，美国为了防止其军事指挥中心被苏联摧毁后出现瘫痪，于是开始设计一个由许多指挥点组成的分散指挥系统。这种指挥系统网络将这些指挥点连接起来，并保证即使当其中一个指挥点被摧毁，也不至于出现指挥系统全面瘫痪的现象。符合这种条件的网络于 1969 年诞生于美国国防部高级研究计划管理局(ARPA)，它就是基于分组交换技术的 ARPANET 网络。ARPANET的出现是计算机网络发展的一个里程碑，是 Internet 发展的基础。而分组交换技术也是 60 年代网络发展的重要标志之一。

20 世纪 70 年代中期，网络发展进入了第三个阶段。随着计算机技术的快速发展，出现了个人计算机，计算机网络得到了一定的运用，促使计算机生产厂商也开始开发自己的计算机网络系统，各种局域网、广域网迅猛发展。1974 年 ARPA 的鲍勃·凯恩和斯坦福的温登·泽夫合作，提出了著名的 TCP/IP 协议。

20 世纪 80 年代可以说是网络发展中非常重要的一个十年，也是网络发展的第四个阶段。首先是 1983 年，现代计算机网络的灵魂——TCP/IP 协议，作为 BSD UNIX 操作系统的一部分，得到了广泛的认可与应用，并逐步流行起来。1985 年，美国科学家基金会(NSF)组建 NSFNet——美国政府和许多大学资助的研究机构，一些私营的研究机构也纷纷把自己的局域网并入 NSFNet 中，因此其得以迅速扩大。1986 年，NSFNet 网络取代 ARPANT 网络成为 Internet 主干网，当时其速度是 56 Kb/s。随着 Internet 技术的不断成熟，出现了最早的 Internet 服务提供商(ISP)，全球广域网和世界上第一个超文本浏览器也孕育而生。

20 世纪 90 年代至今，Internet 被广泛地应用于商业，Internet 的商业化成为 Internet 发展的一剂催化剂，促使它以空前的速度迅速发展。主干网的速度不断大幅度提升，接入网络的计算机数目与网民的增长进入“雪崩”期，各种商业服务蜂拥进入 Internet，“眼球经济”让世界掌声响起。计算机网络实现了第二次飞跃。

中国的 Internet 起始于 1991 年。在中美高能物理年会上，美方发言人怀特·托基提出把中国纳入互联网络的合作计划。三年后，中国正式加入 Internet。1995 年 5 月，张树新创立第一家互联网服务供应商——瀛海威，中国的普通百姓开始进入互联网络。2000 年，中国三大门户网站搜狐、新浪、网易成功地在美国纳斯达克挂牌上市。时隔两年，搜狐率先宣布盈利，标志着中国互联网的春天已经来临。

今天的 Internet 已经演变成了一个开发和使用信息资源的覆盖全球的信息海洋。Internet 使世界变得越来越小，人们足不出户就可以在全世界范围内进行网上购物、浏览新闻、观看在线视频、查看股市、了解天气、阅读书籍甚至游玩世界名胜古迹等。Internet 从事的商业服务包括了媒体、广告、航空、生产、艺术、旅游、书店、化工、通信、计算机、咨询、娱乐、财贸、各类商店及旅馆等 100 多类，覆盖了社会生活的方方面面，俨然构成了一个信息社会的缩影。

1.2　计算机网络的组成

和任何计算机系统由软件和硬件组成一样，完整的计算机网络系统由网络硬件系统和网络软件系统组成。如定义所说，网络硬件系统由计算机、通信设备和线路系统组成，网络软件系统则主要由网络操作系统以及包含在网络软件中的网络协议等部分组成。不同技术、不同覆盖范围的计算机网络所用的软硬件配置都有不同，下面来详细介绍。

1.2.1　计算机网络的硬件组成

现在我们用的计算机网络都是以太网(Ethernet)，其他类型的网络都逐渐被市场淘汰。

1. 网　卡

网卡又名网络适配器(Network Interface Card)，简称 NIC。它是计算机和网络线缆之间的物理接口，是一个独立的附加接口电路。任何计算机要想接入网络都必须确保在主板上接入网卡。因此，网卡是计算机网络中最常见也是最重要的物理设备之一。网卡的作用是将计算机要发送的数据整理分解为数据包，转换成串行的光信号或电信号送至网线上传输；同样也把网线上传过来的信号整理转换成并行的数字信号，提供给计算机。因此网卡的功能可概括为：并行数据和串行信号之间的转换、数据包的装配与拆装、网络访问控制和数据缓冲等。最近流行的无线上网，则需要无线网卡。如图 1.5 所示为一个网卡。

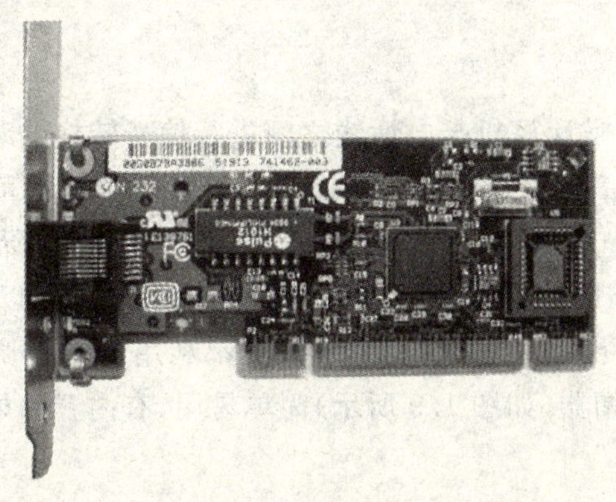

图 1.5　网　卡

2. 网　线

计算机网络中计算机之间的线路系统是由网线组成的。网线有很多种类，通用的有双绞线(如图 1.6 所示)和光纤(如图 1.7 所示)两种。其中双绞线一般用于局域网或计算机之间少于 100 m 的连接，光纤一般用于传输速率快、传输信息量大的计算机网络(如城域网和广域网等)。光纤的传输质量好、速度快，但造价和维护费用昂贵；而双绞线简单易用，造价低廉，但只适合近距离通信。计算机的网卡上有专门的接口供网线接入。网线与网线制作的详细内容参见本书第 2 章局域网组建技术。

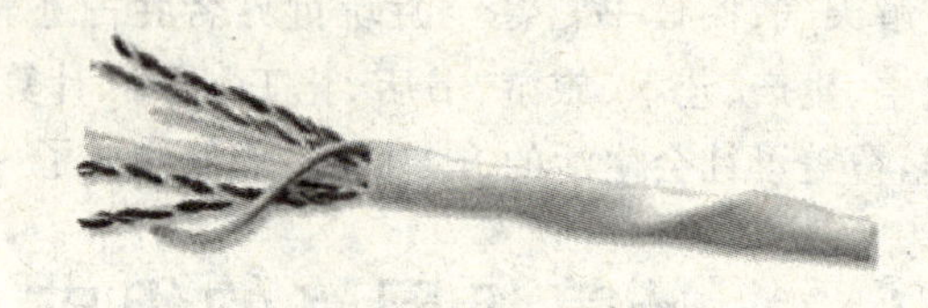

图 1.6　双绞线

3. 集线器

集线器(Hub)的主要功能是对接收到的信号进行再生整形放大，以扩大网络的传输距离，同时把所有节点集中在以它为中心的节点上。集线器工作在网络最底层，不具备任何智能，它只是简单地把电信号放大，然后转发给所有接口。集线器一般只用于局域网，需要加电，可以把若干个计算机用双绞线连接起来组成一个简单的网络。集线器(如图 1.8 所示)的详细内容也可参见第 2 章。

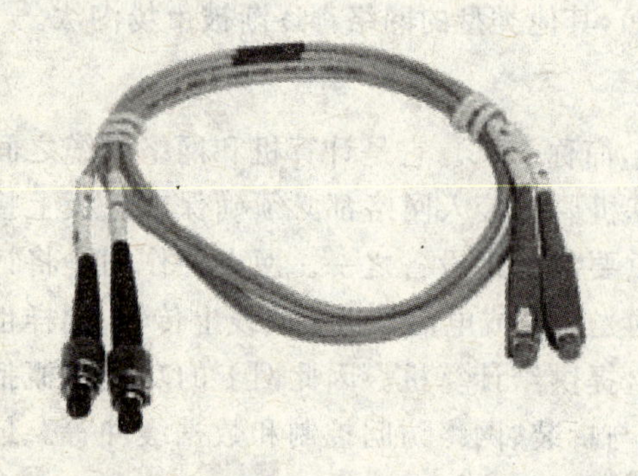

图 1.7　光　纤

图 1.8　集线器

4. 调制解调器

调制解调器(Modem)是计算机与电话线之间进行信号转换的装置，它可以完成计算机的数字信号与电话线的模拟信号之间的互相转换。使用调制解调器可以使计算机接入电话线，并利用电话线接入 Internet。由于电话的使用远远早于 Internet，所以电话线路系统早已渗入千家万户，并且非常完善和成熟。如果利用现有的电话线上网，可以省去 Internet 线路系统的费用，这样可节省大量的资源。因此现在大多数人都利用调制解调器接入电话线上网，比如 ADSL 接入技术。调制解调器(如图 1.9 所示)简单易用，有内置和外置两种。

5. 交换机

交换机(Switch)又称网桥。在外形上交换机和集线器很相似，并且都应用于局域网，但是

交换机是一个拥有智能和学习能力的设备。交换机接入网络后可以在短时间内学习掌握此网络的结构以及与它相连计算机的相关信息，并且可以对接收到的数据进行过滤，而后将数据包送至与目的主机相连的接口。因此交换机比集线器传输速度更快，内部结构也更加复杂。一般我们可用交换机组建局域网或者用它把两个网络连接起来（例如学校机房就用交换机把机房的局域网接入校园网）。市场上最简单的交换机造价100元左右，而用于一个机构的局域网的交换机则需要上千甚至上万元。交换机（如图1.10所示）的详细介绍参见第2章。

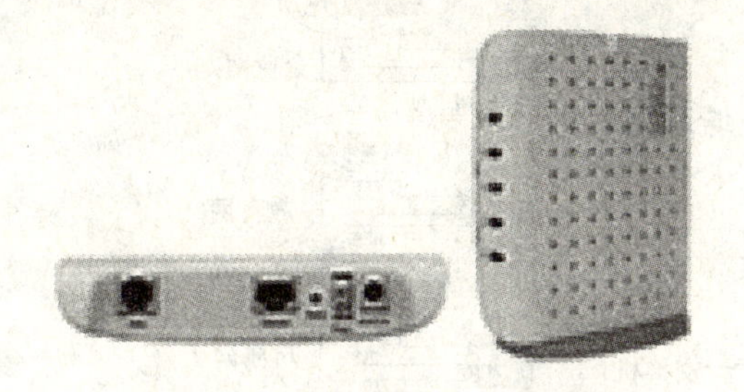

图1.9 ADSL调制解调器

图1.10 交换机

6. 路由器

路由器(Router)是一种连接多个网络或网段的网络设备，它能对不同网络或网段之间的数据信息进行“翻译”，以使它们能够相互“读”懂对方的数据，从而构成一个更大的网络。因此路由器多用于互联局域网与广域网。路由器比交换机更加复杂，功能更加强大，它可以提供分组过滤、分组转发、优先级、复用、加密、压缩和防火墙功能，并且可以进行性能管理、容错管理和流量控制。路由器的造价远远高于交换机，我们一般用它来把社区网、企业网、校园网或者城域网接入Internet。市场上也有造价几百元的路由器，不过那只是功能不完全的简单路由器，只可以用于把几个计算机接入网络。路由器（如图1.11所示）的介绍可详见本书第4章。

图1.11 路由器

7. 服务器

通常在计算机网络中都有部分或专门用于服务其他主机的计算机，我们把它们叫做服务器。其实并不能说服务器是一台计算机，准确地说它是一台计算机中用于服务的进程。因为一台计算机可以同时运行多个服务进程和客户端进程，它在服务别的主机的同时也可以接受服务，所以很多时候对服务器是很难界定的。当然，我们大多数的时候一定会在计算机网络当中选择几台硬件性能不错的计算机专门用于网络服务，这就是通常意义上所说的服务器。但不管怎样，服务器是计算机网络当中一个重要的成员。比如，我们上网浏览的网页就来源于WWW服务器。除此之外，还有动态分址的DHCP服务器，共享文件资源的FTP服务器以及提供发送邮件服务的E-mail服务器等。服务器的内容详见第6章。

8. 计算机网络终端

按照定义，计算机网络的终端一定是一台独立的计算机。其实随着硬件技术的飞速发展，除了1.1.1小节所提到的哑终端外，已经有很多终端虽然不是计算机，但有了智能，比如手机。有很多手机不仅可以听音乐、发短信，而且都拥有了自己的操作系统，可以阅读文档、拍照、录像、上网、进行大容量存储，甚至新型的 3G 手机还可以视频对话、观看电影、语音输入。因此，未来“终端”和“独立的计算机”可能会逐渐失去严格的界限，很可能会有许多的智能设备出现在未来的计算机网络中。

以上介绍的 8 个设备组成了今天的计算机网络，这 8 个设备在网络中的位置如图 1.12 所示。

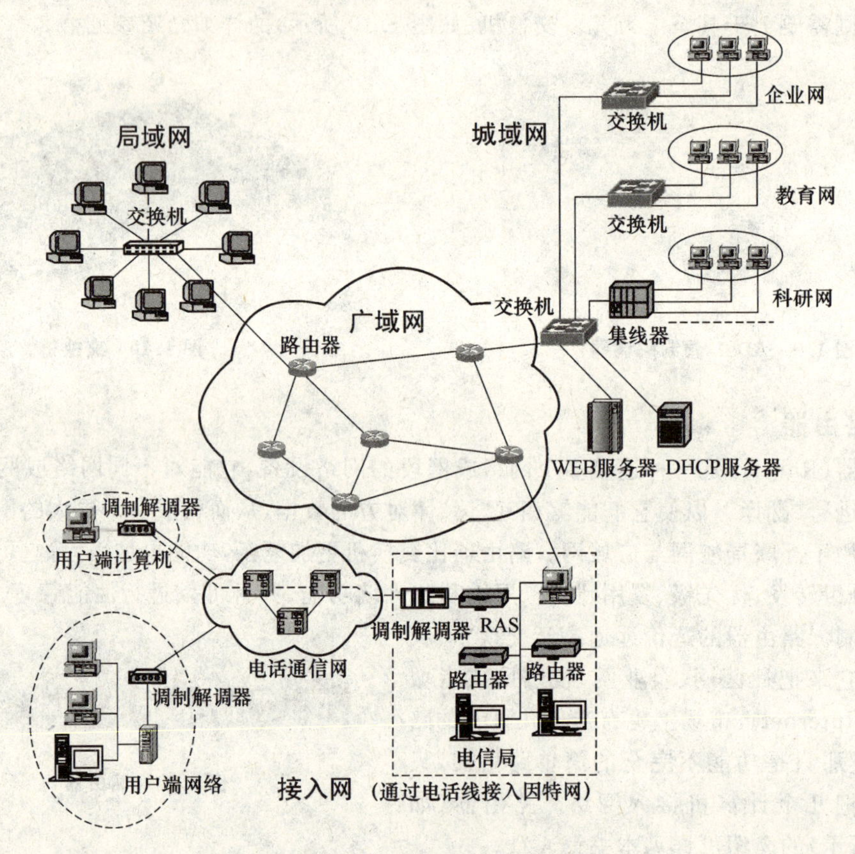

图 1.12 8 个设备在网络中的位置

1.2.2 计算机网络的软件组成

计算机网络除了硬件外，还必须有软件的支持才能发挥作用。如果网络硬件系统是计算机网络的躯体，那么网络软件系统则是计算机网络的灵魂。计算机网络软件系统就是来驾驭和管理计算机网络硬件资源的，使得用户能够有效地利用计算机网络的软件集合。在计算机网络软件系统中，网络协议是网络软件系统中最重要、最底层的内容，有了网络协议的支持才有了网络操作系统和其他网络应用软件。

1. 网络协议

协议是通信双方为了实现通信而设计的约定或对话规则。网络协议则是网络中的计算机为了相互通信和交流而约定的规则。这就好比我们人类在交流沟通的时候约定“点头”表示同意，“摇头”表示不同意，“微笑”表示快乐，“皱眉”表示伤心等。计算机和我们人类一样，相互传输读取信息的时候也需要约定。比如在大多数时候它们约定相互传输数据前必须由一方向另外一方

发出请求，在双方都收到对方“同意”的信息时才可以开始传送和接收数据。这样的约定或者规则就是计算机网络协议。当然计算机网络协议比我们想象的要复杂得多。现在最流行的Internet协议是TCP/IP协议，以及我们上网用得最多的HTTP协议，FTP协议等。网络协议是计算机网络软件系统的基础，网络没有了协议就好像比赛失去了规则一样，会失去控制。一台计算机只有在遵守网络协议的前提下，才能在网络上与其他计算机进行正常的通信。

2. 网络操作系统

网络操作系统(NOS，Network Operating System)是计算机网络的心脏。它是负责管理整个网络资源，提供网络通信，并给予用户友好的操作界面，为网络用户提供服务的操作系统。简单地说，网络操作系统就是用来驾驭和管理计算机网络的平台，就像单机操作系统是用来管理和掌控单个计算机的一样。只要在网络中的一台计算机上装入网络操作系统，就可以通过这个平台管理和控制整个网络资源。一般的网络操作系统是在计算机单机操作系统的基础上建立起来的，只不过是加入了强大的网络功能。比如Windows操作系统家族里有单机版的操作系统Windows XP Home Edition，也有网络操作系统Windows 2000 Server、Windows 2003 Server等。

(1) 网络操作系统的特点

网络操作系统作为网络用户和计算机之间的接口，通常具有复杂性、并行性、高效性和安全性等特点。一般要求网络操作系统具有如下所述的功能。

① 支持多任务：要求操作系统在同一时间能够处理多个应用程序，每个应用程序在不同的内存空间运行。

② 支持大内存：要求操作系统支持较大的物理内存，以便应用程序能够更好地运行。

③ 支持对称多处理：要求操作系统支持多个CPU减少事务处理时间，提高操作系统性能。

④ 支持网络负载平衡：要求操作系统能够与其他计算机构成一个虚拟系统，满足多用户访问时的需要。

⑤ 支持远程管理：要求操作系统能够支持用户通过Internet远程管理和维护，比如Windowns Server 2003操作系统支持的终端服务。

(2) 网络操作系统的结构

局域网的组建模式通常有对等网络和客户机/服务器网络两种。客户机/服务器网络是目前组网的标准模型。客户机/服务器网络操作系统由客户机操作系统和服务器操作系统两部分组成。Novell NetWare是典型的客户机/服务器网络操作系统。

客户机操作系统的功能是让用户能够使用本地资源处理本地的命令和应用程序，并实现客户机与服务器的通信。

服务器操作系统的主要功能是管理服务器和网络中的各种资源，实现服务器与客户机的通信，提供网络服务和网络安全管理。

(3) 常见的网络操作系统

① Windows操作系统。Windows系列操作系统是微软开发的一种界面友好、操作简便的网络操作系统。Windows操作系统其客户端操作系统有Windows 95/98/ME、Windows WorkStation、Windows 2000 Professional和Windows XP等。Windows操作系统其服务器端产品有Windowns NT Server、Windows 2000 Server和Windows Server 2003等。Windows 操作系统支持即插即用、多任务、对称多处理和群集等一系列功能。

② UNIX 操作系统。UNIX 操作系统是在美国麻省理工学院开发的一种分时操作系统的基础上发展起来的网络操作系统。UNIX 操作系统是目前功能最强、安全性和稳定性最高的网络操作系统,通常与硬件服务器产品一起捆绑销售。UNIX 是一个多用户、多任务的实时操作系统。

③ Linux 操作系统。Linux 操作系统是芬兰赫尔辛基大学的学生 Linux Torvalds 开发的具有 UNIX 操作系统特征的新一代网络操作系统。Linux 操作系统的最大特征在于其源代码是向用户完全公开的,任何一个用户都可根据自己的需要修改 Linux 操作系统的内核,所以 Linux 操作系统的发展速度非常迅猛。Linux 操作系统具有如下特点:

- 可完全免费获得,不需要支付任何费用。
- 可在任何基于 x86 的平台和 RISC 体系结构的计算机系统上运行。
- 可实现 UNIX 操作系统的所有功能。
- 具有强大的网络功能。
- 完全开放源代码。

3. 其他网络软件

对于计算机网络软件系统来说,网络操作系统只是一个使用平台。要想真正地驾驭网络硬件、利用网络资源,还必须在网络操作系统这个平台上装入网络应用软件。这就好比单个计算机装入 Windows XP 后,还是不能制表格、看动画、上网听音乐等,必须要装入 Office、Flash 等应用软件才可以真正地利用计算机来做我们想要完成的事情。

网络应用软件种类繁多、五花八门。它们运行在网络操作系统这个平台上,并且都能够借助于网络操作系统来使用某些网络硬件资源,完成不同的网络任务。每天开发出来的新网络软件成千上万,常用的网络软件如下所述。

(1) 聊天类软件

包括腾讯 QQ、微软 MSN、网易 POPO 和新浪 UC 等。现在这些聊天软件功能非常强大。在网上可以利用它们和别人进行文字聊天、语音聊天、视频聊天、传输文件,甚至可以举行视频会议。特别是中国人经常用的腾讯 QQ 还提供了博客(QQ 空间)、通信录、网络硬盘、多人在线通信(QQ 群)、天气预报、新闻资讯、游戏等功能,已经感觉不出来它的真实面目只是一个网络寻呼机。

(2) Web 浏览器

包括 Internet Explorer、Mozilla Firefox 和 Tencent Traveler(腾讯 TT)等。Web 浏览器是用来浏览网页的工具。浏览网页几乎占据了人们上网的大部分时间,因为 Internet 资源的呈现载体以网页为主。网页上可以承载资源的种类很多,有图片、文字、音频、视频、动画等。由于 Web 浏览器上集成了相关的网络协议与网络软件,因此通过浏览器就可以直接浏览图像、观看视频、上传信息,甚至在线聊天等。当然网页中应用最多的还是“超级链接”。通过“超级链接”,可以进入下一个网页,继续浏览网页资源。

(3) 杀毒软件

流行的杀毒软件包括诺顿、卡巴斯基、瑞星、江民、金山毒霸和 360 杀毒等。网络杀毒软件一般拥有防毒、查毒和杀毒等功能。所有的计算机只要接入网络就必须要安装杀毒软件,以防止被网络病毒感染。所有的杀毒软件都需要定期更新病毒库,以保证对病毒的最新认知。一

般的，防火墙和杀毒软件构筑了计算机的防毒壁垒。

(4) 网络播放器

流行的网络播放器包括 Windows Media Player、RealOne Player、暴风影音和千千静听等。网络播放器用于对网络音频和视频资源的播放。通过它可以在线看电影、在线听歌、在线欣赏动画等。由于很多网络软件都集成了网络播放器，使得网络播放器已经渗透到人们上网的每一个角落。

(5) 网络下载工具

流行的网络下载工具包括迅雷(Thunder)、BitComet(BT)、酷狗(KuGoo)和 Internet Download Manager(IDM)等。现在的网络下载工具都是 P2P 软件，支持点对点传输。这就使得人们下载网络资源不再单纯依靠专门的下载服务器，而是利用这些软件与网络上所有拥有这些资源的计算机进行连接，并进行点对点的传输。这样的下载技术可以使人们最大化地利用现有的网络资源，也可以比以前更加方便和快速地下载到自己想要的网络资源。

1.3　计算机网络的体系结构

由于计算机网络技术的高速发展和各国网络技术发展的快慢不同，世界现有的计算机网络国家标准以及各种类型的计算机网络种类繁多。特别是早期的计算机网络，它们各自遵循截然不同的标准，运行着不同的操作系统与网络软件，使得只有同一制造商生产的计算机组成的网络才能相互通信。比如 IBM 的 SNA 和 DEC 的 DNA 就是两个典型例子。这样的异构计算机网络相互封闭，它们之间不能相互通信，更无法接入 Internet 实现资源共享，就像海洋里的一个个孤岛，它们与世隔绝，没有渠道和别的地方沟通来往。为了使它们能够相互交流，必须在世界范围内统一网络协议，制订软件标准和硬件标准，并将计算机网络及其部件所应完成的功能精确定义，从而使不相同的计算机能够在相同功能中进行信息对接。这就是我们所说的计算机网络体系结构。

1.3.1　计算机网络协议与分层

计算机网络体系结构将网络中所有部件可完成的功能精确定义后，进行独立划分，按照信息交换层次的高低分层，每层都能完整地完成多个功能，层与层之间互相支持又相互独立。因为网络中的计算机严格按照分层的规定进行数据处理，而在同一层次上不同的计算机执行相同的协议与标准，独立完成相同的网络任务，因此用户和计算机在同一层次进行信息交换与处理时可忽略其他层次的影响而独立操作，这样使得复杂的网络信息的交换和处理得到了简化，便于人们掌握和使用。

之所以需要分层，是因为计算机网络是个非常复杂的系统，其复杂程度远远超过人们的想象。一般的，连接在网络上的两台计算机要互相传送文件需要在它们之间建立一条传送数据的通路。其实这还远远不够，至少还有以下的几件事情要完成：

① 为用户提供良好的易于操作的界面，使其可方便地进行数据传输，并得知传输过程中的差错与细节。

② 建立一条传送数据的通路，并对通路进行监控，使其断开后能够重新建立连接。要建立通路就必须要求网络中的多台计算机进行协商并且相互协作，而监控通路则需要全时段的

跟踪守候。

③ 数据发送方必须弄清楚数据接收方是否已经做好了数据接收和存储的准备。

④ 因为计算机处理的是并行的数字信号，而网络中传输的是串行的光信号或电信号，这些信号需要在网络中相互转换。因为需要传输的文件格式不同，不能兼容，所以要想让文件接收方兼容识别文件，也需要格式转换。

⑤ 数据传输中会出现各种各样的差错，如何应对差错以确保接收方计算机能够收到完整正确的数据，也是通信双方需要做的。

计算机网络需要解决的通信问题还远远不止这些。由此可见，相互通信的两个计算机系统必须高度协调工作才行，而这种“协调”相当复杂。

为了应对这种复杂的局面，早在 ARPANET 设计的时候就提出了分层的概念。实践表明，对复杂的网络系统进行分层，使得庞杂的网络信息交换条理清晰，并转化为若干个小的局部问题，这些局部问题易于处理。就像人类复杂的社会分工，社会中有蓝领阶层、中层干部和高层领导等。每个阶层在工作中相互独立又相互支持，各阶层完成的工作加起来就完成了社会生产。

为了更好地说明分层的概念，将上述所提到的计算机网络通信需要解决的问题进行归类分层(如图 1.13 所示)。第一层我们把它称为网络接入模块，这个模块的作用就是负责与网络接口有关的细节。因为数据在网络传输中会遇到诸如网卡、网线、集线器、交换机、路由器和调制解调器等，这些设备的接口，能处理的传输信号都有不同，甚至不同公司生产的不同性能的网络设备都有很大差异，为了让数据在各种设备间获得一致性的传输，网络中就必须有信号转换和处理设备接口细节的功能。我们让网络接入模块专门处理这些事情，可见网络接入模块可以驾驭和利用最底层的网络通信硬件资源。在驾驭网络通信硬件资源的基础上，我们提出第二层通信服务模块。这层的功能是负责建立通信通路，保证以文件为单位传输的数据或文件传送命令可靠地在两个系统之间交换，也就是说这个模块必须建立网络链路、差错检测、差错应对、差错更正等功能。而这些功能必须建立在有效利用网络通信硬件资源，并使数据在其中稳定传输的基础上，这正好是网络接入模块的功能。由此可见，网络接入模块和通信服务模块相互独立又相互支持。它们在功能上相互独立没有关联，但是网络接入模块为通信服务模块提供有效的线路服务，通信服务模块为网络接入模块提供稳定无差错的通信保障。同理，在这两层之上，第三层为文件传送模块。这个模块是在下边两层提供的服务的基础之上，它为用户提供了良好的操作界面，使其以文件为单位操作数据传输，并得知传输过程中的差错与细节，同时也对文件的不同格式进行转换。

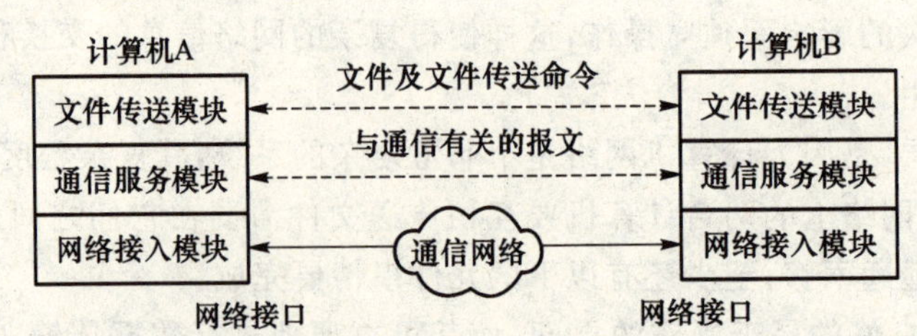

图 1.13 将计算机网络通信需要解决的问题进行归类分层

从上面的示例可见，分层所带来的好处如下所述。

(1) 层与层之间相互独立

一个复杂的问题可分成多层，每层只实现一种相对独立的功能，这样就把问题分成若干小的易于解决的局部问题，问题的复杂程度就大大下降了。每一层并不需要知道其他层是如何实现的，而仅仅需要知道怎样通过层间接口向相邻层提供或接收相应的服务。

(2) 灵活性好

每一层的工作都是独立进行的，各个网络设备可在同一层次上相互交流，并不受其他层次的影响。由于它们的独立性非常好，只要层间接口关系保持不变，就可以对各层进行修改，其他层均不会受到影响。

(3) 结构上可分割开

各个层次因为所负责的工作不同，因此可以采用最适合的技术，并且不会因为技术的不同影响到整个信息处理与交换。

(4) 易于实现和维护

在实现和维护的时候可以分别对各层单独进行处理，而不用担心会影响到其他的层次。把各层的问题都处理好了就等于做好了整个网络。因此非常易于用户操作，使用和维护。

(5) 能促进标准化工作

由于网络体系结构对每一层的功能及其所提供的服务都已有了精确的定义，但是只定义功能是不够的，两台不同的计算机之间还需要有相应的规则和标准才能够通信。这就是我们所说的网络协议。也就是这种对网络分层的功能的精确定义，使我们可以独立地针对某一层制订最适合的协议与标准，而不会出现一个协议可能会与多个层次有千丝万缕的联系。因此网络的分层大大促进了网络标准化的进程。

在现有的分层网络体系结构中，每一层都被制订了很多的协议和标准，有的网络体系结构甚至是以网络协议的名字来命名的，比如 TCP/IP 体系结构，其核心就是 TCP/IP 协议。因此网络协议是计算机网络体系中一个非常重要的内容。

所谓计算机网络协议，是计算机网络中的计算机为了进行数据交换而建立的规则，标准或约定。这就好像竞技比赛中一定要制订比赛规则，这些规则对比赛过程进行约束，并形成某种标准对比赛结果进行评判。计算机网络的协议则主要规定了所交换数据的格式以及有关同步与时序的问题。协议对计算机网络通信的数据流和通信全程进行约束，网络同样也制订了计算机网络接口等一系列硬件设备的标准。网络协议主要由以下三个要素组成。

(1) 语　法

规定通信双方“如何讲”，即规定数据与控制信息的结构或格式。

(2) 语　义

规定通信双方“讲什么”，即规定传输数据的类型以及通信双方要发出什么样的控制信息，执行什么样的动作以及作出何种响应。

(3) 时　序

规定了信息交流的顺序，即事件实现顺序的详细说明。

在计算机网络上做任何事情都需要协议，例如从某个主机上下载文件、上传文件等。但在自己的电脑上存储或打印文件是不需要任何协议的。

计算机网络体系结构是抽象的，理论化的，是一种思想。这种思想包含了对网络的层次性划分，对传输的数据包结构以及整个传输处理过程等的规范。而这种思想具体的体现者和实

施者是计算机网络硬件和软件，因此计算机网络的软件和硬件都必须按照体系结构的标准进行设计和生产。在纯理论上，我们也常把计算机网络中所有的设备（包括计算机）都抽象成体系结构中的层次结构，并按照协议规定的规则对其进行讨论研究。早期比较成熟的网络体系结构形成于 20 世纪 70 年代，代表为 IBM 公司研制的系统网络体系结构 SNA（System Network Architecture）。现今最权威的体系结构是 OSI/ISO 参考模型所构建的七层体系结构，而最流行风头最劲的当属 TCP/IP 体系结构。

1.3.2 OSI 参考模型

20 世纪 70 年代就产生了计算机网络体系结构，网络体系结构作为一种系统结构规范了计算机网络的通信秩序，极大地促进了计算机网络的标准化进程，使得任何符合同一种网络体系结构规范的设备都能够很容易地互联成网。为了争夺市场，有实力的大公司都纷纷加紧开发或者已经推出了自己的计算机网络体系结构。因为所有的网络硬件和软件都必须按照网络体系结构进行设计和制造，这样显然有利于公司垄断自己的产品，从而确立在市场上的霸主地位。但各种不同网络体系结构的推出与竞争使得计算机网络又陷入了“网络孤岛”的困境，因为不同的网络体系结构使用迥异的网络协议和标准，这样使得按照不同体系结构设计出来的设备很难相互沟通。于是计算机网络又被不同的体系结构割裂开来，分成一个个孤岛，给网络用户带来了极大的不便。

为了打破这种困境，使不同体系结构的计算机网络都能够互联，国际标准化组织 ISO（International Standards Organization）于 1977 年成立了专门的机构研究该问题。他们提出了一个试图使各种计算机在世界范围内互联成网的标准框架，即著名的开放系统互联基本参考模型 ISO/OSI RM（International Standards Organization/Open System Interconnect Reference Model），简称 OSI。这个开放系统互联基本参考模型的正式文件形成于 1983 年，即 ISO 7498 国际标准，也就是所谓的七层协议的体系结构。OSI 试图达到一种境界，即全世界的计算机网络都遵循统一的标准，因而全世界的计算机都将能够很方便地进行互联和交换数据。考虑到计算机网络技术的高速发展，新的事物不断出现，各种标准可能会被不断地更新换代，OSI 为此在各个角落都预留了很大的空间以便增加和修改。由此，OSI 极其复杂，层次众多，一共有七层，从低到高依次为物理层、数据链路层、网络层、传输层、会话层、表示层和应用层（如图 1.14 所示）。

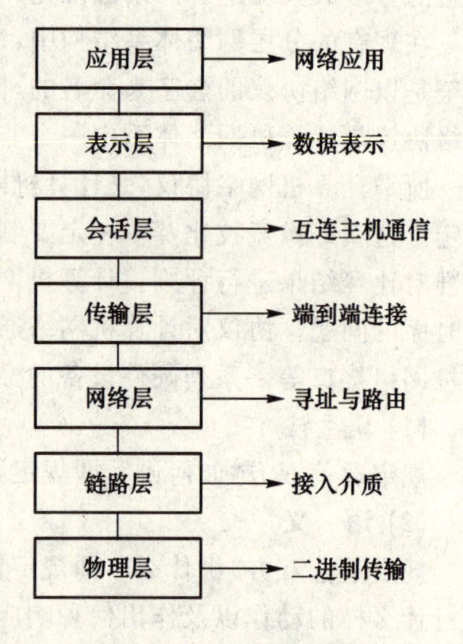

图 1.14 OSI 参考模型

（1）物理层（physical layer）

物理层的主要任务是实现通信双方的物理连接，以比特流（bits）的形式透明地传送数据信息，并向数据链路层提供透明的传输服务（透明表示经过实际电路传送后，被传送的比特流

没有发生任何变化，电路对其并没有产生任何影响）。所有的通信设备、主机等网络硬件设备都要按照物理层的标准与规则进行设计并通过物理线路互联，这些都构成了计算机网络的基础。物理层建立在传输介质的基础上，是系统和传输介质的物理接口，它是OSI模型的最底层。

(2) 数据链路层(data link layer)

数据链路层是在物理层提供的比特流服务的基础上，实现在相邻节点间点对点地传送一定格式的单位数据，即数据帧。本层建立了一套链路管理、帧同步、差错控制、流量控制的传输机制，有力地保障了透明、可靠的数据传输。根据网络规模的不同，数据链路层的协议可分为两类：一类是针对广域网(WAN)的数据链路层协议，如HDLG、PPP、SLIP等；另一类是局域网(LAN)中的数据链路层协议，如MAC子层协议和LLC子层协议。

(3) 网络层(network layer)

网络层是OSI体系结构中最重要的一层。通过这个层次的协议与标准可以把不同类型的计算机网络互连，而其中最主要的协议就是著名的IP协议。IP协议把上一层传下来的数据切割封装成IP数据包，并将其送入Internet进行传输，因此本层的信息传输单位是IP数据包。网络层的基本任务还包括路由选择，拥塞控制，网络互联等。

(4) 传输层(transport layer)

传输层也是整个网络体系结构中的关键层次之一。它可以建立、维护和拆除传输层连接，其服务对象是进程，可实现两个用户进程间端到端的可靠通信。它处在七层体系的中间，向下是通信服务的最高层，向上是用户功能的最底层。传输层可处理通信服务和用户服务之间的转换，并弥补它们的不足。本层还提供错误恢复和流量控制等机制。

(5) 会话层(session layer)

会话层就是用来建立，管理和终止应用程序或进程之间会话的。它是用户连接到网络的接口，基本任务是负责两主机之间原始报文的传输。功能包括：会话连接的流量控制，数据传输，会话连接的恢复和释放，会话连接管理，差错控制等。

(6) 表示层(presentation layer)

表示层主要用于处理两个通信系统中交换信息的表示方式。它是为在应用程序之间传送的信息提供表示方法的服务，它关心的只是发出信息的语法与语义。表示层主要有不同的数据编码格式的交换，提供数据压缩/解压缩服务，对数据进行加密/解密。

(7) 应用层(application layer)

应用层是OSI参考模型中的最高层，是直接为应用进程提供服务的。它的作用是在实现多个系统应用进程相互通信的同时，完成一系列业务处理所需的服务。它也是用户与计算机网络之间的接口，为用户提供网络管理、文件传输、事务处理等服务，还可以为网络用户之间的通信提供专用的程序。

按照OSI参考模型，接入计算机网络的每台计算机都可在理论上抽象为以上七个层次，这七个层次中每一层都通过层间接口与相邻层进行通信，它们分别利用层间接口来使用下层提供的服务，同时向其上层提供服务。不同计算机的同等层具有相同的功能，在理论上可忽略其他层次的影响独立讨论同等层之间的信息交换与处理(如图1.15所示)。

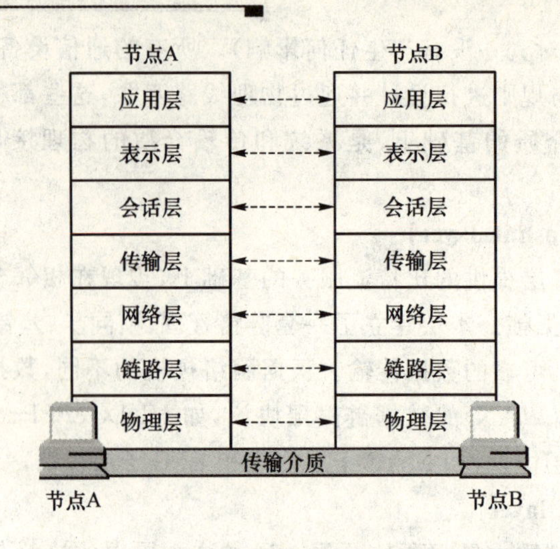

图 1.15　不同节点同等层之间的信息交换与处理

1.3.3　TCP/IP 体系结构与具有五层协议的体系结构

20 世纪 80 年代是 OSI 参考模型应用得如火如荼的时候，那个时候 OSI 刚刚提出，许多大公司甚至很多国家政府都明确支持 OSI。从表面上看，形势一片大好，即将来 OSI 一定是国际标准。全世界都将按照 OSI 制定的标准来构造自己的计算机。但是 10 年以后，OSI 参考模型黯然失色，TCP/IP 体系结构取代它成为事实上的国际标准，其原因有很多。首先，TCP/IP 体系结构简单易用，备受市场青睐。其次，起源于美国的因特网起到推波助澜的作用，因为当 OSI 模型完全建立起来的时候，使用 TCP/IP 体系结构的 Internet 已抢先在世界上覆盖了相当大的范围。几乎垄断软硬件制造的美国制造商都纷纷把 TCP/IP 协议固化到网络设备与网络软件中也是原因之一。当然，概念清楚，体系结构理论完整的 OSI 模型也有明显的缺点。OSI 协议过分复杂以及 OSI 标准的制定周期过长使得它在市场化方面严重失败，甚至现今市场上几乎找不到什么厂家生产出来的符合 OSI 标准的商用产品。

经过市场化的洗礼，简单易用的 TCP/IP 体系结构已经成为事实上的国际标准，现在所有的设备都遵循这个标准。其实这个体系结构早期只是 TCP/IP 协议而已，它并没有一个明确的体系结构。后来因为 TCP/IP 协议的广泛使用并成为主流，使得人们开始对其进行归纳整理并形成了一个简单的四层体系结构，它包括网络接口层、互联层、传输层和应用层。它把 OSI 冗繁的会话层、表示层和应用层合并为应用层；把数据链路层和物理层合并为网络接口层。TCP/IP 体系结构与 OSI 参考模型的对应关系如图 1.16 所示。

虽然 TCP/IP 体系结构有很多优点，但它的理论结构并不清晰。比如 TCP/IP 体系结构并未对网络接口层使用的协议作出强硬规定，它里面使用的协议非常灵活，每种类型的网络都不一样。同时网络接口层还与互联层有一定的交叉，两层都有需要使用 IP 协议的功能。这样的体系结构学习起来将会难以理解，甚至在一定程度上会发生思维上的混乱。因此在学习计算机网络层次结构的时候，一般采用折中的办法，将各个体系结构的优点集中，形成一种具有五层协议的体系结构（如图 1.17 所示）。其层次结构为：物理层，数据链路层，网络层，传输层，应用层。

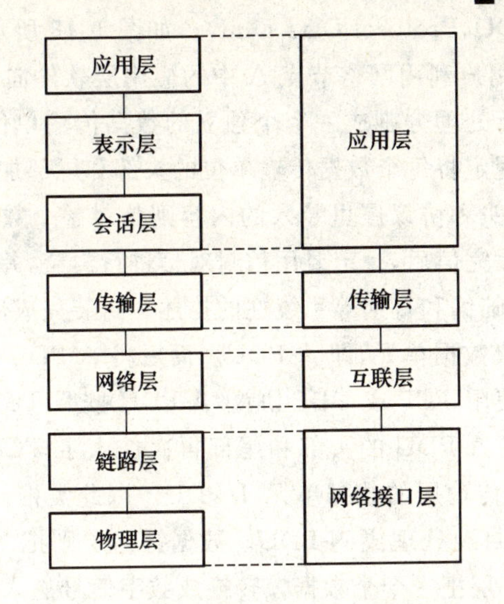

图 1.16　TCP/IP 体系结构与 OSI 参考模型的对应关系

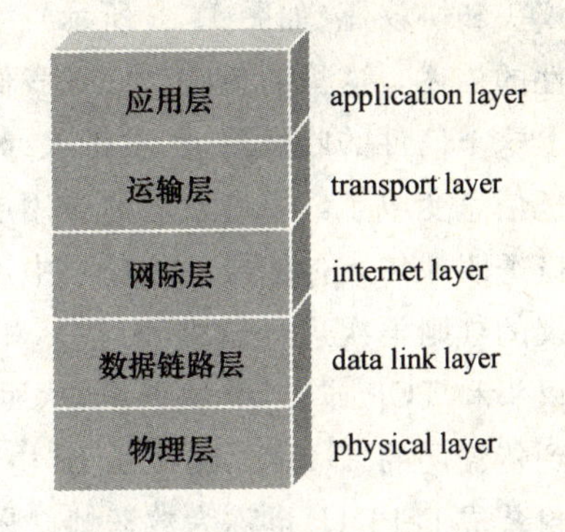

图 1.17　五层协议的体系结构

这种五层的体系结构只是在 OSI 七层模型的基础上，把表示层、会话层和应用层的功能合并成应用层。其他的层次无论在名称上还是功能上均不改变，所有层的具体功能可参照“OSI 参考模型”部分。

本书的所有章节均是按照五层体系结构进行展开的，下面简单地介绍一下每一层里所包含的协议。本书第 2 章局域网组建技术属于物理层和数据链路层。由于物理层包含了许多硬件标准与通信信号规范，而这些都属于通信学的范围，难度偏大，本书不会介绍这些内容。在物理层里详细介绍的内容是一些主要的以太网设备(如集线器、网卡和各种网线等)，并教会大家怎样制作网线，组建简单的网络。局域网只需要物理层和数据链路层就够了，而局域网协议主要集中在数据链路层，有 CSMA/CD 协议，MAC 地址与无线局域网的 CSMA/CA 协议等。第 3 章 IP 协议和第 4 章路由原理及路由协议属于网络层，包括的协议有 IP 协议、ARP 协议、ICMP 协议和 IGMP 协议等。第 5 章传输层协议自然归于传输层，需要介绍的协议有面向连接的 TCP 协议和面向非连接的 UDP 协议。第 6 章应用层协议当然属于应用层，这里的协议都是我们平时经常用到的：HTTP 协议、FTP 协议、DNS 协议、DHCP 协议和 TELNET 协议等。

1.3.4　数据包在计算机网络中的封装与传递

在计算机网络体系结构中，可以把几乎所有的网络设备都抽象为层次模型。比如路由器，我们把它抽象为一个只有物理层、数据链路层、网络层的三层模型；交换机则是一个有物理层、数据链路层的两层模型；集线器的层次模型只有一层，即物理层。网络中的计算机拥有完整的层次结构，其层次模型(如图 1.15 所示)包括物理层、数据链路层、网络层、传输层和应用层。网络体系结构除了分层外，还对传输数据单位与整个数据传输进行了规范。

网络设备在传输和处理数据时，由于每一层所用的协议不一样，使得所能够处理和传输的数据包或者数据单元都是不一样的，因此两个设备在相互通信时只有对等层才能读取和处理对方的数据包，才能够相互沟通。由此整个信息交换过程比较复杂，我们把对等层之间需要交换和处理的信息单位叫做协议数据单元(PDU,Protocol Data Unit)。如图1.18所示,假如现在网络节点A与网络节点B要进行通信,用户利用网络节点A中的应用层软件向节点B发送信息。应用层首先对发送的大块信息进行处理分割成一个个独立的数据传输单位,并对其进行封装。所谓封装就是按照本层协议的规定将每个数据传输单位的头部和尾部加入特定的协议头和协议尾(如图1.19所示)。而协议头和协议尾里装入的内容则是对整个数据单位系统性的描述。这里的封装就好像我们平时写完信后,一定要用信封对信进行封装,并在信封上写上这个信件的收发地址、发送人、收信人、邮编和日期等系统性的描述。封装完成后,所有的发送信息变成了许多待发送的应用层的协议数据单元,即A-PDU。而后将A-PDU通过层间接口透明地传入传输层。传输层中用户可使用TCP或UDP协议,A-PDU按照TCP或UDP协议的规则再次进行分组和封装,相当于在A-PDU的头部和尾部再次加入了TCP或UDP协议头和TCP或UDP协议尾,从而形成了传输层的数据单元T-PDU。以此类推,网络层接收到传输层的T-PDU,便按照IP协议将其封装处理成N-PDU。数据链路层则把N-PDU整理封装成D-PDU,也称为数据帧。最终物理层把一个个数据帧转换成数字信号送入网线传输至网络节点B。网络节点B的物理层收到数字信号后将其转换成数据帧,并把数据帧交给数据链路层。数据链路层读取数据帧的协议头和协议尾,并对其进行解封装,即把它还原为N-PDU。N-PDU是按照IP协议封装的,只有网络层才可读取。以此类推,网络层读取N-PDU的系统性描述后,将其再次解封装为T-PDU。最终数据传输单元(PDU)被一次次解封装,还原为原来网络节点A利用应用层软件发送的原始信息,从而使网络节点B的用户方便读取。

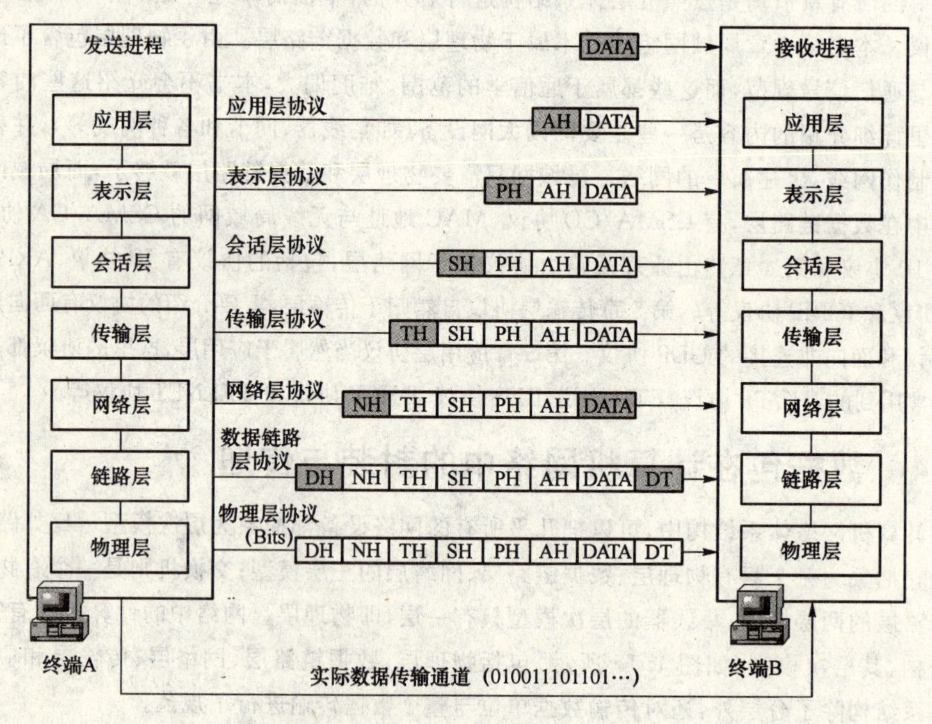

图1.18 例 图

由此发现只有对等层才能够相互读取对方发送的数据,比如A和B的网络层只能读取和发送N-PDU,而传输层则只能读取和发送T-PDU等。而A的应用层发送了A-PDU,B的应

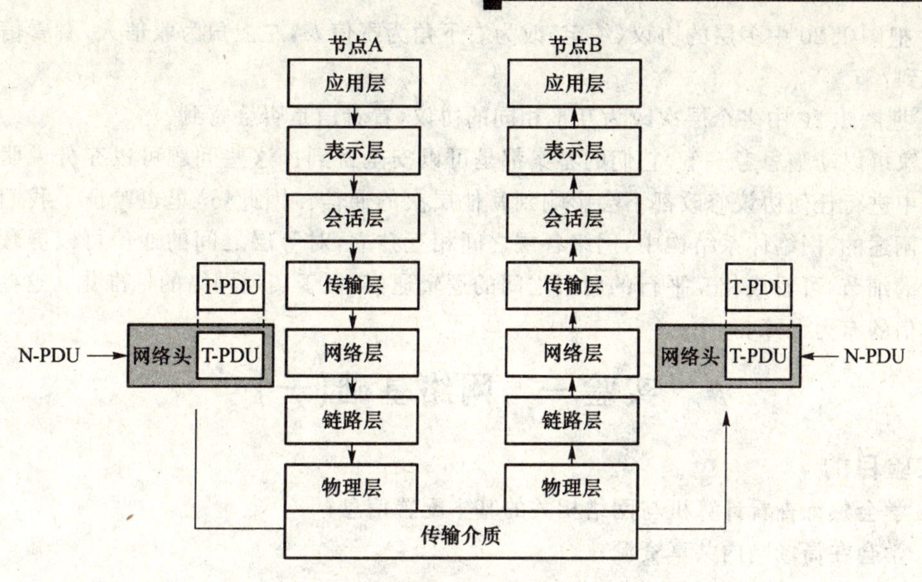

图 1.19　例　图

用层而后接收到了 A 发送的 A-PDU。虽然这个发送至接收的过程穿越了很多层，数据包被封装/解封装了多次，但在讨论研究的时候可以把这个复杂的过程忽略，只认为 A 的应用层和 B 的应用层通过传送 A-PDU 为单位的数据进行通信。而这条通信链路是虚拟的，因此把这称为虚通信。同理，所有的对等层都可进行虚通信。

为了说明白这个复杂的问题，用一个现实中的事例进行类比说明。某个养老院有两座四层小楼，如图 1.20 所示，每层通信地址为图中数字与字母所标。现一层想与 A 层通信，约定信封地址左上角为寄信人，右下角为收信人(通信协议)，然后将写好的信塞于信封中(封装)。一层把信传于二层，二层将信再塞入一个信封中并依然按照上边的约定写明收发地址，传给下一层。以此类推，最后四层用同样的方法处理从上层收到的信，并按照地址寄于 D 层。D 层剥开一层信封传给上层，C 层核实地址，于是拆开收信人处写着自己地址的信封并交给 B 层。以此类推，最终信安全寄到 A 层。

如图 1.19 所示，所有对等层的协议都是一致的。因此从各层发信的地址看，1～4 层的信都是分别寄给对等层的，而 A～D 层都拿到了发给自己的信件(信封右下角为本层地址)。所以对等层通信完全可以不用考虑其他层的因素(如图 1.21 所示)。

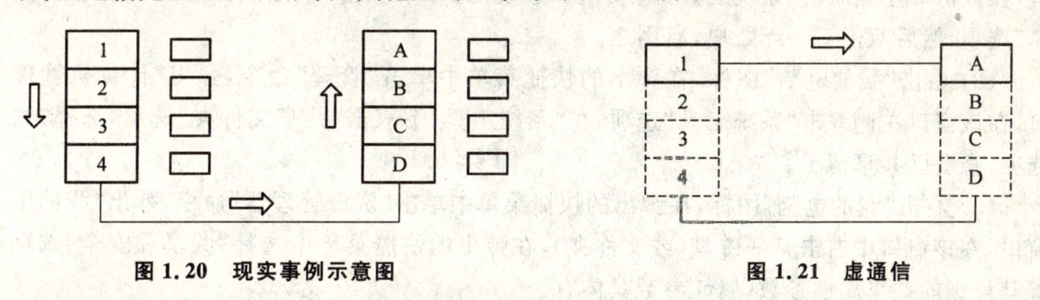

图 1.20　现实事例示意图　　图 1.21　虚通信

现在考虑这么几个问题：

① 把图 1.20 中任意同一层次的协议(约定)改为右下角为寄信人，左上角为收信人，看看信是否会安全寄到?

② 把图 1.20 中多层的协议(约定)改为右下角为寄信人,左上角为收信人,看看信是否会安全寄到?

③ 把图 1.20 中多个层次改为互不相同的协议,看看信是否会寄到?

大家可以动脑思考一下,它们的答案都是可以安全寄到! 这些问题可以充分说明在一层或多层中进行任何协议修改都不会影响到其他层次的通信。因此,这里也验证了我们在层次结构中阐述的:网络体系结构中,网络各层之间相互独立,对等层之间的通信可以屏蔽下面层次复杂的细节,可看成相互平行的两层之间的逻辑通信,便于实现网络的标准化。这些都是进行虚通信的有力保障。

实验一　网络基础(一)

实验目的

1. 学会熟练查看计算机与网络相关的基本配置信息;
2. 学会在局域网内共享资源;
3. 了解局域网内的通信形式。

实验条件

单机(Windows Server 2000)和星形局域网。

实验内容

1. 查看记录网络相关信息

(1) 右击“我的电脑”图标,在弹出的快捷菜单中单击“属性”命令,弹出“系统属性”对话框,在该对话框中选择“计算机名”选择卡。记录:

完整的计算机名称(　　);工作组(　　)。

(2) 右击“网上邻居”图标,在弹出的快捷菜单中单击“属性”命令,弹出“网络连接”窗口,在该窗口中右击“本地连接”图标,在弹出的快捷菜单中单击“属性”命令。记录:

网卡型号(　　);已装协议(　　)、(　　)、(　　);

IP 地址(　　);子网掩码(　　);网关(　　);DNS(　　)。

2. 共享资源

(1) 右击“我的电脑”图标,在弹出的快捷菜单中单击“管理”命令,弹出“计算机管理”窗口,在该窗口左侧双击“系统工具”选项,在“系统工具”下双击“本地用户和组”选项,选择“用户”选项,然后双击 Guest 账户,启用之。

(2) 右击“我的电脑”图标,在弹出的快捷菜单中单击“管理”命令,弹出“计算机管理”窗口,在该窗口左侧双击“系统工具”选项,在“系统工具”下双击“共享文件夹”选项,选择“共享”选项,查看已共享情况。

(3) 右击“我的电脑”图标,在弹出的快捷菜单中单击“资源管理器”命令,弹出“我的电脑”窗口,在该窗口中右击某一磁盘(或文件夹),在弹出的快捷菜单中选择“共享和安全”选项,设置其详细的共享属性参数(属性参数具体有________、________等)。

(4) 共享打印机(选作)。

添加本地打印机,并设为共享。再把同学共享出来的打印机添加为网络打印机。

单击“开始”→“设置”→“打印机和传真”命令,然后双击“添加打印机”图标。

(5) 验证共享。

自我验证及同学间的验证。

右击“我的电脑”图标，在弹出的快捷菜单中单击“资源管理器”命令，在地址栏内输入“\\计算机标识”，回车。

情况实录(我是这样做的：________________)。

3. 在线通信

(1) 命令行方式(net 命令的用法)。

单击“开始”→“运行”命令，弹出“运行”对话框，在该对话框的“打开”文本框内输入 cmd，回车。

输入 net/? 查看命令的用法。

发送短消息 net send *(或某计算机标识)所发消息的文字内容。

(2) 图形窗口方式(netmeeting 的用法)。

单击“开始”→“运行”命令，弹出“运行”对话框，在该对话框的“打开”文本框内输入 conf，回车。

或单击“开始”→“程序”→“附件”→“通信”→netmeeting 命令。

具体的功能有：(________、________、________、________、________)。

我已会用的有：(________、________、________、________)。

思考与总结(自评)

1. 我已学会熟练查看计算机与网络相关的基本配置信息(　　)。

2. 我已学会在局域网内共享资源(　　)。

3. 我已了解局域网内的通信形式(　　)。

实验二　网络基础(二)

实验目的

1. 学会使用 ipconfig 命令查看网络基本信息；

2. 学会 ping 命令简单用法。

实验条件

单机(Windows Server 2000)和星形局域网。

实验内容

1. 使用 ipconfig 命令查看记录网络相关信息

单击“开始”→“运行”命令，弹出“运行”对话框，在该对话框的“打开”文本框内输入 cmd，回车。

输入 ipconfig/all，回车。记录：

计算机名称(　　)；网卡型号(　　)；MAC 地址(　　)；

IP 地址(　　)；子网掩码(　　)；网关(　　)；DNS(　　)。

2. 单击使用 ping 命令检查记录网络工作状况

(1) 单击“开始”→“运行”→输入 cmd，回车。

输入“ping/?”，回车。

(2) 抄录命令参数及其各自的含义、功能。

命令参数有:(________、________、________、________、________)

(3) 把下面三条命令填写完整,并叙述其功能。

① ping-t(   );

② ping-a(   );

③ ping 127.0.0.1(   )。

(4) 抄录一行表明网络通畅的屏幕信息(   );

抄录一行表明网络不通的屏幕信息(   )。

思考与总结

我已会用的命令参数:(________、________、________、________)。

思考与总结(自评)

1. 我已学会使用 ipconfig 查看网络基本信息(   );
2. 我已学会 ping 命令简单用法(   )。

习　题

一、填空题

1. 按照地理覆盖范围,计算机网络可分为________,________,________和________。
2. 完整的计算机网络系统是由________系统和________系统组成。
3. ISO/OSI RM 极其复杂,层次众多,一共有七层,从低到高依次为:________,________,________,________,________,________和________。
4. 常见网络操作系统有________,________,________等。

二、简答题

1. 什么是计算机网络?
2. 什么是计算机网络体系结构?
3. 请列出我们所经常使用的计算机网络硬件设备。
4. 什么是计算机网络协议?
5. 计算机网络为什么要分层?

第2章 局域网组建技术

【学习目标】

- 了解局域网协议与工作原理
- 掌握局域网拓扑结构
- 掌握局域网组建技术
- 会利用网络硬件设备组建局域网

局域网是人们日常生活中最常见的计算机网络。校园网，企业网，甚至网吧，机房里连起的网络都是局域网。局域网作用范围小，但容易组建，成本低廉。可以用一根网线将两台计算机相连便形成一个最简单的局域网。一般来说，较大的局域网都会利用集线器、交换机等网络通信设备将所有的计算机相连。

2.1 局域网的标准

局域网的通信范围大约有1 km，这种短程的数据传输优势在于较短的传输路程大大降低了数据在传输中被损耗的概率，于是成就了很低的误码率。同等的传输速度下，路程短使得数据包到达终点时所用的时间少。避免了对数据损耗的弥补以及较短的传输时间都使得局域网的通信设备相对广域网要简单得多。

2.1.1 局域网概述

局域网是一种按照覆盖的地域范围定义的网络，只要一个计算机网络的覆盖面积符合这种地域范围，它就是局域网。因此局域网与组建它的网络技术无关。能够组建局域网的技术有很多，比如早期的令牌环网、以太网等。由于市场的竞争，其他的局域网技术已经退出历史舞台，以太网成为当今的主流局域网技术。不仅局域网，包括广域网、城域网等现在的几乎所有种类的网络都是用以太网技术建立起来的。有很多读者一提到以太网就认为是局域网，一说到局域网就认为一定是以太网，这些都是错误的认识。

以太网(Ethernet)是由美国施乐(Xerox)公司的Palo Alto研究中心(简称为PARC)于1975年研制成功的，并以曾经在历史上表示传播电磁波的以太(Ether)来命名的。早期的以太网传输速率十分低下，直到20世纪80年代DEC公司，英特尔公司和施乐公司联合提出了10 Mb/s以太网标准DIX Ethernet v2，以太网的传输速度才快了起来。几乎在相同的时间，IEEE 802委员会(一个专门制订局域网和城域网标准的机构)制订了另一个10 Mb/s以太网标准，编号为802.3。这两个版本的标准都是在规范和制订数据链路层里的协议与规则。

802.3标准更是把数据链路层再次分成了两个子层，即逻辑链路控制子层LLC和媒体接入控制子层MAC。它们的作用从名字中就显而易见，前者主要是对通信链路进行控制，后者主要处理物理层提交过来的比特流。而DIX Ethernet V2标准是当今主流的TCP/IP体系结构里的数据链路层的全部内容。IEEE 802委员会除了制订以太网标准之外，还制订了包括802.4令牌总线网标准和802.5令牌环网标准等。但随着市场激烈的竞争，DIX Ethernet V2标准成为现行的以太网标准，并成为TCP/IP体系结构的一部分，即它是数据链路层的全部内容。

局域网的传输介质可分为有线和无线两类。一个局域网通常采用单一的传输介质(比如目前较流行的双绞线)，而不会一段是双绞线，一段是同轴电缆。城域网和广域网则可以同时采用多种传输介质，如通信线路里可用光纤，连接局域网可用同轴细缆，用户接入可用双绞线等。

1. 有线局域网

有线局域网指采用双绞线等有线介质来连接的局域网(如图2.1所示)。采用双绞线联网是目前最常见的联网方式。它价格便宜，安装方便，但易受干扰，传输率较低，传输距离比同轴电缆要短，非常适合局域网。覆盖距离比较大的局域网也采用光导纤维作为传输介质，光纤的优势是传输距离长、传输率高、抗干扰性强，但是造价高昂。

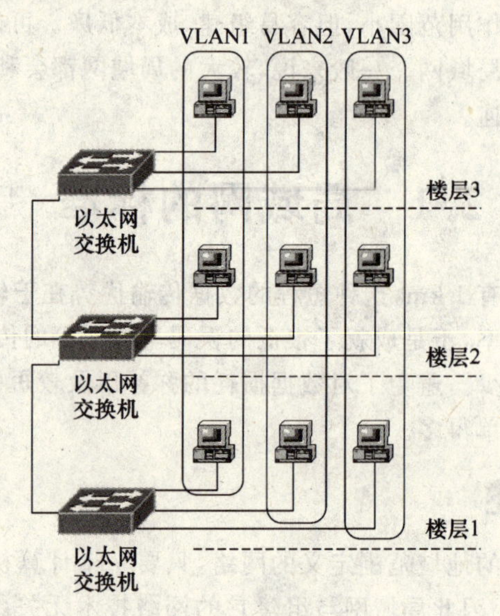

图2.1　有线局域网

2. 无线局域网

无线局域网采用微波、红外线、无线电等电磁波作为传输介质(如图2.2所示)。由于无线网络的联网方式灵活方便，不受地理因素影响，因此是一种很有前途的组网方式。目前，不少大学和公司已经在使用无线网络了。无线网络的发展依赖于无线通信技术的支持。目前无线通信系统主要有：低功率的无绳电话系统、模拟蜂窝系统、数字蜂窝系统、移动卫星系统、无线LAN和无线WAN等。

局域网中通信线路和站点(计算机或设备)可相互连接成多种几何形式，这些几何形式称为网络的拓扑结构。按照拓扑结构的不同，常见的局域网拓扑结构有：总线型拓扑结构、星形

拓扑结构、环形拓扑结构和无线网络的蜂窝拓扑结构等。

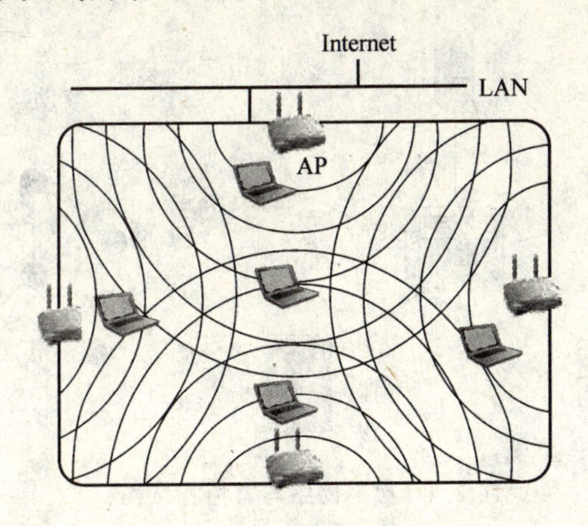

图 2.2 无线局域网

(1) 总线型拓扑结构

总线型结构是指各工作站和服务器均连接在一条总线上，各工作站地位平等，无中心控制节点，公用总线上的信息多以基带形式串行传递，其传递方向总是从发送信息的节点开始向两端扩散，如同广播电台发射的信息一样，因此又称广播式计算机网络。各节点在接收信息时都进行地址检查，看是否与自己的工作站地址相符，如果相符则接收网上的信息。如图 2.3 所示是一个总线型网络与其拓扑结构的示意图。

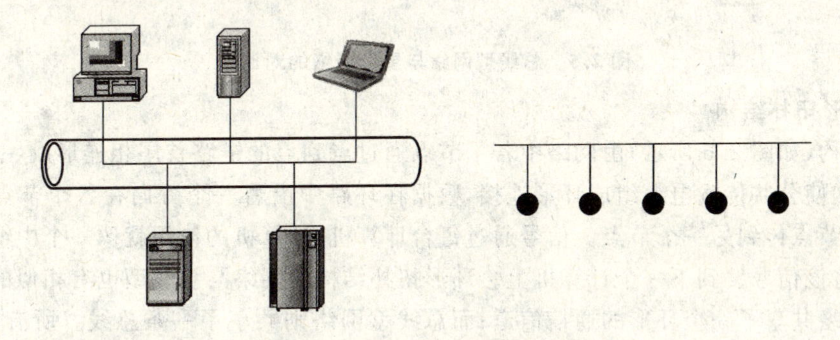

图 2.3 总线型网络与其拓扑结构

总线型局域网的优势在于局域网中一个节点的故障或缺失不会影响到其他节点的正常工作。可以在总线型局域网中任意接入和删减节点数量，均不会影响到全网的运行。因此这个类型的局域网的特点可概括为：结构简单，接入灵活，扩展容易等。但是网络的总线发生故障的话，就会影响到整个或部分网络通信。

(2) 星形拓扑结构

星形结构是指各工作站以星形方式连接成网(如图 2.4 所示)。网络有中央节点，其他节点(工作站、服务器)都与中央节点直接相连，所有通信都通过中央节点进行，任意两个节点之间交换信息也必须通过中央节点的转换。这种结构以中央节点为中心，因此又称为集中式网络。星形拓扑结构与总线型拓扑结构在逻辑上是一致的，总线型拓扑结构中一条作为公共传输介质的总线可看成星形拓扑结构的中央节点，如图 2.5 所示。因此星形拓扑结构的网络与总线型拓扑结构的网络几乎拥有相同的特点，如上边所提到的结构简单、接入灵活、扩展容易等。但是，如果星形网络的中央节点发生故障的话将是致命的，整个网络会瘫痪。

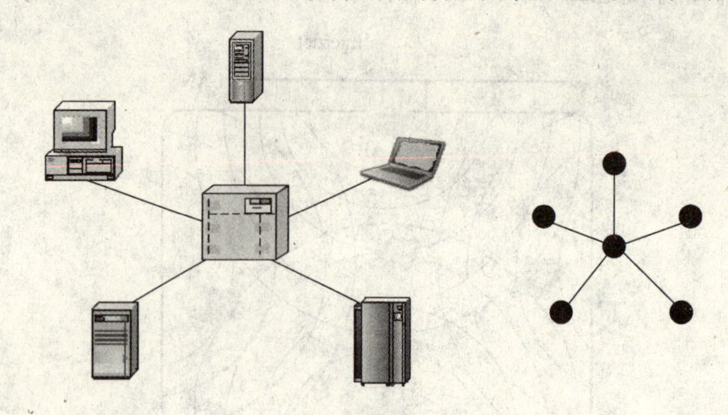

图 2.4　星形网络与其拓扑结构

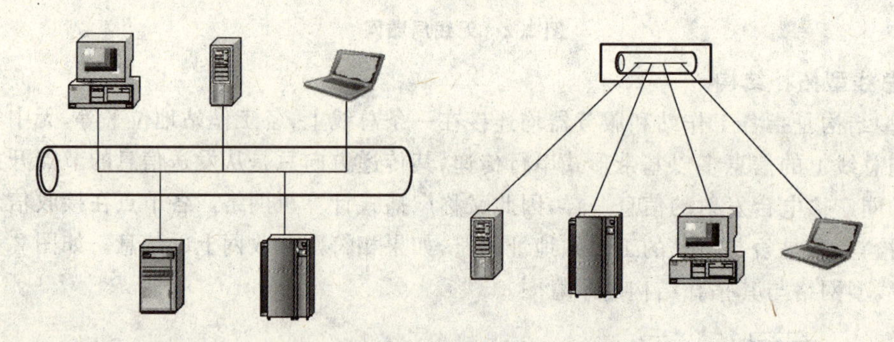

图 2.5　总线型网络与星形网络的对比

(3) 环形拓扑结构

环形结构(如图 2.6 所示)由网络中若干节点通过点到点的链路首尾相连形成一个闭合的环，这种结构使公共传输电缆组成环形连接，数据在环路中沿着一个方向在各个节点间传输，信息从一个节点传到另一个节点。信号通过每台计算机，计算机的作用就像一个中继器，增强该信号，并将该信号发到下一个计算机上。环形拓扑结构的网络与总线型也有相似的地方，环形结构的网络共享了一个环形的通信信道；而总线型网络则共享了一条总线。所有的数据都必须在共享介质中传输，一旦共享信道发生故障，整个网络的通信就会发生中断。这也是环形结构网络致命的弱点。

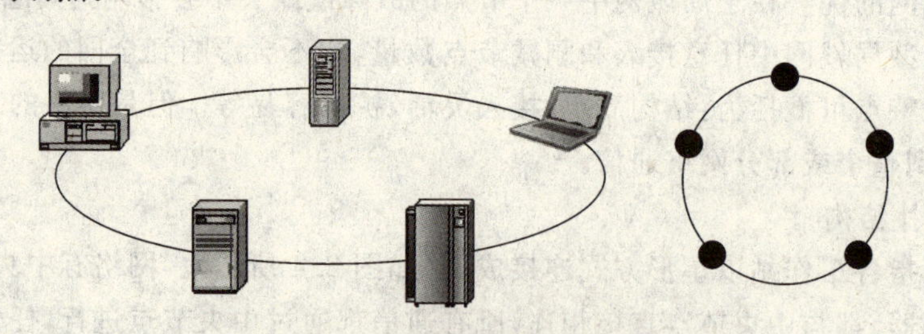

图 2.6　环形网络与其拓扑结构

(4) 蜂窝拓扑结构

蜂窝拓扑结构是无线局域网中常用的结构。它以无线传输介质(微波、卫星、红外线和无线发射台等)点到点和点到多点传输为特征，是一种无线网，适用于城市网、校园网、企业网，更

适合于移动通信。手机通信使用的就是这种蜂窝拓扑结构。相关内容详见第 9 章无线组网技术。

在计算机网络中还有其他类型的拓扑结构，如总线型与星形混合、总线型与环形混合连接的网络。在局域网中，使用最多的是星形结构。

2.1.2　局域网协议及模型

局域网标准 DIX Ethernet V2 规范了以太网的数据传输与传输数据单元，并成为 TCP/IP 体系结构的数据链路层里的固定标准。由此可见，在物理层透明传输比特流的基础上局域网工作在数据链路层，并严格遵守着数据链路层的各种标准与协议。因此为局域网建立通信模型的话，局域网只有两层即物理层和数据链路层。局域网通信设备集线器工作在物理层，交换机则主要工作在物理层和数据链路层。局域网层次模型如图 2.7 所示。

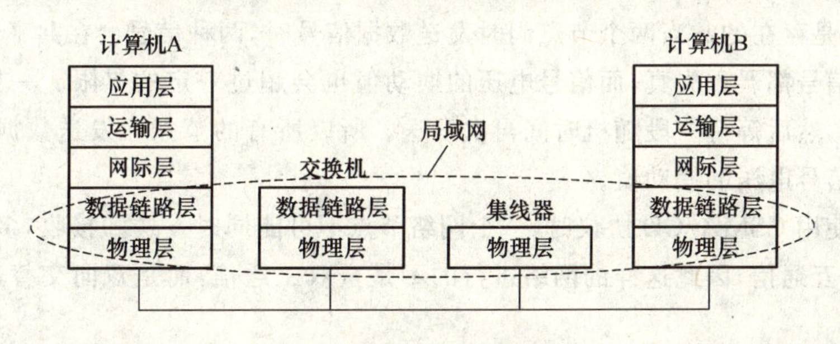

图 2.7　局域网层次模型

如上节局域网的拓扑结构所示，局域网的网络结构是非常简单的，但是要想在这个网络结构里可靠的高速通信却并不简单。可以把局域网比作同在一个会议室里开会的许多人，这些开会的人就好比网络节点，每个网络节点都想和其他的一个或多个节点进行交流沟通。但是这样的沟通并不轻松，因为到会的多个人同时发言或者同时和别人进行交流时，他们之间的谈话会相互干扰，最后可能会导致一片嘈杂，导致所有人都不能够完全听清他们到底在说什么。局域网通信也是一样，因为大多数的局域网都是共享通信信道的（如总线型局域网共享一条总线等），所有计算机发送的信息在共享信道里以广播的方式进行传输，共享信道一次只允许为一个网络节点传送信息，如果两个节点同时向共享信道里发送信息，那么这些信息将会相互干扰，任何节点接收到的将是干扰变形的错误信息。

怎样才能使局域网里的计算机有序可靠地进行高速数据通信呢？在开会的时候为了会议有序地进行都要设置会议主席一职来主持会议，局域网里可以用类似会议主席功能的中央节点来控制和转换整个网络的通信，这就是我们所说的星形拓扑结构的局域网。这里向局域网里添加了一个中央节点来让网络通信有序进行，这是硬件的方式，但在现实生活当中我们所有的并不一定都是星形网络，它们很多都是总线型的或者总线型与星形混合网络。在这样的网络里必须制订出有效的协议来规范通信过程。这个协议就是 DIX Ethernet V2 标准里著名的 CSMA/CD(Carrier Sense Multiple Access with Collision Delection)协议，即载波监听多点接入/碰撞检测协议。

这个协议的规定大体上是确保同一时间共享通信信道只为一个发送信息的网络节点服

务。这就好比在会议上规定一次只允许一个人说话，其他人只能倾听。

“多点接入”说明满足这个协议的计算机网络必须像总线型局域网一样可以在共享信道（总线）上多点接入计算机，并且任何接入的网络节点的缺失和故障都不会影响整个网络通信。现行局域网的拓扑结构大多都满足这个要求。

“载波监听”是指每一个网络节点在发送信息时并不知道共享通信信道是否被占用，因此在发送数据前必须先检测一下共享通信信道。如果没有发现则发送数据，否则，等待一定的时间后继续检测共享信道并判断是否可以发送。

“碰撞检测”是为了防止多个网络节点同时发送数据信号而制订的。因为在监测共享信道时其实是检测其上的信号电压，传输介质上传送的是电信号，如果正在传送数据，则共享信道上的信号电压比没有传送信道空闲时的要大。但这样的监测并不准确，因为电信号的传输速度是有限的，只有电信号传送至本节点，本节点的电压才会有所变化，因此多个网络节点同时发送数据信号是存在的。当两个节点同时发送数据信号时，两种信号会在共享信道里发生“碰撞”导致两种信号都严重失真，而信号电压的摆动值也会超过一定的界限。一旦检测到碰撞，必须全部停止，然后等待一段随机时间再次发送。所以所有的节点在发送数据时必须一边发送，一边监测信号电压的摆动值。

显然，在使用 CSMA/CD 协议时，一个网络节点不可能同时发送和接收，多个网络节点也不可能同时相互通信，因此这样的网络进行的不是全双工通信，而是双向交替通信，即半双工通信。

CSMA/CD 规范了整个局域网数据传输的过程，那么传输数据单元是如何规定的呢？

数据链路层的传输数据单元称为数据帧。数据帧是将物理层处理的比特流进行有效分组（如图 2.8 所示），分为一个个传输数据单元，而后对其进行封装形成的。

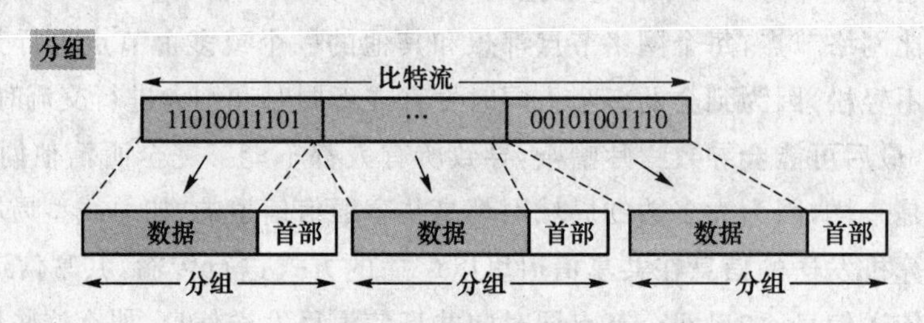

图 2.8　数据中帧示意图

为了使这些数据单元能够被正确的网络节点所接收，必须建立一套地址系统，使每一台计算机都有自己的地址，数据帧可把接收自己的计算机地址写入帧头中，方便转发者和接收者阅读确认。这种数据链路层中的地址称为 MAC 地址、物理地址或硬件地址。一个计算机只有一个物理地址，它被固化到该计算机的网卡上，而且这个物理地址是全球唯一的，因此世界上所有的 MAC 地址与计算机是一一对应的关系。在计算机网络中要想找到某一台计算机，只要知道它的 MAC 地址，就可以了，就好像只要知道人的身份证号码就可以轻松地找到对应的人一样。以太网的 MAC 地址长度为 48 bit 即 6 字节，如一个用 16 进制表示的 MAC 地址为 AC - DE - 48 - 00 - 00 - 80。要想查一查某个计算机的硬件地址，可以进入 DOS 系统，输入 ipconfig/all命令来查看。如图 2.9 所示，此计算机的 MAC 地址为 00 - 06 - 1B - DE - 48 - BF。

```
C:\WINDOWS\system32\cmd.exe
Microsoft Windows XP [版本 5.1.2600]
(C) 版权所有 1985-2001 Microsoft Corp.

C:\Documents and Settings\homeman>ipconfig /all

Windows IP Configuration

        Host Name . . . . . . . . . . . . : dreamgoing
        Primary Dns Suffix  . . . . . . . :
        Node Type . . . . . . . . . . . . : Hybrid
        IP Routing Enabled. . . . . . . . : No
        WINS Proxy Enabled. . . . . . . . : No

Ethernet adapter 本地连接:

        Connection-specific DNS Suffix  . :
        Description . . . . . . . . . . . : Broadcom NetXtreme Fast Ethernet
        Physical Address. . . . . . . . . : 00-06-1B-DE-48-BF
        Dhcp Enabled. . . . . . . . . . . : No
        IP Address. . . . . . . . . . . . : 172.16.19.68
        Subnet Mask . . . . . . . . . . . : 255.255.255.0
        Default Gateway . . . . . . . . . : 172.16.19.1
```

图 2.9　查看计算机的 MAC 地址

2.2　架设局域网的硬件设备

要想把多个计算机连接成局域网，需要多种硬件设备，包括网卡、集线器、交换机和网线等。

2.2.1　网络适配器（网卡）

网络适配器又名网卡（Network Interface Card），简称 NIC。它是计算机和网络线缆之间的物理接口，是一个独立的附加接口电路。任何计算机要想接入网络都必须确保在主板上接入网卡。因此，网卡是计算机网络中最常见也是最重要的物理设备之一。网卡的作用是将计算机要发送的数据整理分解为数据包，转换成串行的光信号或电信号送至网线上传输；同样也把网线上传过来的信号整理转换成并行的数字信号，提供给计算机。因此网卡的功能可概括为：并行数据和串行信号之间的转换、数据包的装配与拆装、网络访问控制和数据缓冲等。

根据工作对象的不同，局域网中的网卡（也称为以太网网卡）可以分为普通计算机网卡，服务器专用网卡，笔记本专用网卡（PCMCIA）和无线网卡。

(1) 普通计算机网卡

普通计算机的网卡是最常见的，如图 2.10 所示。一般来说，我们会使用 PCI 网卡，因为这种网卡买来后只要插入到主板的 PCI 插槽里即可使用，没有主板类型和接口的限制，非常方便。这种网卡叫做“兼容网卡”。还有一种常见的 ISA 总线网卡是直接集成到主板上的，装入驱动程序后就可以使用。普通网卡按照总线类型分类有 ISA 网卡、PCI 网卡和 EIEA 网卡三种；按照速度分类有 10 M 网卡、100 M 网卡、10/100 M 自适应网卡，1 000 M 网卡等。现在我们日常用的一般都是 10/100 M 自适应网卡，它可以用于 10 M 和 100 M 两种速度的以太网。为了接入网线，网卡上一般都有一个 RJ - 45 标准接口，这种接口可以使用双绞线上的水晶头接入。

(2) 服务器专用网卡

服务器专用网卡，如图 2.11 所示是为了适应网络服务器的工作特点而专门设计的，它的主要特征是在网卡上采用了专用的控制芯片,大量的工作由这些芯片直接完成,从而减轻了服务器 CPU 的工作负荷。但这类网卡的价格较贵,一般只安装在一些专用的服务器上,普通用户很少使用。

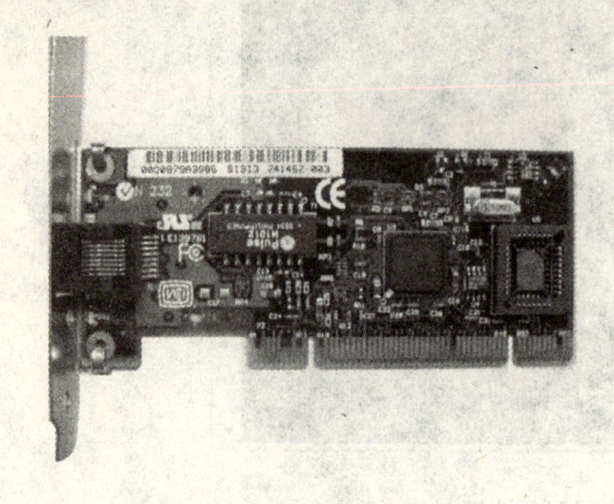

图 2.10 普通计算机的网卡

图 2.11 四端口 10/100 M 自适应双速服务器网卡

(3) 笔记本电脑专用网卡

笔记本电脑的专用网卡是专门设计的,它就是 PCMCIA,如图 2.12 所示。为了适应笔记本电脑的工作方式,PCMCIA 以小为主要特点,在其上可外接一根转接线,根据转接线的不同,分别与双绞线和细缆相连,也可以是无线。由此 PCMCIA 的外观结构与普通网卡有显著不同。随着笔记本电脑功能的不断增多和体积的不断缩小,现在的 PCMCIA 已经向复合功能的方向发展,相继出现了二合一、三合一的 PCMCIA。三合一卡是集局域网连接,Internet 接入和收发传真为一体的网卡,即有一个专门用来连接局域网的接口,传真和调制解调器共用同一个接口。

图 2.12 PCMCIA—网卡 10/100 M

(4) 无线网卡

无线网卡是在无线局域网的覆盖下通过无线连接网络进行上网使用的无线终端设备。具体来说,无线网卡就是可以利用无线来上网的一个装置,但是有了无线网卡还需要一个可以连接的无线网络,只要家里或者所在地有无线路由器或者无线 AP 的覆盖,就可以通过无线网卡以无线的方式连接无线网络上网。

无线网卡按照接口的不同可以分为多种。一种是台式机专用的 PCI 接口无线网卡(如图 2.13 所示);一种是笔记本电脑专用的 PCMCIA 接口网卡(如图 2.14 所示);一种是 USB 无线网卡(如图 2.15 所示),这种网卡不管是台式机用户还是笔记本用户,只要安装了驱动程序就可以使用。在选择时要注意的一点就是,只有采用 USB 2.0 接口的无线网卡才能满足 802.11 g或 802.11 g+的需求。

除此之外,还有在笔记本电脑中应用比较广泛的 MINI-PCI 无线网卡(如图 2.16 所示)。MINI-PCI 为内置型无线网卡,其优点是无须占用 PC 卡或 USB 插槽,并且免去了随身携带一张 PC 卡或 USB 卡的麻烦。

目前,这几种无线网卡在价格上差距不大,在性能上也差不多,按需选择即可。

图 2.13　PCI 接口无线网卡

图 2.14　PCMCIA 接口无线网卡

图 2.15　USB 无线网卡

图 2.16　MINI－PCI 无线网卡

2.2.2　局域网的传输介质

网络中各站点之间的数据传输必须依靠某种传输介质来实现。传输介质种类很多，适用于局域网的传输介质主要有三类：双绞线、同轴电缆和光纤。

1. 双绞线

双绞线（Twisted Pair Cable）由绞合在一起的一对导线组成，这样做减少了各导线之间的相互电磁干扰，并具有抗外界电磁干扰的能力。双绞线电缆可以分为两类：屏蔽型双绞线（STP）和非屏蔽型双绞线（UTP）。屏蔽型双绞线外面环绕着一圈保护层，有效减小了影响信号传输的电磁干扰，但相应增加了成本。而非屏蔽型双绞线没有保护层，易受电磁干扰，但成本较低，如图 2.17 所示。

非屏蔽型双绞线广泛用于星形拓扑的以太网。采用新的电缆规范，如 10 BaseT 和 100 BaseT，可使非屏蔽型双绞线达到 10 Mb/s 以至 100 Mb/s 的传输速率。双绞线的优势在于它使用了电信工业中已经比较成熟的技术，因此，对系统的建立和维护都要容易得多。在不需要较强抗干扰能力的环境中，选择双绞线特别是非屏蔽型双绞线，既利于安装，又节省了成本，所以非屏蔽型双绞线往往是办公环境下网络介质的首选。双绞线的最大缺点是抗干扰能力不强，特别是非屏蔽型双绞线。非屏蔽型双绞线两头一般都会用水晶头包裹好，这个水晶头其实就是一个 RJ－45 接头，可以插入到网卡、交换机和集线器的 RJ－45 接口里，从而促成各种网络设备的互联，如图 2.18 所示。

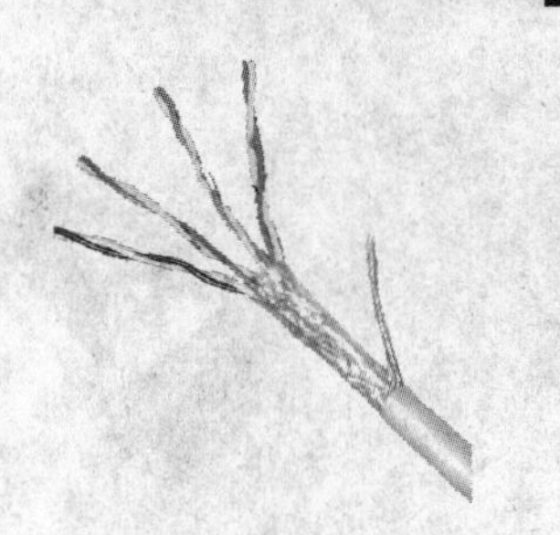

图 2.17　屏蔽型双绞线

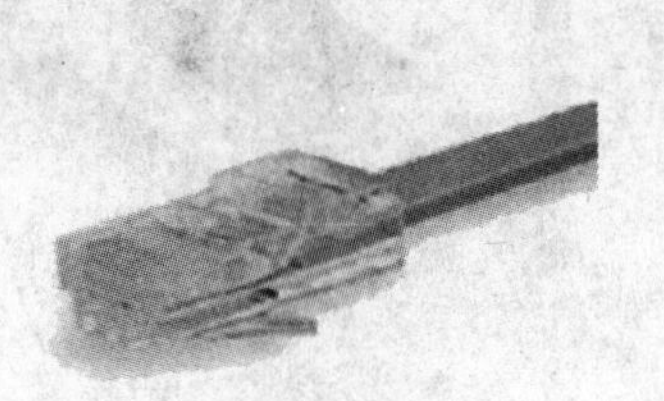

图 2.18　非屏蔽型双绞线

2. 同轴电缆

同轴电缆由内、外两个导体组成，且这两个导体是同轴线的，所以称为同轴电缆。在同轴电缆中，内导体是一根导线，外导体是一个圆柱面，两者之间有填充物。外导体能够屏蔽外界电磁场对内导体信号的干扰，如图 2.19 所示。

同轴电缆既可以用于基带传输，又可以用于宽带传输。基带传输时只传送一路信号，而宽带传输时则可以同时传送多路信号。用于局域网的同轴电缆都是基带同轴电缆。

3. 光导纤维

光导纤维简称光纤。对于计算机网络而言，光纤具有无可比拟的优势。光纤由纤芯、包层及护套组成。纤芯由玻璃或塑料组成，包层则是玻璃的，使光信号可以反射回去，沿着光纤传输；护套则由塑料组成，用于防止外界的伤害和干扰。光纤如图 2.20 所示。

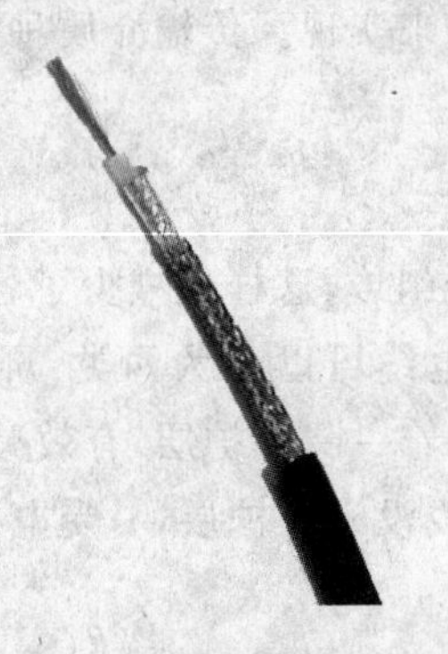

图 2.19　同轴电缆

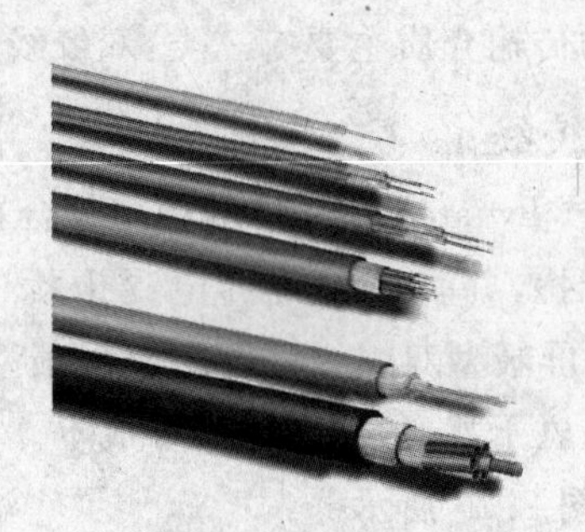

图 2.20　各种不同的光纤

光波由发光二极管或激光二极管产生，接收端使用光电二极管将光信号转为数据信号。光导纤维传输损耗小，频带宽，信号畸变小，传输距离几乎不受限制，且具有极强的抗电磁干扰能力。因此，光纤现在已经被广泛地应用于各种网络的数据传输中。

2.2.3　集线器

集线器(Hub)如图 2.21 所示。它的主要功能是对接收到的信号进行再生整形放大，以扩大网络的传输距离，同时把所有节点集中在以它为中心的节点上。集线器工作在网络最底层，不具备任何智能，它只是简单地把电信号放大，然后转发给所有接口。集线器一般只用于局域网，需要加电，可以把数个计算机用双绞线连接起来组成一个简单的网络。

图 2.21　集线器

集线器通常具有如下功能和特性：

① 可以是星形以太网的中央节点，工作在物理层。

② 对接收到的信号进行再生整形放大，以扩大此信号网络的传输距离。

③ 一般采用 RJ-45 标准接口。

④ 以广播的方式传送数据。

⑤ 无过滤功能，无路径检测功能。

⑥ 不同速率的集线器不能级联。

可以用集线器，双绞线，计算机和计算机中的网卡组成如图 2.22 所示的一个简单的星形共享式局域网。第一台计算机首先把需要传输的信息通过网卡转换成网线上传送的信号，并发至集线器，加电的集线器将这些信号放大，而后不经过任何处理就直接广播到集线器的所有端口(8 个)。第二台计算机从它接入集线器的端口接收信号，并通过它的网卡转换成数字信息，由此这个通信过程就完成了。从这个过程可见，集线器只是完成简单的传送信号的任务，毫无智能而言，可以把它简单地虚拟成一根连接两台计算机的网线，因此它工作在物理层。如图 2.22 所示的集线器共有 8 个端口，无论哪个端口上接入计算机都可以接收并读取上述第一台计算机发送的信息，这样不能确保传输信息的安全性。如果端口较多，集线器的广播量会增大，整个网络的性能也会变差。

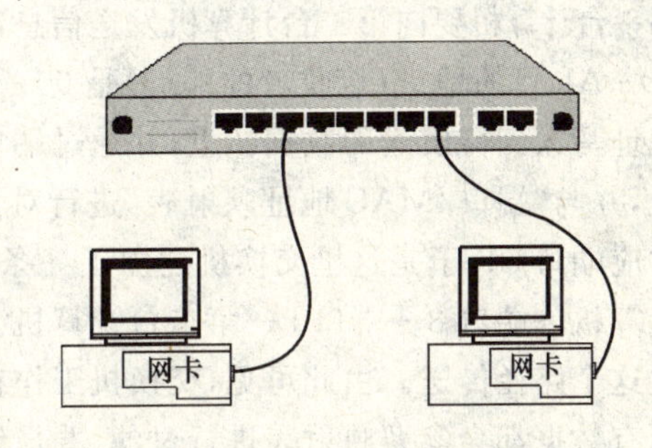

图 2.22　共享式以太网

2.2.4　交换机

交换机(Switch)又称网桥(如图 2.23 所示)。在外形上交换机和集线器很相似，并且都应用于局域网，但是交换机是一个拥有智能和学习能力的设备。交换机接入网络后可以在短时间内学习掌握此网络的结构以及与它相连计算机的相关信息，并且可以对接收到的数据进行过滤，而后将数据包送至与目的主机相连的接口。因此交换机比集线器传输速度更快，内部结构也更加复杂。一般可用交换机组建局域网或者用它把两个网络连接起来(例如学校机房就用交换机把机房的局域网接入校园网)。

图 2.23　交换机

交换机通常具有如下功能和特性：

① 可以是星形以太网的中央节点，工作在数据链路层。

② 可以过滤接收到的信号，并把有效传输信息按照相关路径送至目的端口。

③ 一般采用 RJ－45 标准接口。

④ 参照每个计算机的接入位置，有目的的传送数据。

⑤ 有过滤功能和路径检测功能。

⑥ 不同类型的交换机和集线器可以相互级联。

可以用交换机、双绞线、计算机和计算机中的网卡组成如图 2.24 所示的一个简单的星形交换式局域网。当交换机的端口被接入计算机后，交换机便进入了一个“学习”阶段。在这个阶段中，交换机需要获得每台计算机的 MAC 地址并建立一张“端口/MAC 地址映射表”，通过这张表交换机将自己的端口与接入交换机上的计算机联系起来。例如图 2.24 中的两台计算机，交换机学得的映射关系为：第一台计算机连接在端口 3 上，它的 MAC 地址为 00－50－BA－27－5D－A1；第二台计算机连接在端口 5 上，它的 MAC 地址为 00－06－1B－DE－48－BF。现在第一台计算机要向第二台计算机发送信息，发送的源地址（发送者的地址）是 00－50－BA－27－5D－A1，目的地址（接收者的地址）是 00－06－1B－DE－48－BF，第一台计算机把这两个物理地址写入到待发送的数据帧里，并通过端口 3 送至交换机。交换机读取数据帧，提取这两个地址，并与“端口/MAC 地址映射表”进行对比，发现在表中目的地址 00－06－1B－DE－48－BF 对应端口 5。于是这里交换机建立了一条第一台计算机与第二台计算机通信的路径：第一台计算机→端口 3→端口 5→第二台计算机。第一台计算机与第二台计算机要交换的信息都通过这个路径传送。由此可见，交换机工作在数据链路层，可以读取数据帧。送入到交换机中的所有数据都会参照映射表进行过滤，并最终建立此数据的通信路径。

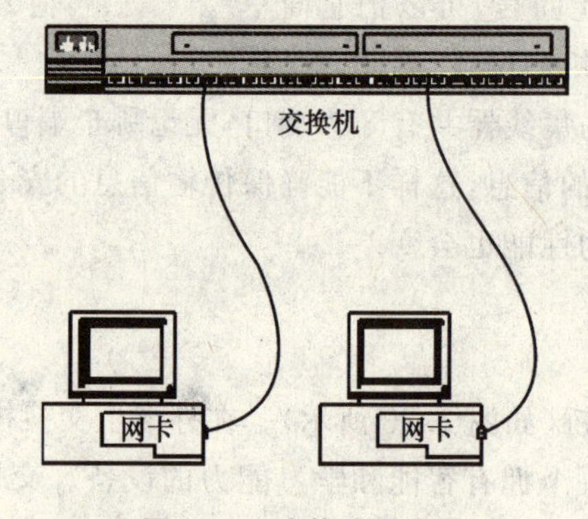

图 2.24　交换式以太网

2.3　局域网的组建

利用 2.2 介绍的硬件设备组建或接入局域网，并不是一件困难的事情。因为局域网结构简单，技术成熟，造价低廉，所以只要少许学习，多加练习，便可以熟练地掌握局域网组网技术。下边我们来逐一介绍。

2.3.1　制作非屏蔽双绞线

在局域网中现在基本上用的传输介质都是非屏蔽双绞线，因为同轴电缆不易于布线已经很少使用，屏蔽双绞线只用于特殊环境中，光纤造价昂贵现只适用于长途传输。因此我们平时组网所说的网线指的是非屏蔽双绞线。

剥开非屏蔽双绞线的外包裹层，里面共有八根铜线分别由绝缘层包裹，每两根线通过相互绞合成螺旋状而形成一对（如图 2.25 所示）。其中绝缘层被染成橙色和橙白色的形成一对，绿色和绿白色形成一对，蓝色和蓝白色形成一对，棕色和棕白色形成一对。把这 8 根铜线进行编号如图 2.26 所示。

图 2.25　非屏蔽双绞线

图 2.26　铜线编号

如图 2.26 所示，橙 2 和橙白 1，绿 6 和绿白 3，蓝 4 和蓝白 5，棕 8 和棕白 7。虽然一共有 8 根铜线，但是实际应用中只用到以下 4 根线：橙 2 和橙白 1 是发送数据的线，绿 6 和绿白 3 是接收数据的线。因此通常接线的方法就是要把线 1、2 和线 3、6 分别接起来。

为了将 UTP 电缆与计算机、集线器、交换机等设备连起来，首先需要统一它们的接口，即 RJ－45 接口。因此为了让非屏蔽双绞线拥有这样的接头，把双绞线的两头用水晶头（也叫做 RJ－45 水晶头）包裹起来。包裹方法是把 8 根铜线按照编号（如图 2.27 所示），插入水晶头里，并用 RJ－45 专用剥线/夹线钳（如图 2.28 所示）压紧。

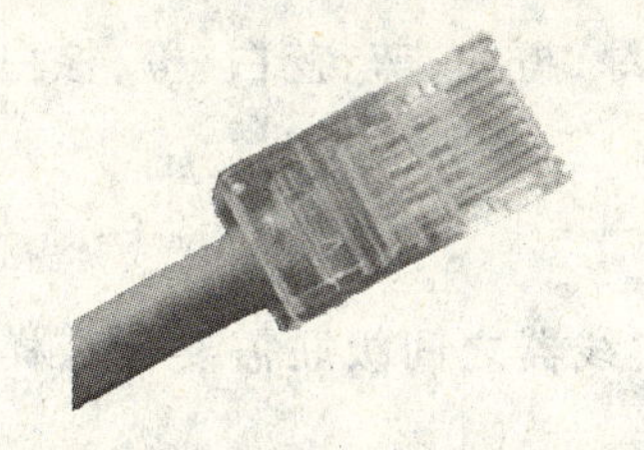

图 2.27　双绞线在水晶头中的排序位置

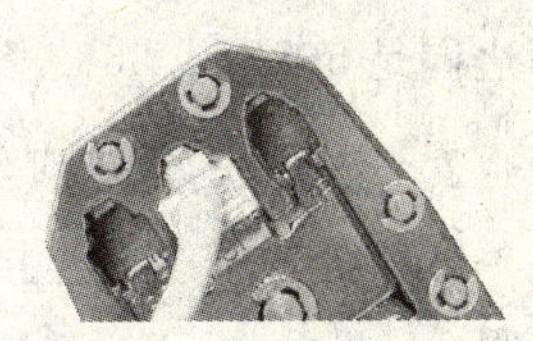

图 2.28　剥线/夹线钳

如图 2.27 所示，RJ－45 水晶头的排线方法是：将水晶头的腹部，即水晶头的铜片朝上方，且面向操作者自己，8 根铜线按照编号从左边开始由 1 到 8 依次排开。

1. 直通非屏蔽双绞线的制作

无论是连接还是制作网线，都必须遵循一个基本规则：自己的发线要与对方的收线相连；自己的收线要与对方的发线相连。也就是说必须要把橙白1、橙2和绿白3、绿6分别连接起来。

直通非屏蔽双绞线线内的线对排序如图2.29所示。这里的8根线均按照序号毫无改变和交叉地进行排列，依次为橙白、橙、绿白、蓝、蓝白、绿、棕白、棕，这样的排序称为568B线序。那么，这样排列是否违反上述基本规则呢？

图2.29 直通非屏蔽双绞线线内的线对排序

答案是否定的，因为连接直通线的设备内部的收线和发线进行了交叉。比如说，计算机与集线器相连需要直通线，这里计算机的发线要与集线器的收线相连，计算机的收线要与集线器的发线相连(如图2.30所示)由于集线器内部的收线和发线进行了交叉，因此两边的布线规则都是568B，使用直通线非常合适。

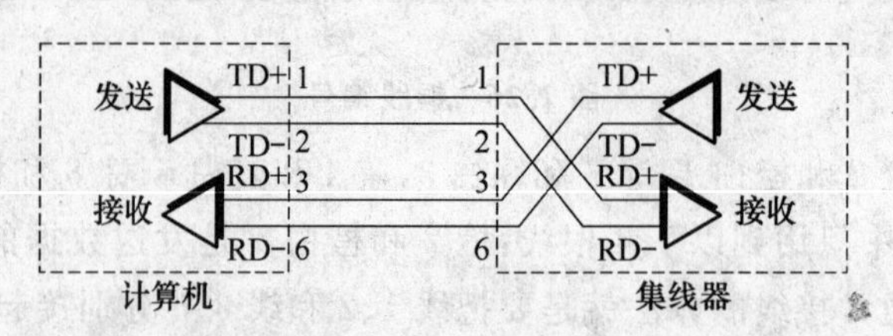

图2.30 例 图

除了计算机与集线器外，需要使用直通线的情况还有：将交换机或Hub与路由器连接；计算机(包括服务器和工作站)与交换机或Hub连接。

由上述可得，双绞线两头布线都相同的就是直通线。这里的布线规则有568B线序，还有568A线序。568A线序的布线排列从左到右依次为：绿白、绿、橙白、蓝、蓝白、橙、棕白、棕。两边同是568B或568A线序的都是直通线。

2. 交叉非屏蔽双绞线的制作

计算机与集线器连接使用的是直通线，那么集线器与集线器之间级联需要什么样的电缆呢？

这要分两种不同的情况：

① 集线器的直通级联端口与另一集线器的普通交叉端口相连，如图2.31所示。显然这里需要直通线，两边的布线都是568B线序。

② 集线器的普通交叉端口与另一个集线器的普通交叉端口相连，如图2.32所示。

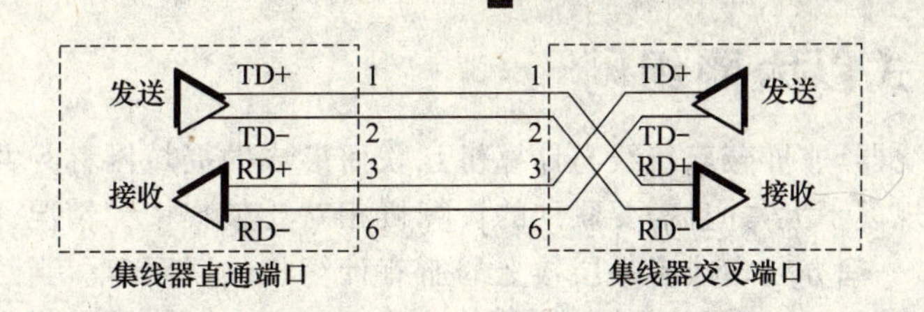

图 2.31　两集线器直通端口与交叉端口相连示意图

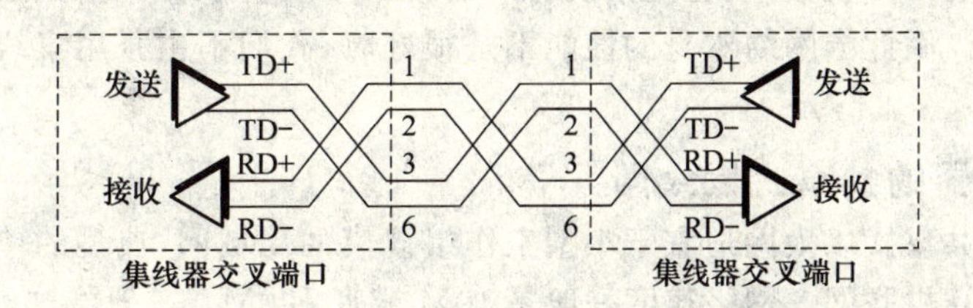

图 2.32　两集线器交叉端口相连示意图

在这里的双绞线一边的线序是 568B:1,2,3,4,5,6,7,8;另一边的线序为 568A:3,6,1,4,5,2,7,8。正好 1 和 3 相接、2 和 6 相接,符合双方收线与发线相连的原则。这样的双绞线就是所谓的交叉非屏蔽双绞线,简称交叉线。因此双绞线两头的线序都不一样,比如一头是 568B,那另一方一定是 568A,这样的线就是交叉线(如图 2.33 所示)。

图 2.33　交叉非屏蔽双绞线线对排序

需要使用交叉线的情况有:交换机与交换机之间通过 Uplinks 口连接;Hub 与交换机连接;Hub 与 Hub 之间连接;两台 PC 直接相连;路由器接口与其他路由器接口的连接;Ethernet接口的 ADSL Modem 连接到 PC 机的网卡接口。

一般在制作完网线后,都要进行双绞线连通性测试。测试工具是电缆测试仪,如图 2.34 所示。

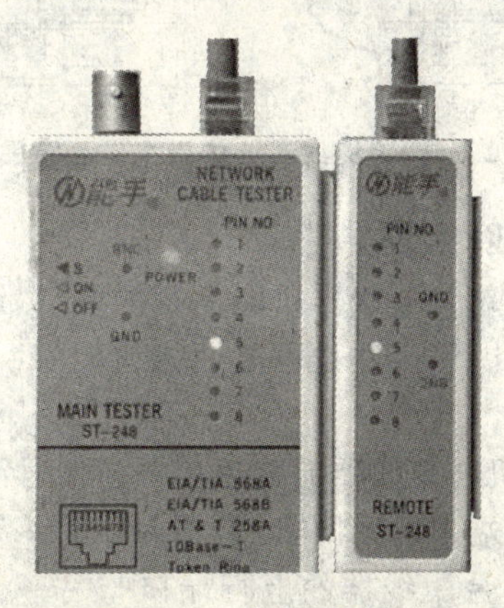

图 2.34　电缆测试仪

2.3.2 共享式以太网组网

一般把仅用集线器,非屏蔽双绞线与计算机互联而形成的局域网称为共享式以太网。这种局域网用于网络规模不大,并且需要联网的计算机相对比较集中的情况。比如学生寝室里六台计算机的联网,一间办公室或者一层楼上的所有计算机的联网等。当然由于集线器的端口是有限的,因此共享式以太网只能连接有限个计算机。有的时候可以用集线器级联的方式来增加可接入网络的计算机数量,但是集线器广播的工作原理导致了连接的计算机越多,整个局域网的性能越差。因此当网络本身的性能不是很好时,我们不主张用集线器级联的方式进行组网。

1. 单一集线器的共享式以太网

单一集线器的共享式以太网适宜于小型工作组规模的局域网,典型的单一集线器一般可以支持 2～24 台计算机联网。网络速度一般是 10M 或者 100M。一般将这种网络应用于局限于一个房间里的计算机互连的局域网组网。

早期的集线器、网卡、甚至网线都分为 10M 和 100M 的两种。要想配置十兆的局域网必须使用十兆的集线器、网卡和网线,同理,百兆的局域网也必须使用百兆的网络设备。并且两种不同速率的设备不能混用,这给组网的用户带来了很大的麻烦。如今的网卡,网线以及集线器已经都是 10/100M 自适应式,也就是说它们都可以自己适应十兆和百兆的网速,并能够正常运行,所以现在我们从市面上买来的以太网设备基本上都可以直接接入以太网并且无须担心不匹配的情况。

单一集线器结构的以太网配置方案(组成网络如图 2.35 所示):

- 10/100M 自适应网卡;
- 超五类非屏蔽双绞线;
- 10/100M 自适应集线器;

每段 UTP 电缆最大长度为 100 m。

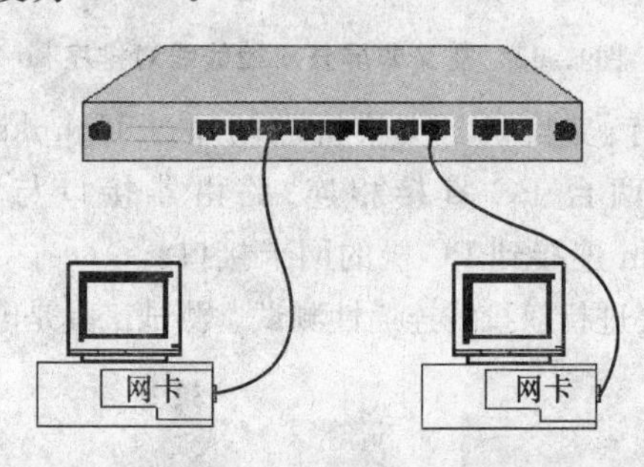

图 2.35 单集线器结构以太网示意图

2. 多集线器级联的共享以太网

当需要联网的计算机数超过单一集线器所能提供的端口数时,或者需要联网的计算机位置相对比较分散(如多个房间的计算机)并且网络性能比较好(如百兆网络)时,可以考虑使用多集线器级联的共享以太网。

通过上节的学习可知,计算机与集线器的普通接口连接时需要使用直通线,而多个集线器相互级联所使用的网线按照连接端口的不同,也是不一样的。集线器上提供一个上行端口,专门用来同其他集线器级联。当一台集线器的上行端口与另一台集线器的普通端口进行级联

时,需要使用直通线。而当集线器不提供上行端口或者上行端口被占用的情况下,只有把两台集线器的端口进行级联,这时需要使用交叉线。

多集线器级联的以太网配置方案:

- 10/100M 自适应网卡;
- 超五类非屏蔽双绞线;
- 10/100M 自适应集线器;
- 每段 UTP 电缆的最大长度 100 m;
- 任意两个节点之间最多可以经过两个集线器;
- 集线器之间的电缆长度不能超过 5 m;
- 整个网络的最大覆盖范围为 205 m;
- 网络中不能出现环路。

这里一定要强调的是网络中绝对不能出现环路。因为集线器是以广播的对式传送数据的,一旦网络中出现一个或多个损坏和错误的数据包,并且这些数据包不能被任何计算机接收处理,那么它们就会被各个集线器任意地广播到网络的每个端口,每条线路中去。如果网络再出现环路,那么数据包会在这条环路中不断地循环传输下去,从而导致线路资源严重占用,网络性能急剧变坏。

多集线器级联的以太网可以采用两种结构:平行结构(如图 2.36 所示)和树形结构(如图 2.37 所示)。

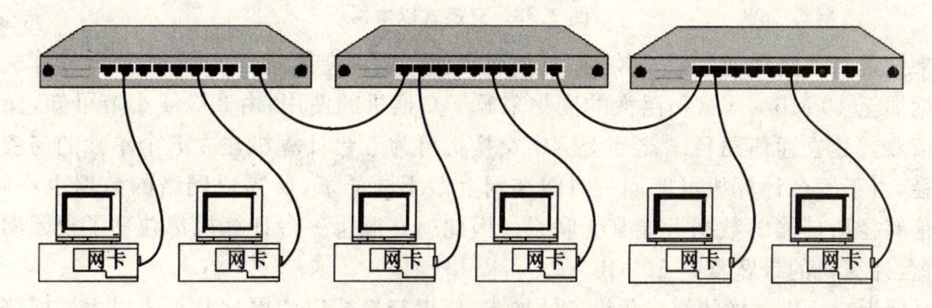

图 2.36　平行结构的多集线器级联

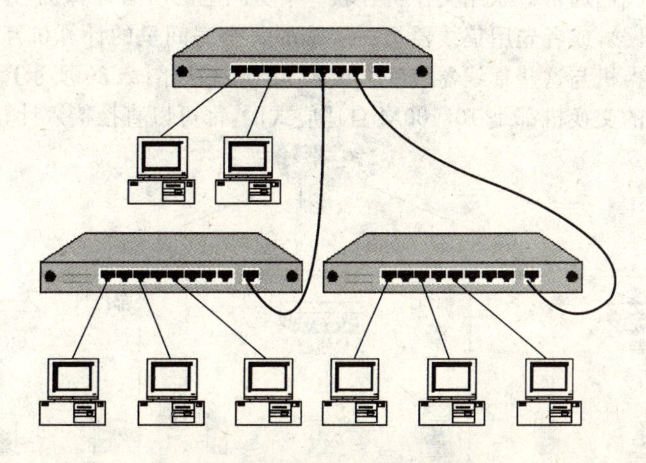

图 2.37　树形结构的多集线器级联

2.3.3 交换式以太网组网

交换式以太网与共享式以太网的组网非常相近，只不过是把网络当中的集线器换成了交换机(如图 2.38 所示)。集线器和交换机在外表上是很难区分的，但如 2.2.3 小节和 2.2.4 小节所述，它们在工作原理上有本质性的不同，由此导致了这两种局域网的性能和工作效率都不一样。共享式以太网的性能相对较弱，覆盖范围相对较小，因为集线器广播数据的工作方式占用和消耗了大量的信道资源，最终各网络节点所分得的带宽大大减少。例如，一个学生寝室里有五台计算机，现用一台集线器把它们连成一个共享式以太网并接入校园网。如果校园网的网速是 10 Mb/s 的话，每台计算机能得到的带宽只有大约 2 Mb/s。

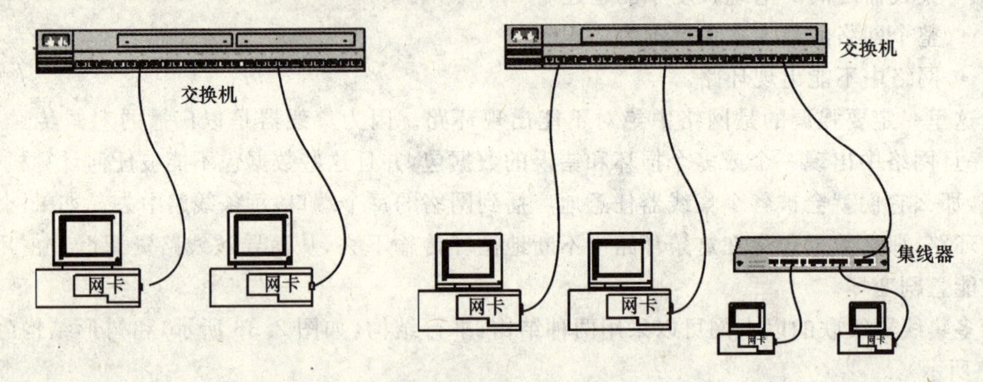

图 2.38　交换式以太网

如果把上例的集线器换成交换机，整个网络就变成了交换式以太网，而每台计算机所得到的带宽增加至 10 Mb/s。这种巨大的变化来源于交换机的使用，由 2.2.4 小节可知，交换机可以为通信双方建立通信路径。比如上例中交换机可为五台计算机建立五个单独的与校园网的通信路径，由于五台计算机可能同一时间在网上做不同的事，所需要网络的数据也不同，所以五个通信路径所传输的数据可能毫无联系。因此就好像每一台计算机都独享了校园网的宽带一样，每台计算机的带宽都是 10 Mb/s。

就是因为交换机这样的智能化设备的加入，使得交换式以太网比共享式以太网网络性能更好，覆盖范围更大。我们通常喜欢用交换机互联一个房间里的所有计算机，并把它们接入更大的计算机网络(如校园网)，或者先用集线器把一层楼的每个房间里的计算机互联成一个个共享式以太网，然后再用交换机与这些集线器级联并接入 Internet(如图 2.39 所示)。此外，和集线器一样，现在市面上买到的交换机都是 10/100M 自适应式的，都可以直接接入计算机网络中使用。

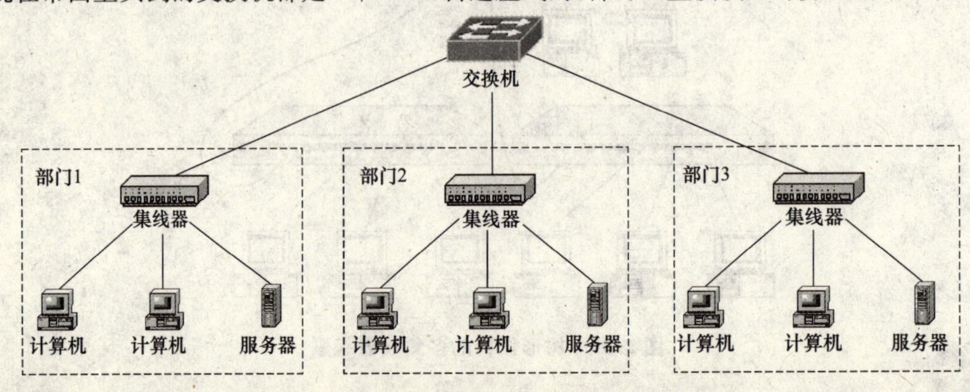

图 2.39　例　图

2.3.4　局域网的软件配置以及网络连通性测试

局域网硬件安装完毕后，要想使用这个局域网还必须安装相应的软件，比如网络操作系统和网卡驱动程序等。下面就来介绍相关网络软件的安装以及运用命令来测试网络的连通性。

1. 网卡驱动程序的安装

安装网卡的计算机必须要装入网卡驱动程序，才可以使网卡正常工作，并接入网络。网卡驱动程序因网卡和操作系统的不同而异，一般随同网卡一起发售，但有些常用的驱动程序也可以在操作系统安装盘中找到。

安装网卡驱动的方法是：单击 Windows XP 桌面的“开始”→“控制面板”→“添加硬件”选项，打开对话框如图 2.40 所示。直接单击“下一步”按钮，可搜索未安装驱动程序的所有硬件，从指定的路径中读取驱动程序并安装。

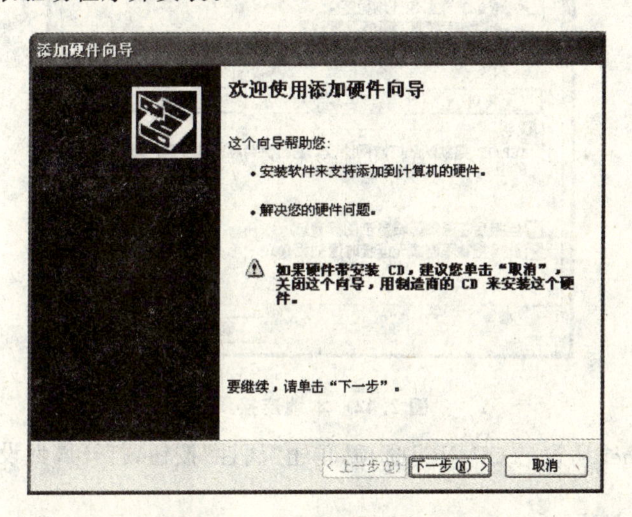

图 2.40　添加硬件安装向导

一般的，普通计算机的网卡驱动程序是不用安装的。因为现在大多数操作系统都已经集成了网卡驱动程序，只要网卡一经安装，操作系统就会自动进行识别，并配以适当的驱动程序使其正常运行。只要装上了网卡驱动程序，网卡即可正常运行，都会找到“本地连接”图标(如图 2.41 所示)。

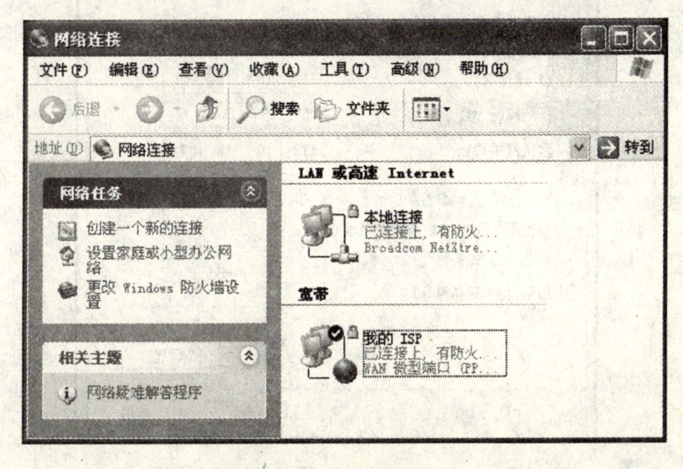

图 2.41　本地连接

2. TCP/IP 信息的配置

安装了网卡驱动程序之后，还必须为局域网中的每一台计算机配置 IP 地址，这样它们之间才可以相互识别、相互通信。配置方法如下：

① 单击 Windows XP 桌面的“开始”→“控制面板”→“网络连接”选项，如图 2.41 所示，找到“本地连接”，打开其属性对话框，如图 2.42 所示。

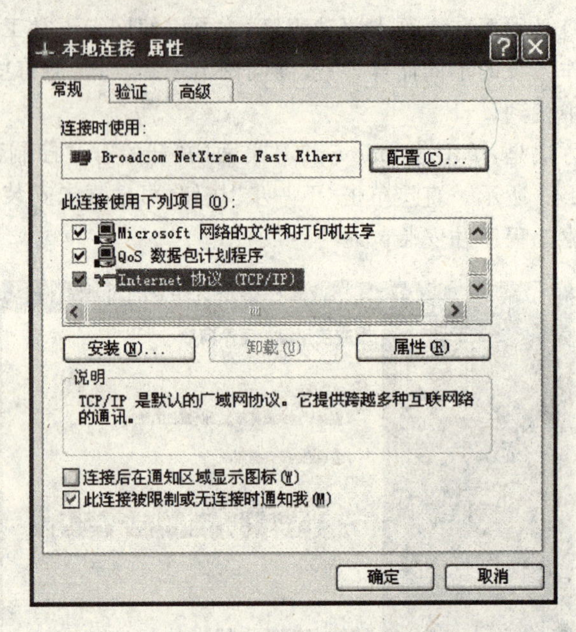

图 2.42 本地连接属性

② 选中“Internet 协议(TCP/IP)”选项，单击“属性”按钮，打开属性设置对话框，如图2.43 所示。

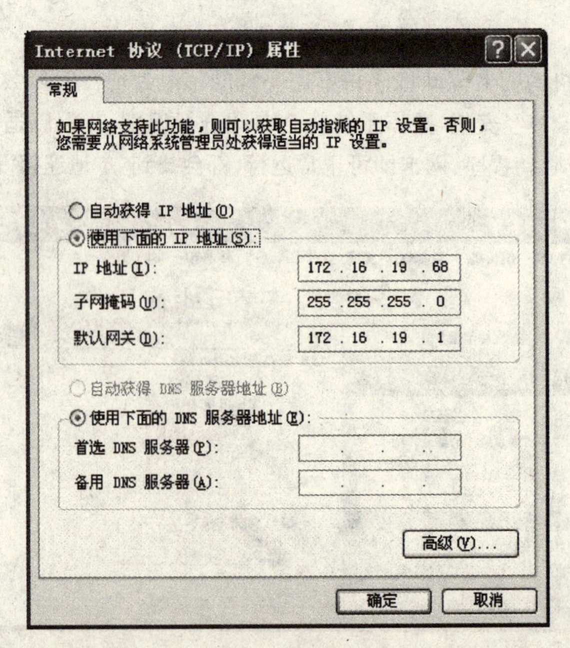

图 2.43 Internet 协议(TCP/IP)属性

③ 在图 2.43 中相应位置填入 IP 地址，子网掩码，网关等 TCP/IP 信息即可。这里要注意的是为一个局域网的所有计算机配置的 IP 地址一定是连续的。比如一个局域网里共有三台计算机，首先设置它们的网关都是 172.16.19.1，子网掩码都是 255.255.255.0。三台计算机的 IP 地址依次可设置为 172.16.19.68，172.16.19.69，172.16.19.70 这三个连续的 IP。

最后可以在 DOS 里输入 ipconfig/all 来对本机的 IP 地址进行确认。ipconfig/all 命令如图 2.44 所示。本机的 IP 地址为 172.16.19.68。

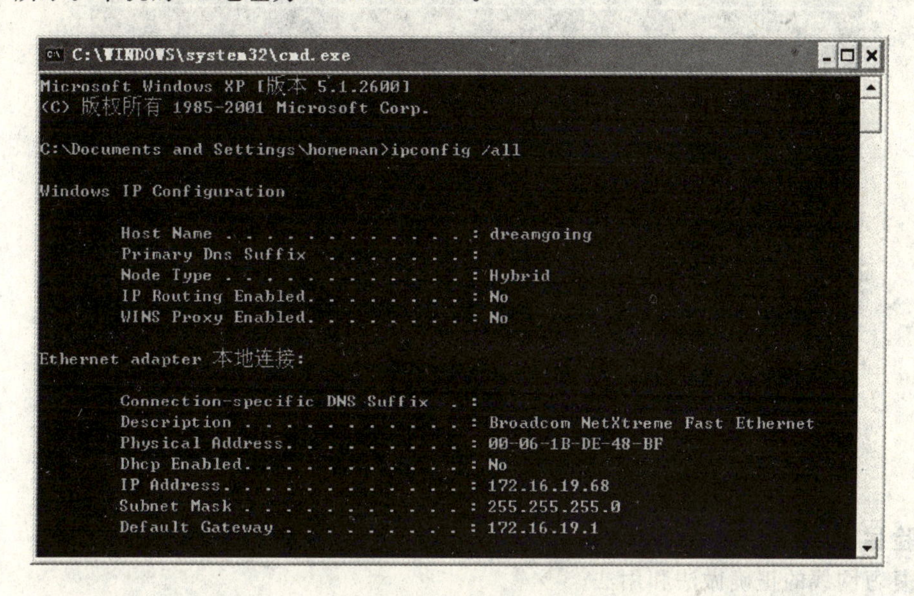

图 2.44　ipconfig/all 命令

3. 网络连通性测试

ping 命令是测试网络连通性最常用的命令。ping 命令测试原理是发送多个数据包到对方主机，对方主机将这些数据包如数返回，由此接收到的数据包的时间和数量来判断网络的连通性。ping 命令的语法十分简单，只要在 ping 命令后加上要测试计算机的 IP 地址即可(如图 2.45 所示)。

```
C:\WINDOWS\system32\cmd.exe
Microsoft Windows XP [版本 5.1.2600]
(C) 版权所有 1985-2001 Microsoft Corp.

C:\Documents and Settings\homeman>ping 172.16.19.69

Pinging 172.16.19.69 with 32 bytes of data:

Reply from 172.16.19.69: bytes=32 time<1ms TTL=128
Reply from 172.16.19.69: bytes=32 time<1ms TTL=128
Reply from 172.16.19.69: bytes=32 time<1ms TTL=128
Reply from 172.16.19.69: bytes=32 time<1ms TTL=128

Ping statistics for 172.16.19.69:
    Packets: Sent = 4, Received = 4, Lost = 0 (0% loss),
Approximate round trip times in milli-seconds:
    Minimum = 0ms, Maximum = 0ms, Average = 0ms

C:\Documents and Settings\homeman>
```

图 2.45　ping 命令

如图 2.45 所示，本机用 ping 命令向 IP 地址为 172.16.19.69 的计算机发送了四个 32 字节的数据包，并原样被对方返回，都被本机如数地接收到，无一缺失。这说明本机和 IP 地址为 172.16.19.69 的计算机之间在网络硬件上是连通的，两台计算机的底层网络软件与通信模块也是正常运行的。当然也有 ping 不通的情况，如图 2.46 所示。这种情况表明两台计算机不是连通的或者软硬件出现了一定的问题。

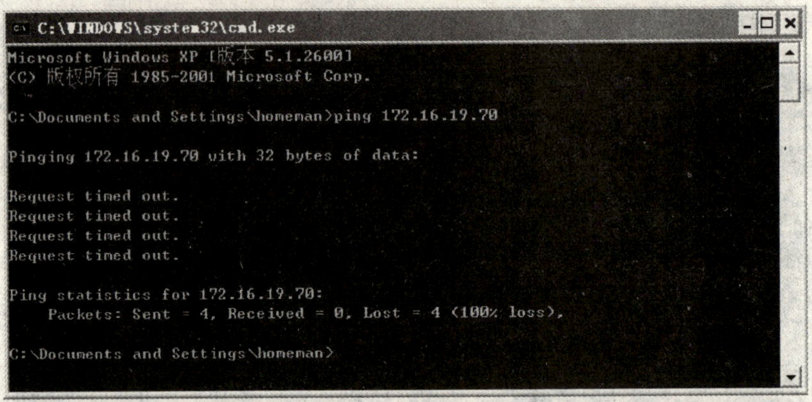

```
C:\WINDOWS\system32\cmd.exe
Microsoft Windows XP [版本 5.1.2600]
(C) 版权所有 1985-2001 Microsoft Corp.

C:\Documents and Settings\homeman>ping 172.16.19.70

Pinging 172.16.19.70 with 32 bytes of data:

Request timed out.
Request timed out.
Request timed out.
Request timed out.

Ping statistics for 172.16.19.70:
    Packets: Sent = 4, Received = 0, Lost = 4 (100% loss),

C:\Documents and Settings\homeman>
```

图 2.46 ping 不通

实验三 网线制作

实验目的

1. 复习网线的正确做法和用法；
2. 学会熟练制作和测试网线。

实验条件

超五类双绞线一小段，RJ-45 接头(水晶头)两个，网线钳一把，测线器一个。

实验内容

1. 网线制作相关知识

(1) UTP 的中文含义：(　　)。

(2) 两种压线规范：

线序(左)1～8(右)

568A

568B

(3) 两类线的名称：

	A 端	B 端
交叉线	(568A)…………	(　　)
直通线	(568A)…………	(　　)
或是	(568B)…………	(　　)

(4) 执线手势：

水晶头的铜片朝上方，且面向自己。从左向右即为 1～8 线。

(5) 在右侧画出执线手势示意图。

2. 剥线情况实录(发生的问题是：________________)；

（我是这样解决的：＿＿＿＿＿＿＿＿＿）。

3. 压线情况实录（发生的问题是：＿＿＿＿＿＿＿＿＿）；

（我是这样解决的：＿＿＿＿＿＿＿＿＿）。

4. 测线情况实录（发生的问题是：＿＿＿＿＿＿＿＿＿）；

（我是这样解决的：＿＿＿＿＿＿＿＿＿）。

5. 两类线（交叉线、直通线）的用处

集线器之间的级联　uplink——普通口　　用（　　）线；

普通口——普通口　　用（　　）线。

计算机之间的双机通信　用（　　）线；

计算机与集线器的连接　用（　　）线。

思考

计算机机房里用得最多的是（　　）线。

思考与总结（自评）

1. 我已学会网线正确做法（　　）；
2. 我已学会熟练制作（　　）；
3. 我已学会熟练测试网线（　　）。

实验四　交换机的基本配置

实验目的

1. 交换机的基本信息查看，运行状态检查；
2. 设置交换机的基本信息，如交换机命名、特权用户密码。

实验环境

Windows Server 2000 计算机单机，华为路由器模拟软件。

实验内容与步骤

在 PC 机上使用超级终端（HyperTerminal）建立终端仿真会话，通过控制台线缆配置交换机。交换机的基本配置：

1. 添加一个交换机先对交换机进行口令和设备名设置

双击 SwitchA，进入终端配置：

<Quidway>system

[Quidway]super password mimimama　　　　;设置特权密码

[Quidway]sysname 10101　　　　;交换机命名

[10101]quit

<10101>sys

2. 设置端口工作模式

[10101]interface ethernet 0/1　　　　;进入接口视图

[10101]interface vlan x　　　　;进入接口视图

[10101－Ethernet0/1]duplex |half|full|auto|　　　　;配置端口双工工作模式

情况实录：duplex half

[Quidway-Ethernet0/1]speed {10|100|auto} ;配置端口工作速率

情况实录(________________)。

3. 添加两台计算机,分别设置 IP 地址和子网掩码

双击 PCA,进入终端配置:

login:root ;使用 root 用户

password:linux ;口令是 linux

#ifconfig ;显示 IP 地址

#ifconfig eth0 <ip address> netmask <netmask> ;设置 IP 地址

情况实录(________________)。

#ifconfig

双击 PCB,进入终端配置,请参考上边的有关操作为 PCB 设置 IP 地址和子网掩码。

情况实录(________________)。

(#ifconfig eht0 <ip address> netmask <netmask> down ;删除 IP 地址

#shutdown-h now ;关机

#init 0 ;关机

#logout

#login)。

4. 测试交换机的工作状态

使用 ping 命令对两台计算机测试连通性。

情况实录(________________)。

思考与总结

我已学会查看交换机的基本信息,检查运行状态( )

我已学会交换机信息的基本设置,如交换机命名、特权用户密码( )

习 题

一、填空题

1. ________成为现行的以太网标准,并成为 TCP/IP 体系结构的一部分,即它是数据链路层的全部内容。

2. 常见的局域网的拓扑结构有:________、________、________和________等。

3. 568A 线序的布线排列从左到右依次为:________、________、________、________、________、________、________、________。

4. 568B 线序的布线排列从左到右依次为:________、________、________、________、________、________、________、________。

二、简答题

1. 简述集线器是怎样工作的?

2. 简述交换机是怎样工作的?

3. 请仔细观察和询问学校机房或者你所在的寝室楼的计算机网络拓扑结构,并绘制出来。

4. 请你利用寝室里的多台计算机,使用双绞线、交换机等器件组建一个局域网,并接入Internet。

第3章
网络层地址及协议

【学习目标】

- 了解 IP 地址的分类及功能
- 能够自由地划分子网
- 了解常见网络层协议和功能

无论在 OSI 参考模型还是在 TCP/IP 模型中网络层都是最核心的一层，网络层的主要功能是路由与寻址，本章将重点介绍路由与寻址的根本依据——IP 地址，另外再介绍 TCP/IP 中的部分应用协议比如 IP 协议、ARP 协议、RARP 协议及 ICMP 协议。

3.1 IP 地址概述

在互联网中使用 TCP/IP 协议的每台设备，它们都有一个物理地址就是 MAC 地址，这个地址是固化在网卡中并且是全球唯一的，可以用来区分每一个设备，但同时也有一个或者是多个逻辑地址，就是 IP 地址，这个地址是可以修改变动的，并且这个地址不一定是全球唯一的，但是它在当今互联网的通信中占了举足轻重的地位，为什么呢？

在同一个局域网中，如果有数据发送时，可以直接查找对方的 MAC 地址，并使用 MAC 地址进行数据传送，但是如果不在同一个局域网中要想在全球的互联网当中，使用 MAC 地址找出你要传送的目的主机，这将非常困难，即使能够找到也会花费大量的时间与带宽，所以这时就要使用到 IP 地址，IP 地址的特点是具有层次结构，利用它层次结构的特点，实现在特定的范围内寻找特定的目的主机，比如只查找中国特定的省份的特定市，甚至是特定市特定单位的主机地址，这样就大大提高了寻址效率。

3.1.1 IP 地址的结构及表示方法

下面来了解 IP 地址的结构，以方便日后使用。IP 地址目前使用两个版本，一个是 IPv4，另一个是 IPv6，先来了解 IPv4。

IPv4 地址是由 32 位二进制数组成，每个 IP 地址又分为两部分，分别是网络号（又称网络 ID）与主机号（又称主机 ID）。

网络号（又称网络 ID，也称网络地址），用来区分 TCP/IP 网络中的特定网络，在这个网络中所有的主机拥有相同的网络号。

主机号（又称主机 ID，也称主机地址），用来区分特定网络中特定的主机，在同一个网络中所有的主机号必须唯一。

在计算机内所有的信息都是采用二进制数表示的，IP 地址也不例外。IP 地址的 32 位二进制数难以记忆，所以人们通常把它分成四段，每段 8 个二进制，并把它们用十进制表示，这样记起来就容易得多了。

例如，二进制 IP 地址：10101100.00010000.00010010.00010010

十进制表示为：172.16.18.18

3.1.2 IP 地址的分类

IP 地址采用 32 位二进制表示，为了更好地管理和使用 IP 地址资源，InterNIC 将 IP 地址资源划分为五类，分别为 A 类、B 类、C 类、D 类和 E 类，每一类地址定义了网络数量，也就是定义了网络号占用的位数，和主机号占用的位数，从而也确定了每类网络中能容纳的主机数量，下面详细了解各类地址。

1. A 类

A 类 IP 地址的最高位为 0，接下来的七位表示网络号，其余的 24 位作为主机号，所以 A 类的网络地址范围为 00000001～01111110，用十进制表示就是 1～126(0 和 127 留作别用，以后再讲)，这样算来 A 类共有 126 个网络，每个网络会有 16 777 214 台主机。A 类 IP 地址如图 3.1 所示。显然只有分配给特大型机构。

0	网络号	主机号	主机号	主机号

图 3.1　A 类 IP 地址

2. B 类

B 类 IP 地址的前两位为 10，接下来的 14 位表示网络号，其余的 16 位作为主机号，用十进制表示就是 128～191，这样算来 B 类共有 16 384 个网络，每个网络会有 65 534 台主机。B 类 IP 地址如图 3.2 所示。

1	0	网络号	主机号	主机号	主机号

图 3.2　B 类 IP 地址

3. C 类

C 类 IP 地址的前三位为 110，接下来的 21 位表示网络号，其余的八位作为主机号，用十进制表示就是 192～223，这样算来 C 类共有 2 097 152 个网络，每个网络会有 254 台主机。C 类 IP 地址如图 3.3 所示。这样的网络就比较适合小型的网络了。

1	1	0	网络号	主机号	主机号	主机号

图 3.3　C 类 IP 地址

4. D 类

D 类 IP 地址的前四位为 1110，凡以此数开头的地址就被视为 D 类地址，这类地址只用来进行组播。利用组播地址可以把数据发送到特定的多个主机。当然发送组播需要特殊的路由

配置,在默认情况下,它不会转发。D类IP地址如图3.4所示。

1	1	1	0	组　播　地　址

图3.4　D类IP地址

5. E　类

E类IP地址的前四位为1111,也就是在240～254,凡以此类数开头的地址就被视为E类地址。E类地址不是用来分配给用户使用的,只是用来进行实验和科学研究。E类IP地址如图3.5所示。

1	1	1	1	1	保留或者是实验研究用

图3.5　E类IP地址

因为本书重点关注的是A类、B类和C类IP地址,所以表3.1列出了对应类别的IPv4地址范围和格式。

表3.1　IPv4地址范围和格式

类别	地址范围	主机数量	适用网络规模
A	1～126	16 777 214	大型网络
B	128～191	65 534	中型网络
C	192～223	254	小型网络

3.1.3　特殊的IP地址

在互联网中出于特殊的需要,也就产生了一些特殊的地址,比如网络地址、广播地址、回环测试地址等。

1. 网络地址

在国际互联网中会常常使用网络地址,IP地址方案规划中规定,一个IP地址中所有的主机号为零,那么这个地址就称为本网络中的网络地址。比如IP地址为:110.8.8.8,那么它的网络地址是:110.0.0.0。

另外,还有一种特殊的网络地址,就是所有二进制位都为0,这样的地址也是网络地址,它所代表的是全网,在路由器中代表默认路由。

2. 广播地址

所谓的广播就是向有效范围内的所有用户发送信息的地址,可以把它认定为是最大的组播范围。它主要就是为了使一定范围内的设备都能收到一个相同的广播,因而就必须采用一个特别的IP地址,这个地址被定义为广播地址,通常是把主机号为1的地址叫做广播地址。比如IP地址是:110.8.8.8,那么它的广播地址就是:110.255.255.255。

3. 回环测试地址

细心的读者刚才一定注意到,在我们所看到的IP地址分类中少了127开头的地址,这类地址就是为了回环测试使用的地址,比如:127.0.0.1。

这样的地址发送出去的数据不会上交换机，更不会上互联网，只会在本机内部传送，适合网络编程开发人员使用，当然用来测试网络程序也十分方便。

3.1.4 IPv6 地址概述

现在人们使用的互联网 IPv4 技术，其核心技术属于美国。它的最大问题是 IP 地址资源非常有限。从理论上来计算，IPv4 技术可使用的 IP 地址有 43 亿个，其中：北美占有 3/4，约 30 亿个；而人口最多的亚洲只有不到 4 亿个；中国只有 3 千多万个，和美国麻省理工学院的数量相当。再加上当今互联网主机数量以级数式的增长，给 IP 地址的资源更是带来了极大的挑战，经有关部门统计，目前 IPv4 所能使用的地址在 2015 年将会全部用光，那没有地址的计算机将上不了互联网。另外，IPv4 本身有设计缺陷，像安全等问题，为了解决这样那样的问题人们想出了各种办法，比如使用代理或者是 NAT，但这都不能从根本上解决问题，最终发布了 IPv6 标准，这一协议的地址长度将从 IPv4 的 32 位扩展到 128 位，总容量达到 2 的 128 次方个终端，足够让地球上每个人拥有 1 600 万个地址，巨大的网络地址空间将从根本上解决网络地址枯竭的问题。当然版本的升级并非仅仅是地址位数的升级，还包括新的特性，与 IPv4 相比，IPv6 具有以下几个优势：

① IPv6 具有丰富的地址资源空间。IPv4 中规定 IP 地址长度为 32，即有 $2^{32}-1$ 个地址；而 IPv6 中 IP 地址的长度为 128，即有 $2^{128}-1$ 个地址，让每一个家庭都拥有一个 IP 地址，这让全球数字化家庭的方案实施变成了可能。

② IPv6 使用更小的路由表。IPv6 的地址分配一开始就遵循聚类的原则，这使得路由器能在路由表中用一条记录表示一片子网，大大减小了路由器中路由表的长度，提高了路由器转发数据包的速度和效率。

③ IPv6 增加了增强的组播支持以及对流的支持，这使得网络上的多媒体应用有了长足发展的机会，为服务质量控制提供了良好的网络平台。

④ IPv6 具有全新的地址配置方式。为了简化主机地址配置，IPv6 除了支持手动地址配置和有状态自动地址配置（利用专用的地址分配服务动态分配地址，如 DHCP）外，还支持一种无状态地址配置技术。在无状态地址配置中，网络上的主机能自动给自己配置 IPv6 地址。在同一链路上，所有的主机不用人工干预就可以通信。

⑤ IPv6 具有更高的安全性。在使用 IPv6 的网络中用户可以对网络层的数据进行加密并对 IP 报文进行校验，极大地增强了网络的安全性。

3.1.5 子网的划分

在当今巨大的互联网中由于网络安全、地址充分使用等原因需要对原来的 IP 地址按照一定的规则进行划分，这就是子网划分技术。

如图 3.6 所示，将原来的主机号进一步划分为子网络号和主机号，就是借用了一部分主机号作为子网络号使用。

主网络号	子网络号（主机号的一部分）	剩下的主机号

图 3.6　子网的划分

在原有的 IP 地址模式中，只用网络号就可以区分一个单独的物理网络，在使用了子网划分技术后，网络号就变成了由原来的主网络号再上子网络号，这样才是一个真正的网络号，很

明显使用了这样的技术后原来的网络数量会增加，但是主机数量减少了，正好可以在一定程度上避免IP地址的浪费，另外也可以减少广播风暴并增强网络的安全性，便于网络的管理。

在使用了子网划分技术后，应该从哪里开始借用主机号呢？借多少才合适呢？为了解决这些问题，在TCP/IP中采用了子网掩码的方法。

子网掩码的格式与IP地址一样，也由32位的二进制数组成，不同的是它是由连续的1和连续的0组成的，人们为了使用方便也把它用点分十进制的方式表示。在A、B、C三类IP地址中它们都有自己默认的子网掩码，具体如下所述。

1. A类子网掩码

11111111.00000000.00000000.00000000

2. B类子网掩码

11111111.11111111.00000000.00000000

3. C类子网掩码

11111111.11111111.11111111.0000

子网掩码的规则定义如下：

对应IP地址网络号部分所有位都为1，并且所有的1必须连续，中间不得出现0。

对应IP地址主机号部分所有位都为0，同样所有的0必须连续，中间也不得出现1，当然0后也不能有1。

利用以上的规则可以很方便地根据需求计算出网络号与主机地址范围。

在人们的习惯上采用两种方法来表示子网掩码。一种就是点分十进制：255.0.0.0。另外一种就是利用子网掩码中1的个数来表示，由于在进行网络号和主机号划分时，网络号总是从高位字节以连续方式选取的，所以可以用一种简便的方法表示子网掩码，就是用子网掩码中的"/"加1的个数来表示。

例如，A类地址默认的子网掩码是：11111111 00000000 00000000 00000000，可以表示为255.0.0.0或/8。B类地址默认的子网掩码为：11111111 11111111 00000000 00000000可以表示为255.255.0.0或/16。C类地址默认的子网掩码为：

11111111 11111111 11111111 00000000

可以表示为255.255.255.0或/24。

例如一个地址是172.16.18.4/24，那么它的子网掩码就是255.255.255.0。

在IP地址与子网掩码进行对比的时候，其实是进行布尔代数的"与"运算，在进行"与"运算中，只有在相"与"的两位都为"真"时结果才为"真"，否则结果为"假"。这个运算应用于IP地址和子网掩码相对应的位，如果相"与"的两位都是1时结果才是1，否则就为0。布尔运算规则如表3.2所列。

表3.2 布尔运算规则

运　算	结　果
1AND1	1
1AND0	0
0AND1	0
0AND0	0

例如,网络中有一主机的 IP 地址是 172.16.18.26,子网掩码是 255.255.240.0,那么这个地址的网络号是多少呢?要想知道这个结果就利用上面的知识来计算一下。首先把两个地址都换算成二进制,如表 3.3 所列。

表 3.3　地址的二进制转换

172.16.18.26	10101100	00010000	00010010	00011010
AND				
255.255.240.0	11111111	11111111	11110000	00000000
结果	10101100	00010000	00010000	00000000

所得的结果分别换算成十进制就是:172.16.16.0,这就是它的网络号。

在实际计算过程中,可以简便一些,不必去计算子网值是 255 的二进制。读者可自己思考一下原因,还要把一些常用的值尽可量记住,如 240、252 等,这样将有助于大大提高计算速度,另外在取“与”时也可以用另外一种办法,就是先看子网掩码,把 IP 地址中与子网掩码对应的部分都列为网络号,一算就清楚了,但是要注意 IP 地址部分位权的问题,比如在上一列子中,

十进制数字 18 的二进制为:0001 0010

十进制数字 240 的二进制为:1111 0000

那它的网络号部分为 0001,但是计算时应该算 00010000,绝对不可以是 0001,这一点千万要注意。另外在借用主机做子网络号时,最少借两位,剩下的主机号至少要有三位。原因在于,如果只借了一位,那将没有网络号可以用,因为只有一位那不是 0 就是 1,而 0 和 1 都不能用,也就是说没有子网号可用。同样在主机的地址中也存在这样的问题,读者可以参照表3.4 计算验证一下。C 类网络子网划分关系表,如表 3.4 所列。

表 3.4　C 类网络子网划分关系表

子网位数	子网掩码	子网数	容纳的主机数
2	255.255.255.192	2	62
3	255.255.255.224	6	30
4	255.255.255.240	14	14
5	255.255.255.248	30	6
6	255.255.255.252	62	2

若选用 B 类 IP 地址,可以参考子网划分关系表,如表 3.5 所列。

表 3.5　子网划分关系表

子网位数	子网掩码	子网数	容纳的主机数
2	255.255.192.0	2	16 382
3	255.255.224.0	6	8 190
4	255.255.240.0	14	4 096
5	255.255.248.0	30	2 046

续表 3.5

子网位数	子网掩码	子网数	容纳的主机数
6	255.255.252.0	62	1 022
7	255.255.254.0	126	510
8	255.255.255.0	254	254
9	255.255.255.128	510	126
10	255.255.255.192	1 022	62
11	255.255.255.224	2 046	30
12	255.255.255.240	4 096	14
13	255.255.255.248	8 190	6
14	255.255.255.252	16 382	2

实际使用当中除了要考虑主机的数量以外，还要考虑路由器等设备也要占用 IP 地址。

3.1.6　子网规划与划分实例

为了适应管理和安全的需要，人们总是会用到子网，所以子网的规划和 IP 地址的分配在网络规划中占据重要的位置，特别是在校园网和企业网中的应用就更加突出。在进行子网的规划中要注意两个条件：

① 能够产生足够的子网号。

② 在产生的子网号中要能容纳足够的主机。

下面以一个实例来进行说明。

某公司申请了一个 C 类 IP 地址 198.170.200.0，公司有生产部门和市场销售部门需要划分为单独的网络，即需要划分两个子网，每个子网至少支持 40 台主机，对于这样的一个网络应如何划分子网呢？

首先，要对提供的这个 C 类网络的最后一个字节用二进制表示，最后的这 8 位，按要求划分两个子网。所以，只需要前两位就可以满足条件，$2^2-2=2$ 个子网，剩下的 6 位表示主机数，$2^6-2=62$ 台主机如图 3.7 所示。也就是说，通过这种划分，可以对这个 C 类网络按要求再分为两个子网，每个子网中最多有 62 台主机，即可完全满足题目要求。

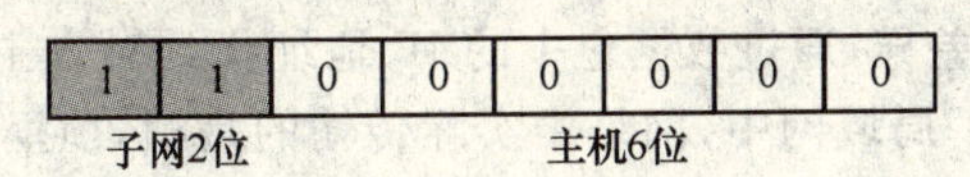

图 3.7　例图 1

根据前面介绍的子网掩码(网络地址＋子网地址都是全 1，主机号为全 0)的表示方式可以得到子网掩码是 255.255.255.192。

对于划分好的这两个子网，具体一个网络号是 198.170.200.64。

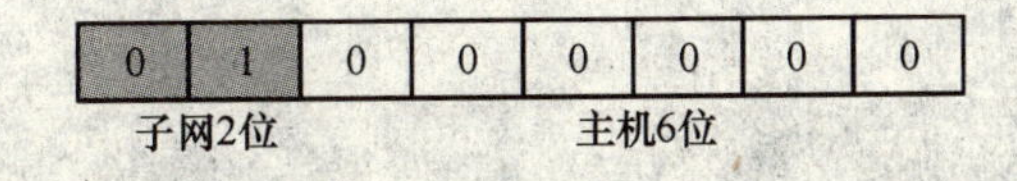

图 3.8　例图 2

还有一个网络号是 198.170.200.128。

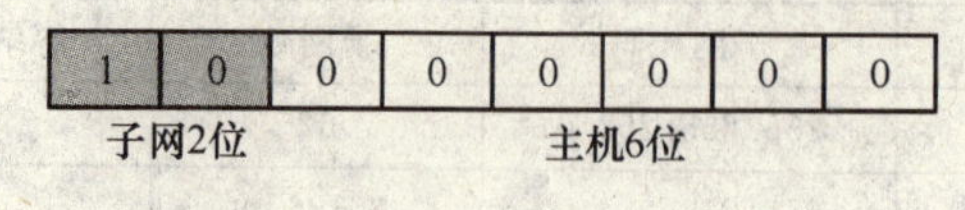

图 3.9 例图 3

3.2 网络层协议

3.2.1 IP 协议

IP 协议又称网际协议(Internet Protocol)是一个网络层可路由协议,它包含寻址信息和控制信息,可使数据包在网络中路由。IP 协议是 TCP/IP 协议族的主要网络层协议,与 TCP 协议结合组成整个互联网协议的核心协议,所有的 TCP、UDP、ICMP 等数据包都要最终封装在 IP 报文中传输。IP 协议应用于局域网和广域网通信。

IP 协议有两个基本任务:提供无连接的和最有效的数据包传送;提供数据包的分片与重组用来支持不同最大传输单元的数据连接。对于互联网中 IP 数据报的路由选择和处理,有一套完善的 IP 寻址方式。每一个 IP 地址都有其特定的组成但同时遵循基本格式。IP 地址可以进行细分并可以用于建立子网地址。TCP/IP 网络中的每台计算机都被分配了一个唯一的 32 位逻辑地址,这个地址分为两个主要部分:网络号和主机号。网络号用来确认网络,如果该网络是 Internet 的一部分,其网络号必须由 InterNIC 统一分配。一个网络服务器供应商(ISP)可以从 InterNIC 那里获得一块网络地址,按照需要分配地址空间。主机号确认网络中的主机,它由本地网络管理员分配。

当发送或接收数据时(例如,一封电子信函或网页),消息被分成若干个块,也就是我们所说的"包"。每个包既包含发送者的网络地址,又包含接收者的地址。由于消息被划分为大量的包,若需要,每个包都可以通过不同的网络路径发送出去。包到达顺序不一定和发送顺序相同,IP 协议只用于发送包,而 TCP 协议负责将其按正确的顺序排列。

3.2.2 ARP 协议

ARP 协议又称地址解析协议(Address Resolution Protocol),在整个互联网中,IP 地址屏蔽了各个物理网络地址的差异,通过数据包中的 IP 地址找到对方主机,实现全球互联网所有主机的通信,但是数据到了局域网中,网络中实际传输的是帧,帧里面有目标主机的 MAC 地址,也就是硬件地址。在以太网中,一个主机要和另一个主机进行直接通信,必须要知道目标主机的 MAC 地址,从 IP 地址变成 MAC 地址这个工作就是通过 ARP 协议进行的。

在每台安装有 TCP/IP 协议的计算机里都有一个 ARP 缓存表,表里的 IP 地址与 MAC 地址是一一对应的,如图 3.10 所示。

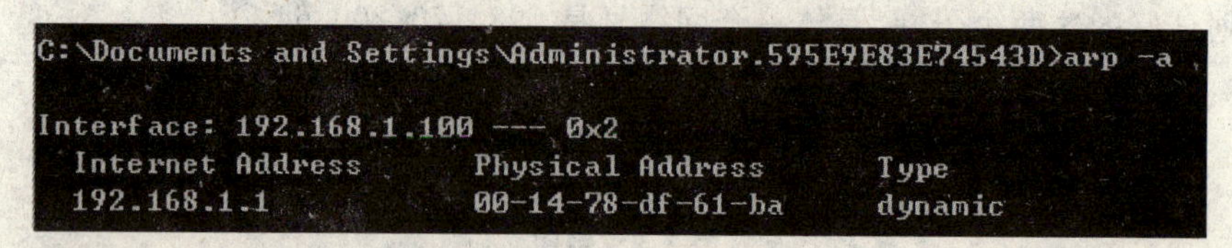

图 3.10 例 图

现在举一个例子，比如由主机A(192.168.0.8)向主机B(192.168.0.1)发送数据，当发送数据时，主机A会在自己的ARP缓存表中寻找是否有目标IP地址。如果找到了，也就知道了目标MAC地址，直接把目标MAC地址写入帧里面发送就可以了；如果在ARP缓存表中没有找到相对应的IP地址，主机A就会在网络上发送一个广播，向同一网段内的所有主机发出这样的询问："192.168.0.1的MAC地址是什么？"网络上其他主机并不响应ARP询问，只有主机B接收到这个帧时，才向主机A作出这样的回应："192.168.0.1的MAC地址是00-aa-00-62-c6-09"。这样，主机A就知道了主机B的MAC地址，它就可以向主机B发送信息了。同时它还更新了自己的ARP缓存表，当下次再向主机B发送信息时，直接从ARP缓存表里查找就可以了。ARP缓存表采用了生存周期机制，在一定的时间内如果表中的某一组没有使用就会被删除，这样可以大大减少ARP缓存表的长度，加快查询速度。常用ARP命令如下：

① a 显示当前ARP表项。如果指定了网卡地址，则只显示指定计算机的IP地址和网卡地址。

② s 添加相应的ARP表项，这种由人为指定添加的ARP表项，称为静态ARP表，除此之外产生的称为动态ARP表项。

③ d 删除指定的ARP表项。

3.2.3 RARP协议

RARP协议又称逆地址解析协议(Reverse Address Resolution Protocol)，从名字可以知道它的主要作用是把原有的硬件地址解析为IP地址，当然也是应用到局域网中。什么情况下会用到这种协议呢？

有一种计算机叫做无盘工作站，也就是除了硬盘其他设备都有，当然也就没有操作系统更没有IP地址了。在它启动时只有硬件地址，计算机想要工作是需要操作系统的，所以它利用RARP协议向服务器申请一个IP地址，这个过程也就是RARP的解析过程。无盘工作站是典型的RARP应用，它大大地节约了实际硬件成本，今天依然广泛应用于金融和证券机构，以保持数据的安全与可靠。

3.2.4 ICMP协议

ICMP协议又称Internet控制消息协议(Internet Control Message Protocol)。它是TCP/IP协议族的一个子协议，用于在IP主机和路由器之间传递控制消息，包括差错信息及其他需要注意的信息。调试控制消息是指检查网络通不通、主机是否可达、路由是否可用等网络本身的消息。这些控制消息虽然并不传输用户数据，但是对于用户数据的传递起着重要的作用。

习　题

一、选择题

1. 网络层的主要功能是(　　)。

　A. 差错控制　　B. 数据压缩　　C. 数据加密　　D. 路由选择

2. IP地址共分(　　)类。

A. 两类　　B. 三类　　C. 五类　　D. 六类

3. 常用的 IP 地址类型有(　　)。

A. A、B、C　　B. C、D、E　　C. A、D、E　　D. B、C、E

4. RARP 的典型应用是(　　)。

A. 笔记本电脑　　B. 服务器　　C. 无盘工作站　　D. 台式机

5. 子网络号是从(　　)中划分来的。

A. 网络号　　B. 主机号　　C. 本来就有的　　D. 没有正确答案

二、应用题

有一公司有 6 个部分，分别是经理室、财务处、广告部、人事处、研发部、公用网络，最多的部门有 30 台计算机，现有 IP 地址段 172.16.0.0，请根据需要划分出子网、计算子网号、子网掩码以及每个子网的范围。

第4章
路由原理及路由协议

【学习目标】

- 认识基本路由器(Router)特点、参数
- 掌握路由的基本原理
- 掌握静态路由与动态路由
- 理解路由信息协议(RIP),掌握开放式最短路径优先协议(OSPF)

4.1 路由器简介

4.1.1 路由器的基本概念

由于当前社会信息化的不断推进,人们对数据通信的需求日益增加。自 TCP/IP 体系结构于 20 世纪 70 年代中期推出以来,现已发展成为网络层通信协议的事实标准,基于 TCP/IP 的互联网络也成为最大、最重要的网络。路由器作为 TCP/IP 网络的核心设备(如图 4.1 所示)已经得到空前广泛的应用,其技术已成为当前信息产业的关键技术,其设备本身在数据通信中起到越来越重要的作用。同时由于路由器设备功能强大,且技术复杂,各厂家对路由器的使用有太多的选择性。

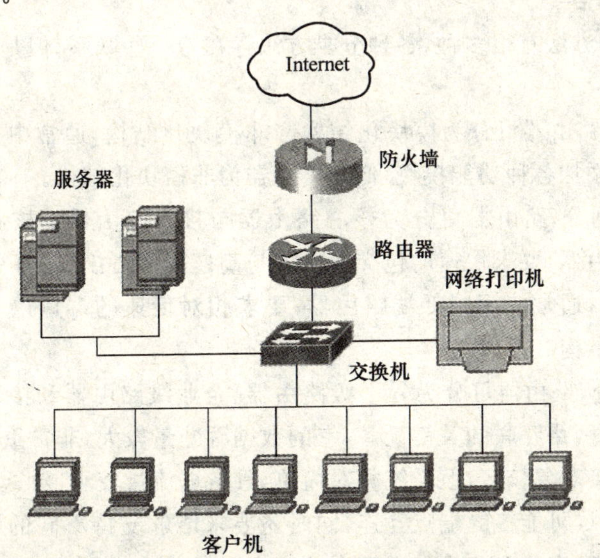

图 4.1 路由器在网络中的位置

要了解路由器,首先要知道什么是路由选择。路由选择是指网络中的节点根据通信网络的情况(可用的数据链路、各条链路中的信息流量等),按照一定的策略(传输时间、传输路径最短),选择一条可用的传输路径,把信息发往目的地。路由器就是具有路由选择功能的设备。它工作于网络层,从事不同网络之间的数据包(Packet)的存储和分组转发,用于连接多个逻辑上分开的网络(所谓逻辑网络代表一个单独的网络或者一个子网)的网络设备。

4.1.2 路由器的功能与分类

1. 路由器的功能

路由器作为互联网上的重要设备,具有多种功能,大致可概述为以下几个方面。

① 接口功能:用作将路由器连接到网络。可以分为局域网接口及广域网接口两种。局域网接口主要包括以太网、FDDI 等网络接口。广域网接口主要包括 E1/T1,E3/T3、DS3、通用串行口等网络接口。

② 通信协议功能:该功能负责处理通信协议,可以包括 TCP/IP、PPP、X. 25、帧中继等协议。

③ 数据包转发功能:该功能主要负责按照路由表内容在不同路由器各端口(包括逻辑端口)间转发数据包并且改写链路层数据包头信息。

④ 路由信息维护功能:该功能负责运行路由协议并维护路由表。路由协议可包括 RIP、OSPF、BGP 等协议。

⑤ 管理控制功能:路由器管理控制包括五个功能:SNMP(简单网络管理协议)代理功能、Telnet 服务器功能、本地管理功能、远端监控功能和 RMON(远程监视)功能。通过五种不同的途径对路由器进行控制管理,并且允许记录日志。

⑥ 安全功能:该功能用于完成数据包过滤、地址转换、访问控制、数据加密、防火墙以及地址分配等。

2. 路由器的分类

当前路由器分类方法有很多种,各种分类方法存在着一些联系,但是并不完全一致。具体地说:

① 从结构上分,路由器可分为模块化结构与非模块化结构,通常中高端路由器为模块化结构,可以根据需要添加各种功能模块,低端路由器为非模块化结构。

② 从网络位置划分,路由器可分为核心路由器与接入路由器。核心路由器位于网络中心,通常使用高端路由器,要求快速的包交换能力与高速的网络接口,通常是模块化结构;接入路由器位于网络边缘,通常使用中低端路由器,要求相对低速的端口以及较强的接入控制能力,通常是非模块化结构。

③ 从功能上划分,路由器可分为骨干级路由器、企业级路由器和接入级路由器。骨干级路由器是实现企业级网络互联的关键设备,它的数据吞吐量较大,非常重要。企业级路由器连接许多终端系统,连接对象较多,但系统相对简单,且数据流量较小,对这类路由器的要求是以尽量便宜的方法实现尽可能多的端点互连,同时还要求能够支持不同的服务质量。接入级路由器主要应用于连接家庭或 ISP 内的小型企业客户群体。

4.1.3　路由器实例

1. 路由器产品

在现实中的互联网中，路由器遍布各个角落，种类也多种多样，下面就以实例方式介绍两款服务器。

(1) 阿尔法 AFR－K8(百元级接入级路由器)

这款阿尔法 AFR－K8 高性能宽带路由器(如图 4.2 所示)是专为在校学生用户设计的，配置界面提供多方面的管理功能，可对系统、DHCP 服务器、虚拟服务器、DMZ 主机、防火墙和静态路由表等进行管理。操作界面采用全中文设置，配置简单、易于操作。该路由器基本参数如表 4.1 所列。

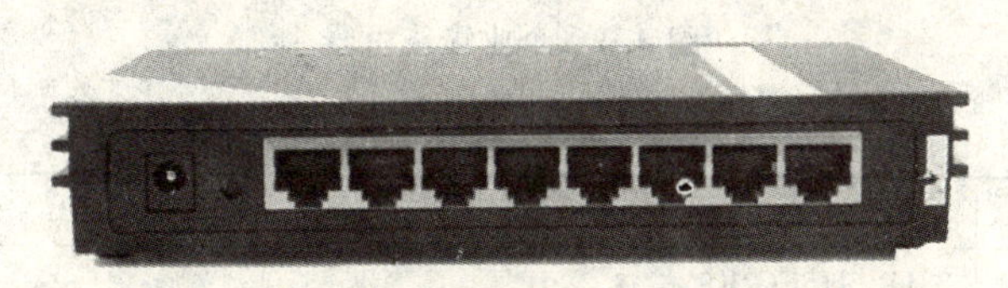

图 4.2　阿尔法 AFR－K8 高性能宽带路由器

表 4.1　阿尔法 AFR－K8 基本参数

项　目		参　数
基本参数	产品型号	AFR－K8
	产品类型	非模块化，接入级，游戏型，RJ－45，8 口路由器
	包转发率	10 Mb/s：14 800 pps，100 Mb/s：148 800 pps
硬件参数	处理器	COLDFIRE175M
	DRAM 内存	8 MB
	固定广域网接口	1 个以太网口
	固定局域网接口	8 个以太网口
	扩展插槽	无
网络与软件	支持协议	TCP/IP，PPPOE，DHCP，ICMP，NAT
	网络管理	支持 WEB 管理，全中文配置界面
	VPN	支持，支持 VPN Pass-through
	QoS	不支持
	内置防火墙	有
	NAT	内置网络地址转换 NAT 功能
	认证标准	CE FCC

(2) 思科 2811－HSEC/K9(万元级企业级路由器)

这款企业级路由器(如图 4.3 所示)采用模块化设计，可以根据需要的功能添加相应的模块，功能更全。它的内存较大，可以存储更多路由信息，适合作为企业接入互联网的设备。该路由器基本参数如表 4.2 所列。

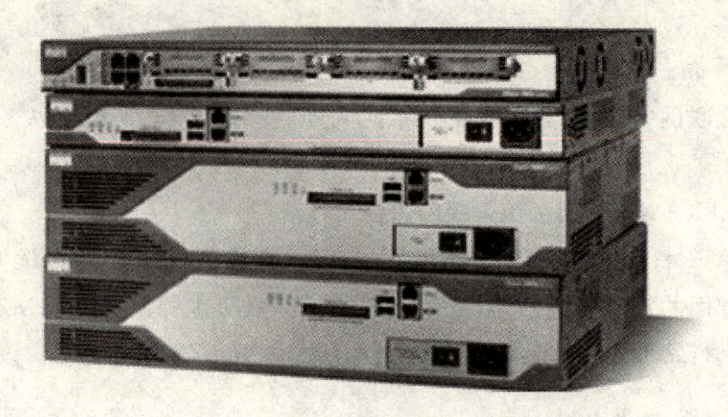

图 4.3　企业级路由器

表 4.2　思科 2811 - HSEC/K9 基本参数

项　目		参　数
基本参数	产品型号	2811 - HSEC/K9
	产品类型	模块化,企业级
	外形尺寸	416.6 mm×438.2 mm×44.5 mm
	质量	6.4 kg
硬件参数	处理器	Motorola MPC860 160 MHz
	DRAM 内存	760 MB
	Flash 内存	256 MB
	固定广域网接口	10/100 Mb/s
	固定局域网接口	2 个 10/100 端口
	控制端口	Console
	扩展插槽	有,4 个 HWIC 插槽+1 个 NM 插槽
网络与软件	支持协议	IEEE 802.3X
	网络管理	支持 SNMP 管理,Cisco ClickStart
	VPN	支持
	QoS	支持
	内置防火墙	有
	认证标准	UL 60950 CAN/CSA C22.2 No.60950,IEC 60950,EN 60950-1,AS/NZS 60950

2. 路由器的接口

路由器具有非常强大的网络连接和路由功能,它可以与各种各样的不同网络进行物理连接,这就决定了路由器的接口技术非常复杂,越是高档的路由器其接口种类也就越多,因为它所能连接的网络类型越多。下面分别介绍。

(1) AUI 端日

AUI 端口(如图 4.4 所示)就是用来与粗同轴电缆连接的接口,它是一种 D 形 15 针接口,

这在令牌环网络或总线型网络中是一种比较常见的端口之一，现在已很少使用。

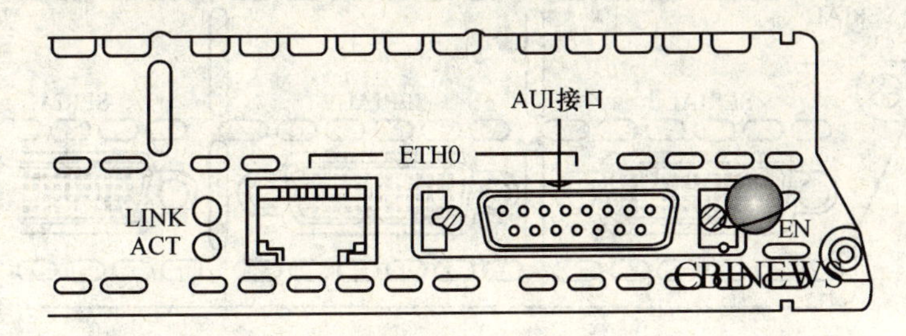

图 4.4　AUI 端口

(2) RJ－45 端口

RJ－45 端口(如图 4.5 所示)是常见的双绞线以太网端口。

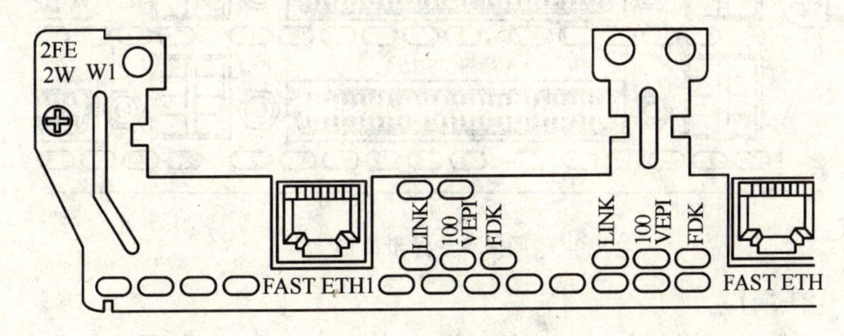

图 4.5　RJ－45 端口

(3) SC 端口

SC 端口(如图 4.6 所示)也就是常说的光纤端口，用于与光纤的连接。光纤端口通常不是直接用光纤连接至工作站，而是通过光纤连接到快速以太网或千兆以太网等具有光纤端口的交换机。

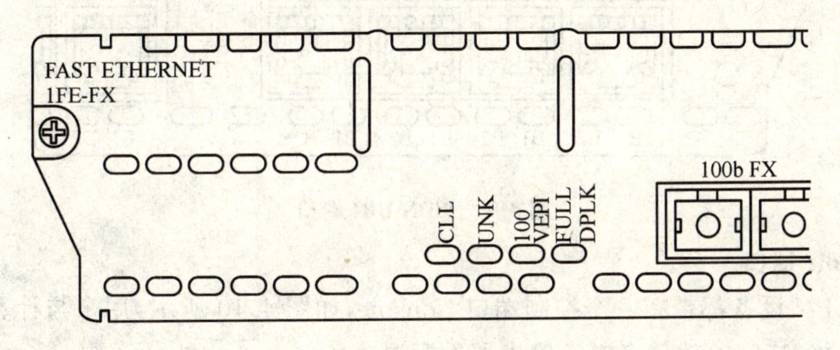

图 4.6　SC 端口

(4) 高速同步串口

在路由器的广域网连接中，应用最多的端口还要算"高速同步串口"(SERIAL)，如图 4.7 所示。这种端口主要用于连接目前应用非常广泛的 DDN、帧中继(Frame Relay)、X. 25，PSTN(模拟电话线路)等网络连接模式。

(5) 异步串口

异步串口(ASYNC)主要用于实现远程计算机通过公用电话网拨入网络。异步串口如图 4.8 所示。

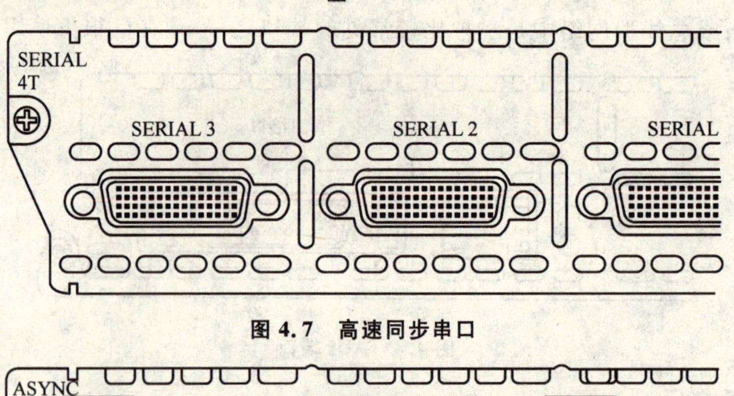

图 4.7　高速同步串口

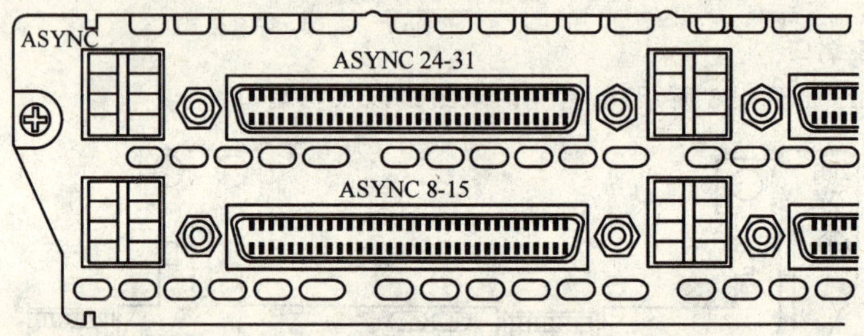

图 4.8　异步串口

(6) ISDN BRI 端口

因 ISDN 这种互联网接入方式在连接速度上有它独特的一面，所以 ISDN 刚兴起时在互联网的连接方式上得到了充分的应用。ISDN BRI 端口如图 4.9 所示。

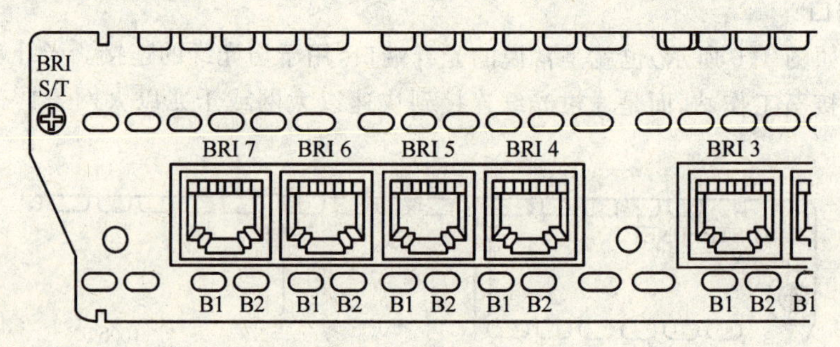

图 4.9　ISDN BRI 端口

(7) Console 端口

一般的 VPN 设备都带有一个控制端口 Console，如图 4.10 所示，用来与计算机或终端设备进行连接，通过特定的软件来进行路由器的配置。

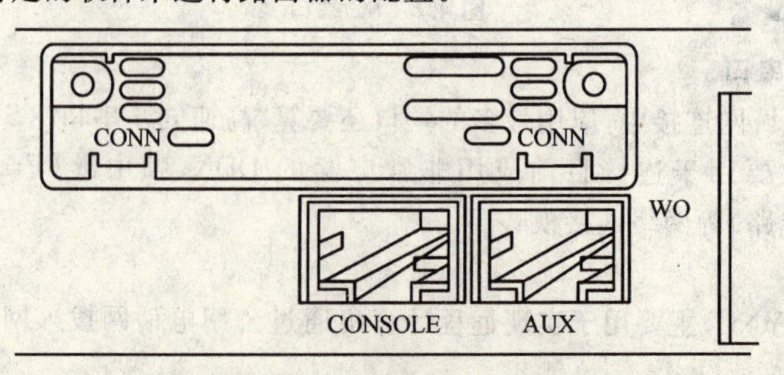

图 4.10　控制端口 Console

(8) AUX 端口

AUX 端口为异步端口，主要用于远程配置，也可用于拨号连接，还可通过收发器与 Modem 进行连接。AUX 端口与 Console 端口通常同时提供，因为它们各自的用途不一样(如图 4.10 所示)。

常见的局域网接口主要有 AUI、SC 和 RJ-45 接口，广域网接口主要有 AUI、RJ-45、高速同步串口和异步串口接口，路由器配置接口主要有 Console 和 AUX 接口。

4.2　路由的基本原理

在现实生活中，我们都寄过信。信件的基本传递过程如下：邮局负责接收所有本地信件，然后根据它们的目的地将它们送往不同的目的城市，再由目的城市的邮局将它们送到收信人的邮箱。信件传递过程的示意如图 4.11 所示。

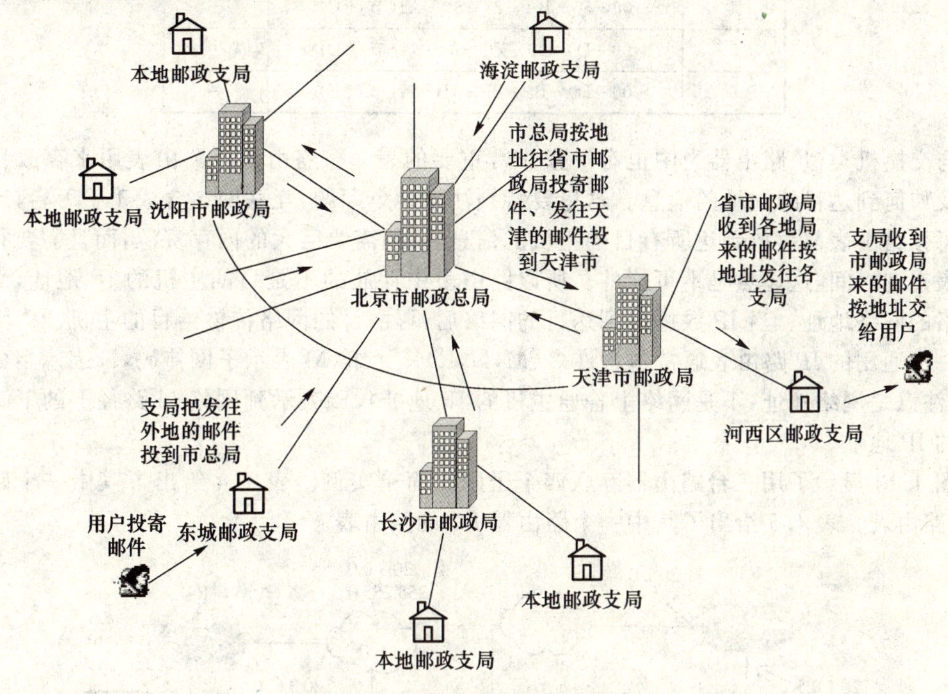

图 4.11　信件传递过程的示意图

而在互联网络中，路由器的功能就类似于邮局：路由器负责接收本地网络的所有 IP 数据报，然后在根据它们的目的 IP 地址，将它们转发到目的网络。当到达目的网络后，再由目的网络传输给目的主机。路由器的功能示意如图 4.12 所示。

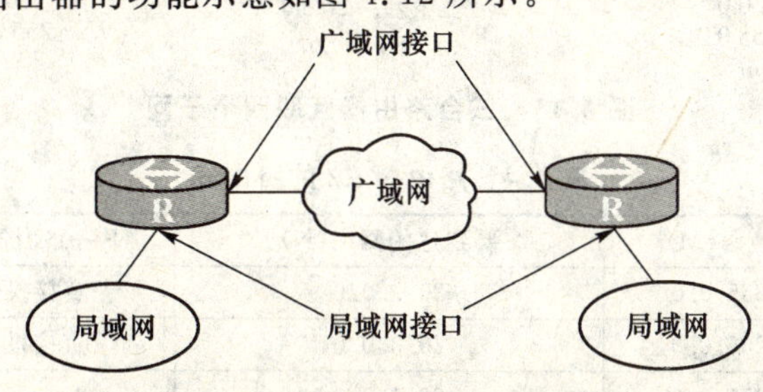

图 4.12　路由器的功能示意图

4.2.1 路由表

上节内容讲过什么是路由选择，而路由器利用路由选择进行IP数据报转发时，一般采用表驱动的路由选择算法。

在前面的课程中，学到交换机是根据地址映射表（如表4.3所列）来决定将帧转发到哪个端口的。

表4.3 地址映射表

端口	MAC地址	计时
1	00-30-80-7C-F1-21(节点A)	…
4	52-54-4C-19-30-03(节点B)	…
4	00-50-BA-27-50-A1(节点C)	…
5	00-D0-09-FO-33-71(节点D)	…
6	00-D0-B4-BF-1B-77(节点E)	…

与交换机类似，路由器当中也有一张非常重要的表——路由表。路由表用来存放目的地址以及如何到达目的地址的信息。这里要特别注意一个问题，互联网包含成千上万台计算机，如果每张路由表都存放到达所有目的主机的信息，不但需要巨大的内存资源，而且需要很长的路由表查询时间，这显然是不可能的。所以路由表中存放的不是目的主机的IP地址，而是目的网络的网络地址。当IP数据报到达目的网络后，再由目的网络传输给目的主机。

一个通用的IP路由表通常包含许多(M,N,R)三元组，M表示子网掩码，N表示目的网络地址（注意是网络地址，不是网络上普通主机的IP地址），R表示到网络N路径上的下一个路由器的IP地址。

图4.13显示了用三台路由器互联四个子网的简单实例。表4.4给出了其中一个路由器R2的路由表。表4.5给出了其中一个路由器R3的路由表。

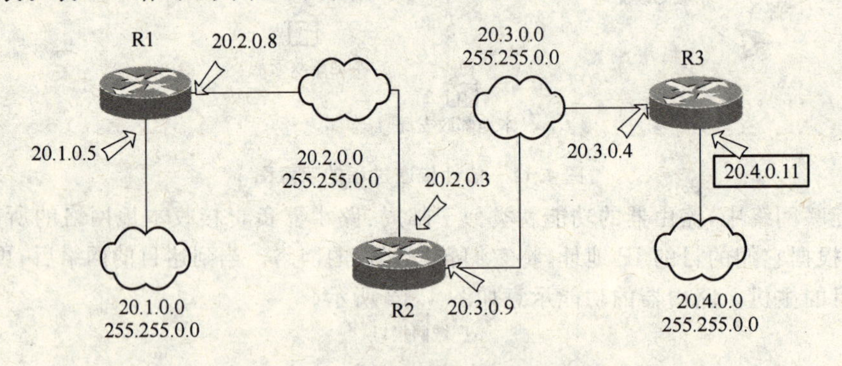

图4.13 三台路由器互联四个子网

表4.4 路由器R2的路由表

子网掩码(M)	要到达的网络(N)	下一路由器(R)
255.255.0.0	20.2.0.0	直接投递
255.255.0.0	20.3.0.0	直接投递
255.255.0.0	20.1.0.0	20.2.0.8
255.255.0.0	20.4.0.0	20.3.0.4

表 4.5　路由器 R3 的路由表

子网掩码(M)	要到达的网络(N)	下一路由器(R)
255.255.0.0	20.3.0.0	直接投递
255.255.0.0	20.4.0.0	直接投递
255.255.0.0	20.2.0.0	20.3.0.9
255.255.0.0	20.1.0.0	20.3.0.9

在表 4.4 中，如果路由器 R2 收到一个目的地址为 20.1.0.28 的 IP 数据报，它在进行路由选择时，首先将 IP 地址与自己路由表的第一个表项子网掩码进行“与”操作，由于得到的结果 20.1.0.0 与本表项的网络地址 20.2.0.0 不同，说明路由选择不成功，需要与下一表项再进行运算操作，直到进行到第三个表项，得到相同的网络地址 20.1.0.0，说明路由选择成功。于是，R2 将 IP 数据报转发给指定的下一路由器 20.2.0.8。

如果路由器 R3 收到某一数据报，其转发原理与 R2 类似，也需要查看自己的路由表决定数据报去向。

这里还需要说明一个问题，在图 4.13 中，路由器 R2 的一个端口的 IP 地址是 20.2.0.3，另一个端口的 IP 地址是 20.3.0.9，路由器路由表建立的时候，具体要用 R2 的哪一个端口的 IP 地址作为下一路由器的 IP 地址呢？

这主要取决于需要转发的数据报的流向，如果是 R3 经过 R2 向 R1 转发某一数据报，IP 地址为 20.3.0.9 的这一端口为路由器 R2 的数据流入端口，IP 地址为 20.2.0.3 的这一端口为路由器 R2 的数据流出端口，这时，用流入端口的 IP 地址作为下一路由器的 IP 地址。也可以这么说，逻辑上与 R3 更近的 R2 的某一端口的 IP 地址，就是 R3 的下一路由器的 IP 地址。

4.2.2　路由表中的两种特殊路由

为了缩小路由表的长度，减少查询路由表的时间，我们用网络地址作为路由表中下一路由器的地址，但也有两种特殊情况。

1. 默认路由

默认路由是指路由选择中，在没有明确指出某一数据报的转发路径时，为进行数据转发的路由设备设置一个默认路径。也就是说，如果有数据报需要其转发，则直接转发到默认路径的下一跳地址。这样做的好处是可以更好地隐藏互联网细节，进一步缩小路由表的长度。在路由选择算法中，默认路由的子网掩码是 0.0.0.0，目的网络是 0.0.0.0，下一路由器地址就是要进行数据转发的第一个路由器的 IP 地址。

对于图 4.14，如果给定主机 A(如表 4.6 所列)和主机 B(如表 4.7 所列)的路由表，如果主机 A 想要发送数据包到主机 B 时，它有两条路径可以选择，从路由器 R1，R4 的路径转发或者从路由器 R2 和 R3 的路径转发，具体从哪里转发数据呢？这就需要看一看主机 A 的路由表了(这里需要补充说明一下，在网络中，任何设备如果需要进行路由选择，它就需要拥有一张存储在自己内存中的路由表)，主机 A 的路由表有两个表项，如果数据要发送到本子网的其他主机中，则遵循第一行的表项，直接投递到本子网的某一主机。如果主机 A 想要发送数据到主机 B，通过主机 A 路由表第二行的表项来看，主机 A 的默认路由是路由器 R2，所以数据就会

通过 R2 转发给主机 B，而不会通过 R1 转发。这就是默认路由的用处。同理主机 B 向主机 A 发送数据，会通过 R4 转发。

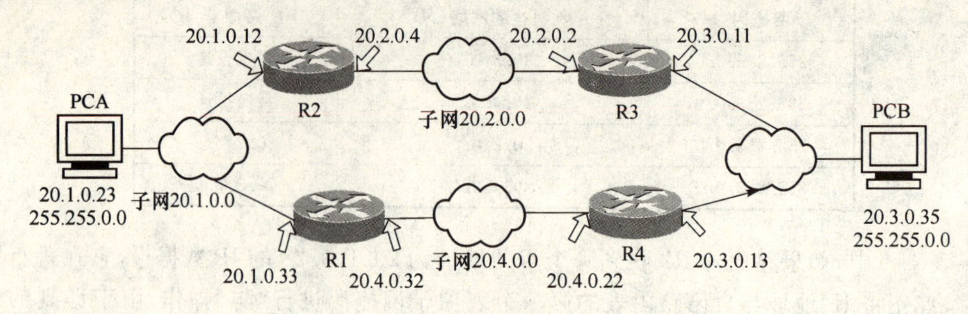

图 4.14 例 图

表 4.6 主机 A 的路由表

子网掩码	目的网络	下一站地址
255.255.0.0	20.1.0.0	直接投递
0.0.0.0	0.0.0.0	20.1.0.12

表 4.7 主机 B 的路由表

子网掩码	目的网络	下一站地址
255.255.0.0	20.3.0.0	直接投递
0.0.0.0	0.0.0.0	20.3.0.13

2. 特定主机路由

特定主机路由在路由表中为某一个主机建立一个单独的路由表项，目的地址不是网络地址，而是那个特定主机实际的 IP 地址，子网掩码是特定的 255.255.255.255，下一路由器地址和普通路由表项相同。互联网上的一些主机比较特殊，比如说服务器，通过设立特定主机路由表项，可以更加方便管理员对它的管理，安全性和控制性更好。

4.3 静态路由与动态路由

4.2 节内容讲到路由的原理，路由表决定了路由选择的具体方向，如果路由表出现问题，IP 数据报是无法到达目的地的。路由表的建立和刷新，是本节内容的重点。路由可以分为两类：静态路由和动态路由。静态路由一般是由管理员手动设置的路由，而动态路由则是路由器中的动态路由协议根据网络拓扑情况和特定的要求自动生成的路由条目。静态路由的好处是网络寻址快捷，动态路由的好处是对网络变化的适应性强。

4.3.1 静态路由

静态路由是由网络管理员在路由器上手动添加路由信息来实现的路由。当网络的结构或链路的状态发生改变时，网络管理员必须手动对路由表中相关的静态路由信息进行修改。

静态路由信息在默认状态下是私有的，不会发送给其他的路由器。当然，通过对路由器手

动设置也可以使之成为共享的。一般的静态路由设置经过保存后重启路由器都不会消失，但相应端口关闭或失效时就会有相应的静态路由消失。静态路由的优先级很高，当静态路由和动态路由冲突时，要遵循静态路由来执行路由选择。

既然是手动设置的路由信息，那么，管理员就更容易了解整个网络的拓扑结构，更容易配置路由信息，网络安全的保密性也就更高，当然这是在网络不太复杂的情况下。

如果网络结构比较复杂，就没有办法手动配置路由信息了，这是静态路由的一个缺点。因为，一方面，网络管理员难以全面地了解整个网络的拓扑结构；另一方面，当网络的拓扑结构和链路状态发生变化时，路由器中的静态路由信息需要大范围地调整，这一工作的难度和复杂程度非常高。另一个缺点就是如果静态路由手动配置错误，数据将无法转发到目的地。

可以单击“开始”→“运行”命令，弹出“运行”对话框，在该对话框的“打开”文本框内输入 CMD 弹出如图 4.15 所示的窗口，在该窗口中输入 route print 来查看自己主机的路由表。如图 4.15 所示。

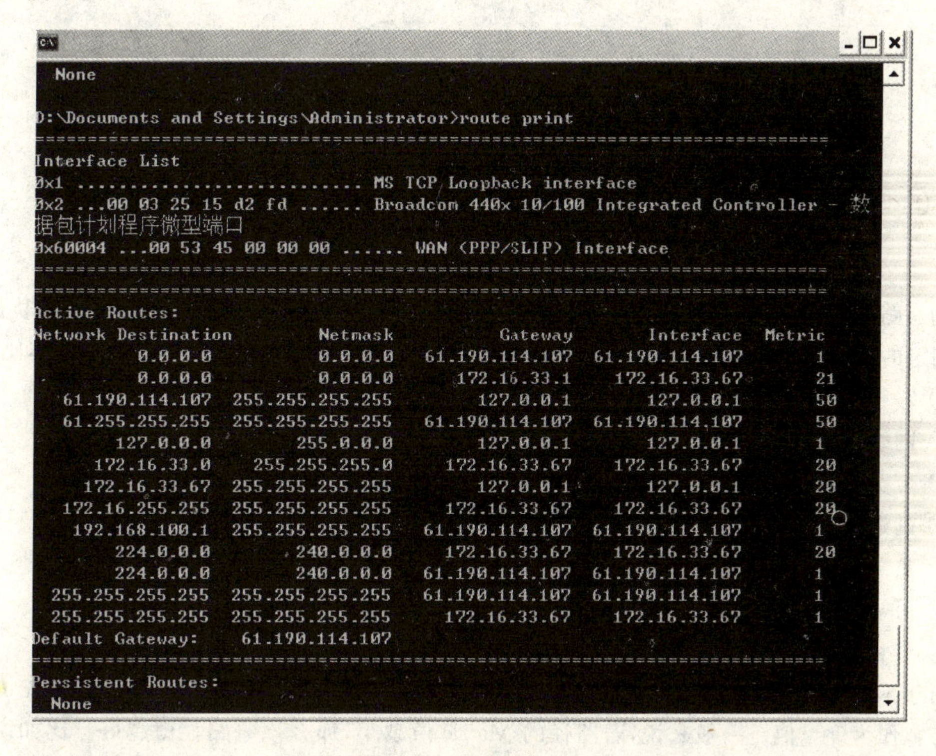

图 4.15　查看路由表

图 4.15 中，Network Destination 是目的网络，Netmask 是子网掩码，Gateway 是下一路由器，Interface 是下一路由的接口，Matric 在动态路由中介绍。

在 CMD 窗口中，还可以对路由信息进行如下所述的操作。

① 添加：route add 目的网络子网掩码下一路由。

② 删除：route delete 目的网络。

③ 改变：route change 目的网络子网掩码新的下一路由。

4.3.2 动态路由

动态路由是指路由器能够通过一定的路由协议和算法，自动地建立自己的路由表，并且能够根据拓扑结构和实际通信量的变化适时地进行调整。

动态路由有更好的自主性和灵活性，适合于拓扑结构复杂、网络规模庞大的互联网络环境。一旦网络当中的某一路径出现了问题，使数据不能在此路径上转发时，动态路由可以根据实际情况更改路径。

在图 4.16 中，假设 A 发送数据到 B 原来是从 R1 - R2 - R4 的路径，但若这时 R2 出现了故障则无法把数据转发给 R4，分两种情况：如果是静态路由，那么肯定的是 A - B 的路径会瘫痪至管理员手动更改路径为止；如果是动态路由，那么它可以根据一定的协议和算法自动更改路径为 R1 - R3 - R4。

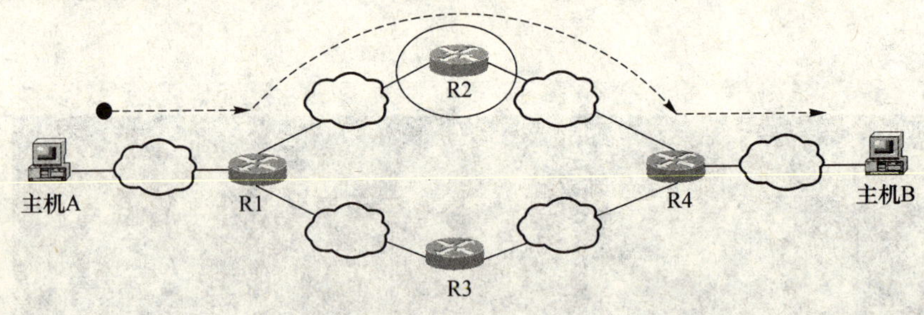

图 4.16 例 图

动态路由还有一个好处就是可以自动选择更优路径进行数据传递。动态路由的最优路径是如何判定的呢？这就需要有一个度量值 Metric。Metric 的值可以由多种方式确定，具体比如：

① 路径所包含的路由器结点数又叫跳数(hop count)。

② 网络传输费用(cost)。

③ 带宽(bandwidth)。

④ 延迟(delay)。

⑤ 负载(load)。

⑥ 可靠性(reliability)。

⑦ 最大传输单元(MTU)。

对于 RIP 路由信息协议，它是以跳数作为度量值；对于 OSPF 开放式最短路径优先协议，它是以带宽作为度量值。一般来说，若路径的 Metric 值越小，那么该条路径就越好。比如说，如果图 4.16 中 R1 - R2 - R4(Metric=5)、R1 - R3 - R4(Metric=10)，两条路径都可以实现 A 向 B 转发数据，但因为 R1 - R2 - R4 这条路径 Metric 值更小，所以动态路由就会优先选择这条路径。

动态路由的缺点就是因为网络结构比较复杂，路由信息比较多，这样会占用路由设备 CPU、内存很多的时间和资源。

4.4 路由协议

对于动态路由来说，路由协议的选择可以直接影响网络性能，不同类型的网络要选择不同的路由协议。路由协议分为内部网关协议和外部网关协议。应用最广泛的内部网关协议包括

路由信息协议(RIP)和开放式最短路径优先协议(OSPF),外部网关协议是边缘网关协议BGP,本书只讨论内部网关协议。

4.4.1 路由信息协议

路由信息协议(RIP,Routing Information Protocol)是早期互联网最为流行的路由选择协议,使用向量-距离(Vector-Distance)路由选择算法,即路由器根据距离选择路由,所以也称为距离向量协议。路由器收集所有可到达目的地的不同路径,并且保存有关到达每个目的地的最少站点数的路径信息,除了到达目的地的最佳路径之外,任何信息均予以丢弃。同时路由器也把所收集的路由信息用 RIP 协议通知相邻的其他路由器。这样,正确的路由信息逐渐扩散到了全网。

RIP 路由器每隔 30 秒触发一次路由表刷新。刷新计时器用于记录时间量。一旦时间到了,RIP 节点就会产生一系列包含自身全部路由表的报文。这些报文广播到每一个相邻节点。因此,每一个 RIP 路由器大约每隔 30 秒钟应收到从每个相邻 RIP 节点发来的更新。

RIP 路由器要求在每个广播周期内都能收到邻近路由器的路由信息,如果不能收到,那么路由器将会放弃这条路由;如果在 90 秒内没有收到,路由器将用其他邻近的具有相同跳跃次数(hop)的路由取代这条路由;如果在 180 秒内没有收到,该邻近的路由器被认为不可达。

对于图 4.17 的 R1 来说,在初始阶段,R1 的路由表里只有与之直接相连的网络的路由信息,如表 4.8 所列,但经过一次 R2(如表 4.9 所列)对 R1 路由表的 RIP 刷新,情况就不一样了,R2 路由表有一个关于网络 30.0.0.0 的表项是 R1 初始时不知道的,经过一次 RIP 刷新,R1 增加了一条到网络 30.0.0.0 的表项(如表 4.10 所列),路径要从 R2 转发,距离增加 1。R2 的刷新原理和 R1 一样,刷新的路由表如表 4.11 所列。

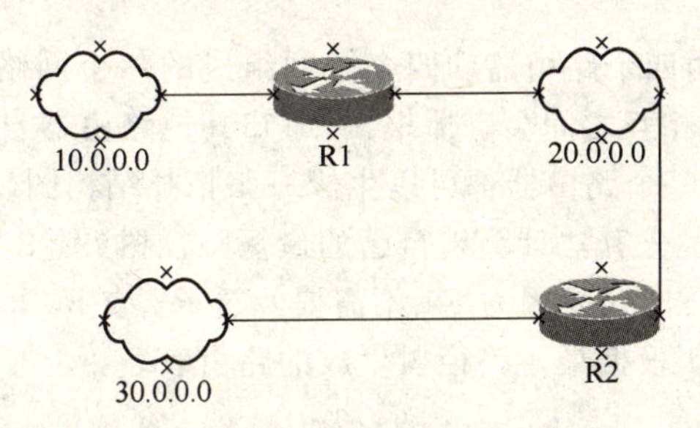

图 4.17　例　图

表 4.8　R1 初始路由表

目的网络	路　径	距　离
10.0.0.0	直接投递	0
20.0.0.0	直接投递	0

表 4.9　R2 初始路由表

目的网络	路　径	距　离
30.0.0.0	直接投递	0
20.0.0.0	直接投递	0

表 4.10 R1 刷新后的路由表

目的网络	路 径	距 离
10.0.0.0	直接投递	0
20.0.0.0	直接投递	0
30.0.0.0	R2	1

表 4.11 R2 刷新后的路由表

目的网络	路 径	距 离
30.0.0.0	直接投递	0
20.0.0.0	直接投递	0
10.0.0.0	R1	1

RIP 使用非常广泛，它简单、可靠、便于配置。但是 RIP 只适用于小型的同构网络，因为它允许的最大站点数为 15，任何超过 15 个站点的目的地均被标记为不可达。而且 RIP 每隔 30 秒一次的路由信息广播也是造成网络广播风暴的重要原因之一。

4.4.2 开放式最短路径优先协议

在众多的路由技术中，开放式最短路径优先（OSPF，Open Shortest Path First）协议已成为目前 Internet 广域网和 Intranet 企业网采用最多、应用最广泛的路由技术之一。OSPF 是基于链路-状态（Link-Status）算法的路由选择协议，它克服了 RIP 的许多缺陷，是本书要重点介绍的路由协议。

1. 链路-状态算法

在图 4.18 中是一个由四个路由器和四个子网组成的一个网络，结构如图 4.19 所示。图 4.19 中 R1、R2、R3 和 R4 相互之间会广播报文，通知其他路由器自己与相邻路由器之间的连接关系，利用这些关系，每一个路由器都可以生成一张拓扑结构图（如图 4.19 所示），根据这张图 R1 可以根据最短路径优先算法计算出自己的最短路径树（图 4.20 是 R1 的最短路径树，注意这个树里不包含 R2 和 R3，这是因为 R1 不需要经过 R2 或 R3 即可到达四个网络中的任何一个）。表 4.12 所列是 R1 根据最短路径树生成的路由表。

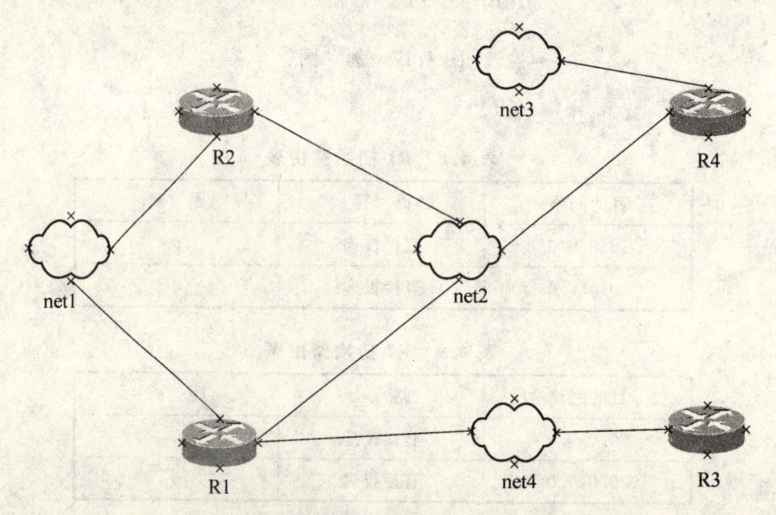

图 4.18 四个路由器和四个子网组成的网络结构图

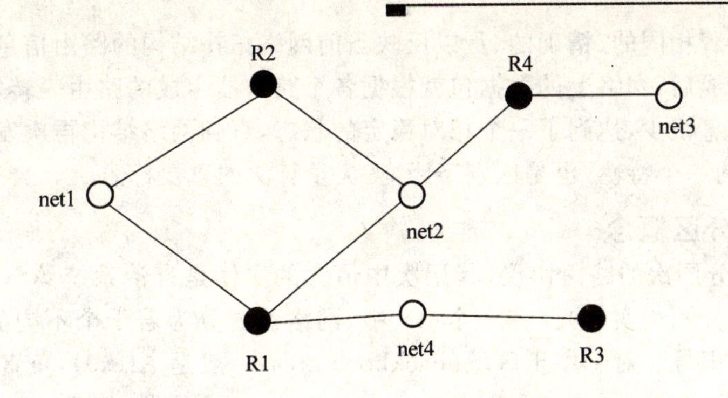

图 4.19　四个路由器和四个子网组成的网络结构图

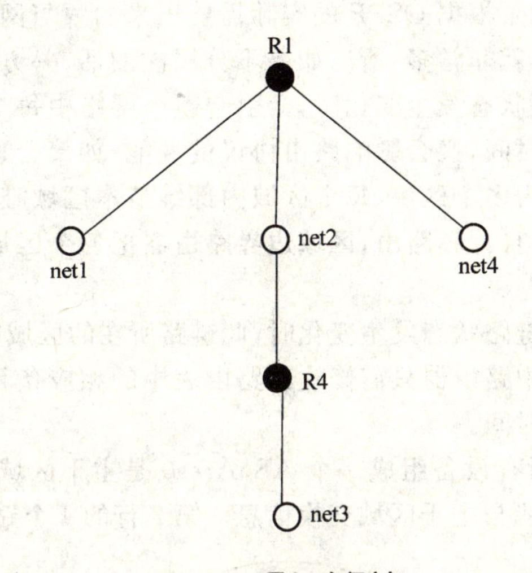

图 4.20　最短路径树

表 4.12　R1 的路由表

目的网络	下一路由	跳　数
Net1	直接投递	0
Net2	直接投递	0
Net4	直接投递	0
Net3	R4	1

链路-状态算法具体可分为以下三个过程：

① 在路由器刚开始初始化或者网络的结构发生变化时，路由器会生成链路状态广播数据包 LSA(Link-State Advertisement，链路状态数据库中每个条目)，该数据包里包含与此路由器相连的所有端口的状态信息。网络结构的变化，比如说路由器的增减、链路状态的变化等。

② 各个路由器通过刷新 Flooding 的方式来交换各自知道的路由状态信息。刷新是指某路由器将自己生成的 LSA 数据包发送给所有与之相邻的执行 OSPF 协议的路由器，这些相邻的路由器根据收到的刷新信息更新自己的数据库，并将该链路状态信息转发给与之相邻的其他路由器，直至达到一个相对平静的过程。

③ 当整个区域的网络相对平静下来，或者说 OSPF 路由协议收敛(convergence)起来，区域里所有的路由器会根据自己的链路状态数据库计算出自己的路由表。收敛指一个网络中的

所有路由器都运行着相同的、精确的、足以反映当前网络拓扑结构的路由信息。

在整个过程完成后，网络上的数据包就根据各个路由器生成的路由表转发。这时，网络中传递的链路状态信息很少，达到了一个相对稳定的状态，直到网络结构再次发生较大变化。这是链路-状态算法的一个特性，也是区别于距离-矢量算法的重要标志。

2. OSPF 的分区概念

OSPF 是一种分层次的路由协议，其层次中最大的实体是自治系统 AS(即遵循共同路由策略管理下的一部分网络实体)。在一个 AS 中，网络被划分为若干个不同的区域，每个区域都有自己特定的标识号。对于主干区域(backbone area，一般是 Area0)，负责在区域之间分发链路状态信息。

这种分层次的网络结构是根据 OSPF 的实际需要出来的。当网络中自治系统非常大时，网络拓扑数据库的信息内容就非常多，所以如果不分层次的话，一方面容易造成数据库溢出，另一方面当网络中某一链路状态发生变化时，会引起整个网络中每个节点都重新计算一遍自己的路由表，既浪费资源和时间，又会影响路由协议的性能(如聚合速度、稳定性、灵活性等)。因此，需要把自治系统划分为多个区域，每个区域内部维持本区域唯一的一张拓扑结构图，且各区域根据自己的拓扑图各自计算路由，区域边界路由器把各个区域的内部路由总结后在区域间扩散。

这样，当网络中的某条链路状态发生变化时，此链路所在的区域中的每个路由器重新计算本区域路由表，而其他区域中路由器只需修改其路由表中的相应条目而无须重新计算整个路由表，节省了计算路由表的时间。

图 4.21 中，整个图中所有设备组成一个 AS，Area0 是主干区域，其他所有区域必须逻辑上与 Area0 相邻接，这样才能与主干区域交换信息。第 2 行的 4 个路由器是区域边界路由器。

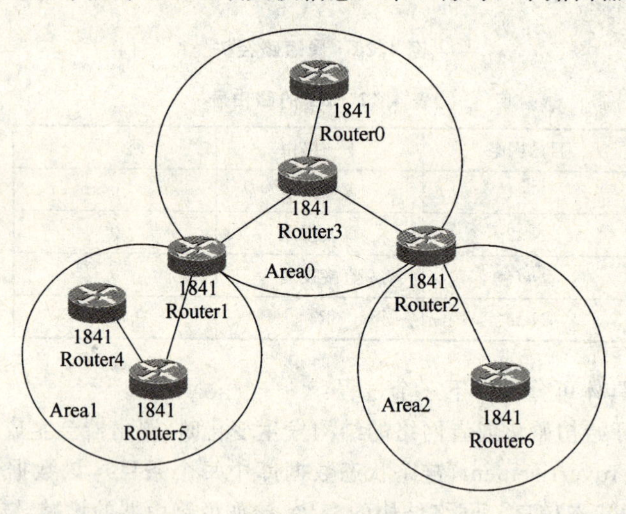

图 4.21 例 图

3. OSPF 路由表的计算

路由表的计算是 OSPF 的重要内容，通过下面 4 步进行计算，就可以得到一个完整的 OSPF 路由表(其中，步骤③和④涉及的更深层次内容本书不做讨论)。

① 保存当前路由表，如果当前存在的路由表为无效的，必须从头开始重新建立路由表。

② 区域内路由的计算，通过链路-状态算法建立最短路径树，从而计算区域内路由。

③ 区域间路由的计算，通过检查主链路状态通告 Summary-LSA 来计算区域间路由，若该路由器连到多个区域，则只检查主干区域的 Summary-LSA。

④ 查看 Summary-LSA：在连到一个或多个传输域的域边界路由器中，通过检查该域内的 Summary-LSA 来检查是否有比步骤②和③更好的路径。

OPSF 作为一种重要的内部网关协议的普遍应用，极大地增强了网络的可扩展性和稳定性，同时也反映出了动态路由协议的强大功能，适合在大规模的网络中使用。但是其在计算过程中，比较耗费路由器的 CPU 资源，而且有一定带宽要求。

实验五 路由器的基本配置

实验目的

1. 了解路由的基本配置

2. 理解直连路由的配置

实验要求

利用 HW-RouteSim 模拟软件，熟悉路由配置的命令和方法如图 4.22 所示。

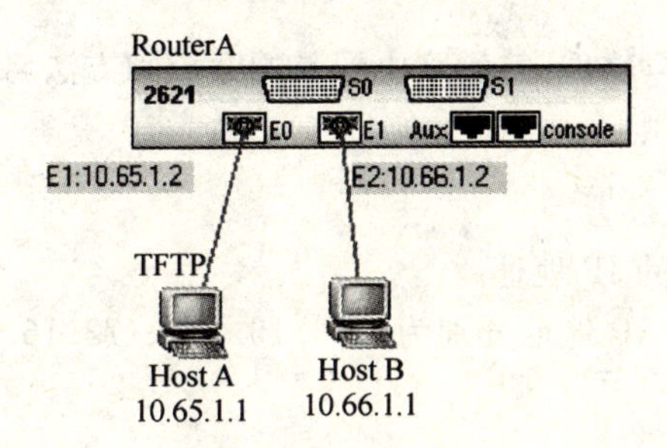

图 4.22 实验图

实验步骤

1. 添加 1 台路由器和 2 台 PC，PCA 连到路由器的 E0 端口，PCB 连到路由器的 E1 端口。配置路由器命令如下：

```
<router>system
[Quidway] sysname router
[router] super password 123
[router] quit
<router>sys
password:123
[router] int eth0
[router-Ethernet0] ip addr 10.65.1.2 255.255.255.0
[router-Ethernet0] undo shutdown
[router-Ethernet0] int ethl
[router-Ethernet1] ip addr 10.66.1.2 255.255.255.0
[router-Ethernet1] undo shutdown
```

2. 配置 PCA 的 IP 地址为 10.65.1.1 子网掩码 255.255.255.0，配置 PCB 的 IP 地址为 10.66.1.1 子网掩码 255.255.255.0。

```
[root@ PCA root] #ping 10.65.1.2 通,没有关只能 ping 直连的口
[root@ PCA root] #ping 10.66.1.2 不通,PCA 没有设置网关
[root@ PCA root] #route add default gw 10.65.1.2
[root@ PCA root] #ping 10.66.1.2 通
[root@ PCA root] #ping 10.66.1.1 不通,因 PCB 没有网关
[root@ PCB root] #route add default gw 10.66.1.2
[root@ PCA root] #pine 10.66.1.1 通
```

实验六　静态路由及动态路由

实验目的

1. 掌握路由器的工作原理
2. 了解路由配置的分类
3. 掌握静态路由的配置方法
4. 掌握动态路由中 RIP 协议和 OSPF 协议的配置方法

实验要求

利用 HW-RouteSim 模拟软件,熟悉路由配置的命令和方法,如图 4.23 所示。

实验步骤

一、网络规划和 IP 地址设置

1. 设置计算机和路由器的 IP 地址

设置 PCA、PCB、PCC 的 IP 地址分别为:172.16.1.2、172.16.2.2 和 172.16.3.2。

```
PCA login:root
Password:linux
[root#PCA root] #ifconfig eth0 172.16.1.2 netmask 255.255.255.0   配置 PCA 主机的 IP 地址和子网掩码
[root#PCA root] #route add default gw 172.16.1.1                  配置 PCA 主机的默认网关
[root#PCB root] #ifconfig eth0 172.16.2.2 netmask 255.255.255.0
[root#PCB root] #route add default gw 172.16.2.1
[root#PCC root] #ifconfig eth0 172.16.3.2 netmask 255.255.255.0
[root#PCC root] #route add default gw 172.16.3.1
```

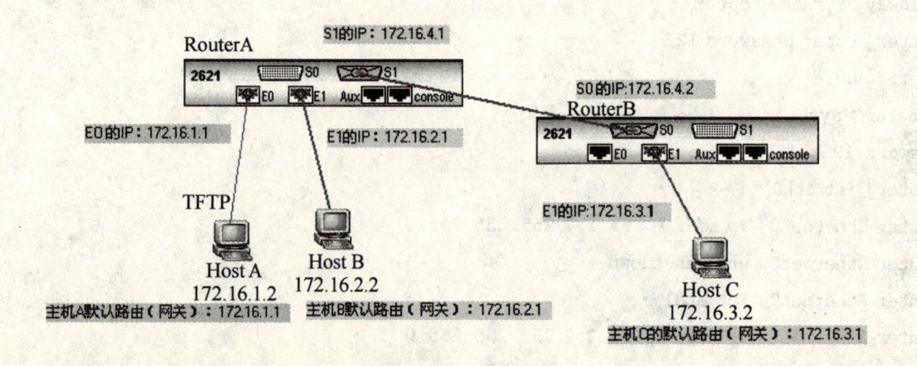

图 4.23　实验图

2. 添加两台路由器:RouteA 和 RouteB,PCA 和 PCB 分别连在 RouteA 的 E0 和 E1 端口

上,PCC 连在 RouteB 的 E1 端口上。RouteA 的 S1 串口连在 RouteB 的串口 S0 上。分别设置路由器的端口 IP 如下：

(1) 设置 RouteA 的端口 IP。

```
<Quidway>system
[Quidway] interface eth0                                  进入 E0 端口配置状态
[Quidway-Ethernet0] ip address 172.16.1.1 255.255.255.0   配置 E0 的 IP 地址
[Quidway-Ethernet0] undo shutdown                         激活端口
[Quidway-Ethernet0] ip routing                            保存路由表内容
[Quidway-Ethernet0] int e1
[Quidway-Ethernet1] ip addr 172.16.2.1 255.255.255.0      进入 E1 端口配置状态
[Quidway-Ethernet1] undo shutdown
[Quidway-Ethernet1] ip routing
[Quidway-Ethernet1] int s1                                进入 S1 端口配置状态
[Quidway-Serial1] ip addr 172.16.4.1 255.255.255.0
[Quidway-Serial1] undo shutdown
[Quidway-Serial1] clock rate 64000                        串口配置时钟频率
[Quidway-Serial1] undo shutdown
[Quidway-Serial1] ip routing
[Quidway-Serial1] dis ip route
```

(2) 设置 RouteB 的端口 IP。

```
<Quidway>sys
[Quidway] int e1
[Quidway-Ethernet1] ip addr 172.16.3.1 255.255.255.0
[Quidway-Ethernet1] undo shutdown
[Quidway-Ethernet1] ip routing
[Quidway-Ethernet1] int s0
[Quidway-Serial0] ip addr 172.16.4.2 255.255.255.0
[Quidway-Serial0] undo shutdown
[Quidway-Serial0] ip routing
[Quidway-Serial0] dis ip route
```

二、配置静态路由

1. RouteA

```
[Quidway] ip route-static 172.16.3.0 255.255.255.0 172.16.4.2      设置路由器 A 的静态路由
[Quidway] ip routing
```

2. RouteB

```
[Quidway] ip route-static 172.16.1.0 255.255.255.0 172.16.4.1
[Quidway] ip routing
[Quidway] ip route-static 172.16.2.0 255.255.255.0 172.16.4.1
[Quidway] ip routing
```

3. 查看路由表

```
[Quidway] dis ip route
```

4. 测试网络连通性

```
[root@ PCA root] #ping 172.16.2.2   通
[root@ PCA root] #ping 172.16.3.2   通
[root@ PCB root] #ping 172.16.3.2   通
[root@ PCC root] #ping 172.16.1.2   通
```

三、配置动态路由

1. 删除静态路由

```
routeA:[Quidway] undo ip route 172.16.3.0 255.255.255.0 172.16.4.2
       [Quidway] display ip route
routeB:[Quidway] undo ip route 172.16.1.0 255.255.255.0 172.16.4.1
       [Quidway] undo ip route 172.16.2.0 255.255.255.0 172.16.4.1
       [Quidway] dis ip route
```

2. 配置动态路由(RIP)

```
routeA:[Quidway] rip
       [Quidway-rip] network all
       [Quidway-rip] ip routing
routeB:(同 routeA)
```

3. 查看路由表

```
[Quidway] dis ip route
```

4. 测试网络连通性

```
[root@ PCA root] #ping 172.16.2.2   通
[root@ PCA root] #ping 172.16.3.2   通
[root@ PCB root] #ping 172.16.3.2   通
[root@ PCC root] #ping 172.16.1.2   通
```

习　题

一、选择题

1. 一般路由表的目的地址是________。

   A. 目的主机 IP 地址　　　　B. 目的网络的网络地址

   C. MAC 地址　　　　D. 路由器的 IP 地址

2. 下面的说法哪个正确？________

   A. OSPF、RIP 都适合静态的、小规模的网络

   B. OSPF、RIP 都适合动态的、大规模的网络

   C. OSPF 都适合动态的、小规模的网络；RIP 都适合静态的、小规模的网络

D. OSPF 都适合动态的、大规模的网络；RIP 都适合动态的、小规模的网络

3. OSPF 的主干区域一般用________表示。

A. Area1　　B. Area2　　C. Area3　　D. Area0

二、填空题

1. 路由器具有哪些功能________、________、________、________、________、________。

2. 从功能上分类，路由器可分为________、________、________。

3. 对于默认路由来说，子网掩码是________________，目的网络是________________，下一路由器地址是________________；对于特定主机路由来说，子网掩码是________________，目的地址________________，下一路由器地址________________。

三、简答题

1. 路由信息协议的基本思想。

2. 简述链路-状态算法具体的三个过程。

3. 简述 OSPF 为什么要分区。

四、实践题

1. 图 4.24 是某个网络的结构图，请为这个网络中的各个设备和子网分配 B 类的 IP 地址，并写出各个路由器的静态路由表。

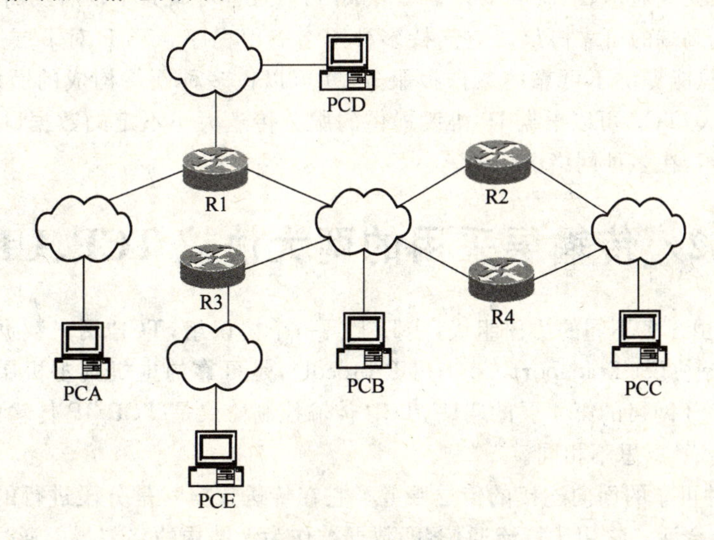

图 4.24　题　图

2. 写出 4.4 节里图 4.18 中 R2，R3，R4 的最短路径树和各自的 OSPF 路由表。

第5章
传输层协议

【学习目标】

- 了解传输层基本知识
- 了解传输层协议

5.1 传输层的基本功能

TCP协议主要为了实现在主机间实现高可靠性的包交换传输协议。TCP协议主要在网络不可靠的时候完成通信，不仅可服务于军事部门，而且也可服务于政府及商务等部门。TCP是面向连接的端到端的可靠协议。它支持多种网络应用程序。TCP对下层服务没有多少要求，它假定下层只能提供不可靠的数据报服务，并可以在多种硬件构成的网络上运行。TCP的下层是IP协议，TCP可以根据IP协议提供的服务传送大小不定的数据，IP协议负责对数据进行分段、重组，在多种网络中传送。

5.2 传输层采用的两大协议TCP、UDP

TCP/IP是由很多不同的协议组成，实际上是一个协议组，TCP用户数据报表协议，也称作TCP传输控制协议(Transport Control Protocol)，是可靠的主机到主机层协议。注意，传输控制协议是OSI网络的第4层的叫法，TCP传输控制协议是TCP/IP传输的6个基本协议的一种。两个TCP意思不相同。

TCP是一种可靠的面向连接的传送服务。它在传送数据时是分段进行的，主机交换数据时必须建立一个会话。它用比特流通信，即数据被作为无结构的字节流。通过每个TCP传输的字段指定顺序号，以获得可靠性。TCP是在OSI参考模型中的第4层，TCP是使用IP的网间互联功能而提供可靠的数据传输，IP不停地把报文发到网络上，而TCP是负责确信报文到达。在协同IP的操作中TCP负责握手过程、报文管理、流量控制、错误检测和处理(控制)，可以根据一定的编号顺序对非正常顺序的报文给予从新排列顺序。关于TCP的RFC文档有RFC793、RFC791、RFC1700这三种。

在TCP会话初期，有所谓的“三握手”：对每次发送的数据量是怎样跟踪进行协商使数据段的发送和接收同步，根据所接收到的数据量而确定的数据确认数及数据发送、接收完毕后何时撤销联系，并建立虚连接。为了提供可靠的传送，TCP在发送新的数据之前，以特定的顺序将数据包的序号，并需要这些包传送给目标机之后的确认消息。TCP总是用来发送大批量的

数据。当应用程序在收到数据后要做出确认时也要用到TCP。由于TCP需要时刻跟踪，这需要额外开销，使得TCP的格式显得有些复杂。

A向B发送一个数据包，B收到后向A返回一个确认包，A收到并确认后就开始向B传输数据。

5.3　传输控制协议TCP

5.3.1　TCP的服务

尽管TCP和UDP都使用相同的网络层(IP)，TCP却向应用层提供与UDP完全不同的服务。

TCP提供一种面向连接的、可靠的字节流服务。

面向连接意味着两个使用TCP的应用(通常是一个客户和一个服务器)在彼此交换数据之前必须先建立一个TCP连接。这一过程与打电话很相似：先拨号振铃，等待对方摘机说“喂”，然后才说明是谁。

在一个TCP连接中，仅有两方进行彼此通信。广播和多播不能用于TCP。

TCP通过下列方式来提供可靠性：

① 应用数据被分割成TCP最适合发送的数据块。这和UDP完全不同，应用程序产生的数据报长度将保持不变。由TCP传递给IP的信息单位称为报文段或段。

② 当TCP发出一个段后，它启动一个定时器，等待目的端确认收到这个报文段。如果不能及时收到一个确认，将重发这个报文段。

③ 当TCP收到发自TCP连接另一端的数据，它将发送一个确认。这个确认不是立即发送，通常将推迟几分之一秒。

④ TCP将保持它首部和数据的检验和。这是一个端到端的检验和，目的是检测数据在传输过程中的任何变化。如果收到段的检验和有差错，TCP将丢弃这个报文段和不确认收到此报文段(希望发端超时并重发)。

⑤ 既然TCP报文段作为IP数据报来传输，而IP数据报的到达可能会失序，因此TCP报文段的到达也可能会失序。如果有必要，TCP将对收到的数据进行重新排序，将收到的数据以正确的顺序交给应用层。

⑥ 既然IP数据报会发生重复，TCP的接收端必须丢弃重复的数据。

⑦ TCP还能提供流量控制。TCP连接的每一方都有固定大小的缓冲空间。TCP的接收端只允许另一端发送接收端缓冲区所能接纳的数据。这将防止较快主机致使较慢主机的缓冲区溢出。

两个应用程序通过TCP连接交换8 bit字节构成的字节流。TCP不在字节流中插入记录标识符。我们将这称为字节流服务(bytestreamservice)。如果一方的应用程序先传10字节，又传20字节，再传50字节，连接的另一方将无法了解发送方每次发送了多少字节。接收方可以分4次接收这80字节，每次接收20字节。一端将字节流放到TCP连接上，同样的字节流将出现在TCP连接的另一端。

另外，TCP对字节流的内容不作任何解释。TCP不知道传输的数据字节流是二进制数

据,还是 ASCⅡ字符、EBCDIC 字符或者其他类型数据。对字节流的解释由 TCP 连接双方的应用层解释。

这种对字节流的处理方式与 UNIX 操作系统对文件的处理方式很相似。UNIX 的内核对一个应用读或写的内容不作任何解释,而是交给应用程序处理。对 UNIX 的内核来说,它无法区分一个二进制文件与一个文本文件。

TCP 数据被封装在一个 IP 数据报中如图 5.1 所示。

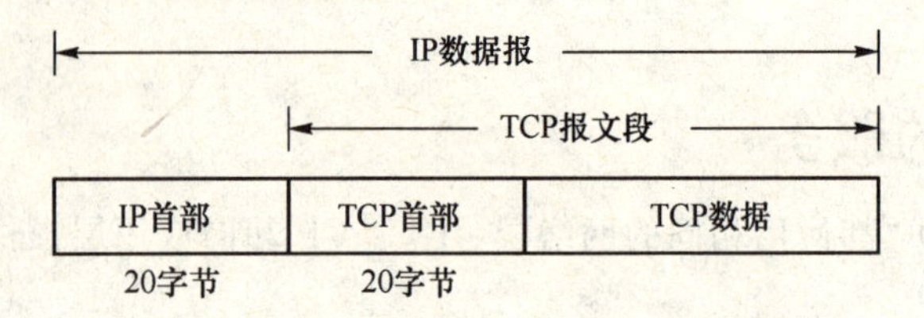

图 5.1　TCP 数据在 IP 数据报中的封装

图 5.2 为 TCP 包首部的数据格式。如果不计任选字段,它通常是 20 字节。

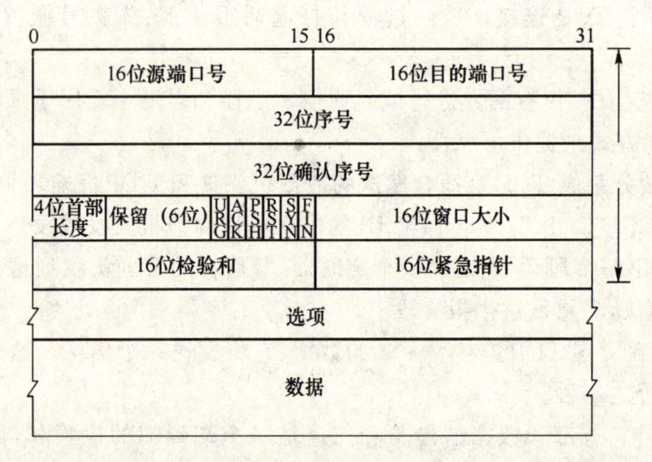

图 5.2　TCP 包首部

每个 TCP 段都包含源端和目的端的端口号,用于寻找发端和收端应用进程。这两个值加上 IP 首部中的源端 IP 地址和目的端口地址唯一确定一个 TCP 连接。

1. TCP 头结构

TCP 协议头最少 20 字节,包括以下所述的区域。

① TCP 源端口(Source Port):16 位的源端口其中包含初始化通信的端口。源端口和源 IP 地址的作用是标示报文的返回地址。

② TCP 目的端口(Destination port):16 位的目的端口域定义传输的目的。这个端口指明报文接收计算机上应用程序的地址接口。

③ TCP 序列号(序列码,Sequence Number):32 位的序列号由接收端计算机使用,重新分段的报文组成最初形式,当 SYN 出现,序列码实际上是初始序列码(ISN),而第一个数据字节是 ISN+1。这个序列号(序列码)可以补偿传输中的不一致。

④ TCP 应答号(Acknowledgment Number):32 位的序列号由接收端计算机使用,重组分段的报文组成最初形式,如果设置了 ACK 控制位,那么这个值表示一个准备接收的包的序

列码。

⑤ 数据偏移量(HLEN):4 位包括 TCP 头大小,指示何处数据开始。

⑥ 保留(Reserved):6 位值域,这些位必须是 0。为了将来定义新的用途所保留。

⑦ 标志(Code Bits):6 位标志域。表示为:紧急标志、有意义的应答标志、推、重置连接标志、同步序列号标志、完成发送数据标志。按照顺序排列分别是:URG、ACK、PSH、RST、SYN、FIN。

⑧ 窗口(Window):16 位,用来表示想收到的每个 TCP 数据段的大小。

⑨ 校验位(Checksum):16 位 TCP 头。源计算机基于数据内容计算一个数值,收信息计算机要与源计算机数值结果完全一样,从而证明数据的有效性。

⑩ 优先指针(紧急,Urgent Pointer):16 位,指向后面是优先数据的字节,在 URG 标志进行设置后才有效。如果 URG 标志没有被设置,那么紧急域作为填充。加快处理标示为紧急的数据段。

⑪ 选项(Option):长度不定,但长度必须以字节为单位。如果没有选项就表示这个一字节的域等于 0。

⑫ 填充:不定长,填充的内容必须为 0,它是为了数学目的而存在的。目的是确保空间的可预测性。保证包头的结合和数据的开始处偏移量能够被 32 整除,一般额外的零以保证 TCP 头是 32 位的整数倍。

2. 标志控制功能

① URG:紧急标志。紧急(the urgent pointer)标志有效。紧急标志位置。

② ACK:确认标志。确认编号(acknowledgement number)栏有效。大多数情况下该标志位是置位的。TCP 报头内的确认编号栏内包含的确认编号(w+1,Figure:1)为下一个预期的序列编号,同时提示远端系统已经成功接收所有数据。

③ PSH:推标志。该标志置位时,接收端不将该数据进行队列处理,而是尽可能快地将数据转由应用处理。在处理 telnet 或 rlogin 等交互模式的连接时,该标志总是置位的。

④ RST:复位标志。复位标志有效。用于复位相应的 TCP 连接。

⑤ SYN:同步标志。同步序列编号(synchronize sequence numbers)栏有效。该标志仅在三次握手建立 TCP 连接时有效。它提示 TCP 连接的服务端检查序列编号,该序列编号为 TCP 连接初始端(一般是客户端)的初始序列编号。在这里,可以把 TCP 序列编号看作是一个范围从 0~4、0~294、0~967、0~295 的 32 位计数器。通过 TCP 连接交换的数据中每一个字节都经过序列编号。在 TCP 报头中的序列编号栏包括了 TCP 分段中第一个字节的序列编号。

⑥ FIN:结束标志。带有该标志置位的数据包用来结束一个 TCP 回话,但对应端口仍处于开放状态,准备接收后续数据。

服务端处于监听状态,客户端用于建立连接请求的数据包(IP packet)按照 TCP/IP 协议堆栈组合成为 TCP 处理的分段(segment)。

⑦ 分析报头信息:TCP 层接收到相应的 TCP 和 IP 报头,将这些信息存储到内存中。检查 TCP 校验和检验位:标准的校验和位于分段之中(Figure:2)。如果检验失败,不返回确认,该分段丢弃,并等待客户端重传。

⑧ 查找协议控制块(PCB{})。TCP 查找与该连接相关联的协议控制块。如果没有找到,TCP 将该分段丢弃并返回 RST(这就是 TCP 处理没有端口监听情况下的机制);如果该协议

控制块存在，但状态为关闭，服务端不调用 connect()或 listen()方法，那么该分段丢弃，但不返回 RST，客户端会尝试重新建立连接请求。

⑨ 建立新的 SOCKET。当处于监听状态的 SOCKET 收到该分段时，会建立一个子 SOCKET，同时还有 SOCKET{}、tcpcb{}和 pub{}方法建立。这时如果有错误发生，会通过标志位来拆除相应的 SOCKET 并释放内存，TCP 连接失败。如果缓存队列处于填满状态，TCP 会认为有错误发生，所有的后续连接请求会被拒绝。这里可以看出 SYN Flood 攻击是如何起作用的。

⑩ 丢弃：如果该分段中的标志为 RST 或 ACK，或者没有 SYN 标志，则该分段丢弃，并释放相应的内存。

5.3.2 TCP 握手协议

在 TCP/IP 协议中，TCP 协议提供可靠的连接服务，采用三次握手建立一个连接。

第一次握手：建立连接时，客户端发送 SYN 包(syn=j)到服务器，并进入 SYN_SEND 状态，等待服务器确认；

第二次握手：服务器收到 SYN 包，必须确认客户的 SYN(ack=j+1)，同时自己也发送一个 SYN 包(syn=k)，即 SYN+ACK 包，此时服务器进入 SYN_RECV 状态；

第三次握手：客户端收到服务器的 SYN+ACK 包，向服务器发送确认包 ACK(ack=k+1)，此包发送完毕后，客户端和服务器进入 ESTABLISHED 状态，完成三次握手。

在完成三次握手后，客户端与服务器开始传送数据。

为什么建立连接协议是三次握手，而关闭连接却是四次握手呢？

这是因为服务端的 LISTEN 状态下的 SOCKET 当收到 SYN 报文的连接请求后，它可以把 ACK 和 SYN(ACK 起应答作用，而 SYN 起同步作用)放在一个报文里来发送。但关闭连接时，当收到对方的 FIN 报文通知时，仅仅表示对方没有数据发送给自己了；但未必自己所有的数据都全部发送给对方了，所以可以不必马上会关闭 SOCKET，可能还需要发送一些数据给对方之后，再发送 FIN 报文给对方来表示已同意关闭连接了，所以它这里的 ACK 报文和 FIN 报文多数情况下都是分开发送的，过程如图 5.3 所示。

	TCP A		TCP B
1.	ESTABL ISHED		ESTABL ISHED
2.	(Close)		
	FIN-WAIT-1	→ <SEQ=100><ACK=300><CTL=FIN,ACK> →	CLOSE-WAIT
3.	FIN-WAIT-2	← <SEQ=300><ACK=101><CTL=ACK> →	CLOSE-WAIT
4.			(Close)
	TIME-WAIT	← <SEQ=300><ACK=101><CTL=FIN,ACK> ←	LAST-ACK
5.	TIME-WAIT	→ <SEQ=101><ACK=301><CTL=ACK> ←	CLOSED
6.	(2 MSL)		
	CLOSED		

图 5.3 通常的关闭顺序

5.3.3 TCP 连接的建立和拆除

TCP 使用滑动窗口协议进行流量控制，该协议可以加速数据传输。

例如，发送端能发送5个数据，接收端也能收到5个数据，接收端发个确认(ACK)给发送端，确认收到5个数据。如果网络通信出现繁忙或者拥塞的时候，接收端只能收3个数据，接受端给个确认只能收3个数据，那么发送端就自动调整发送的窗口为3；当线路恢复通畅的时候，接收端又可以收到5个数据，那它会发送确认给发送端，告诉它接收端的窗口为5，那么发送端会把窗口又调整回5，这样可进行流量控制。例如发送端窗口为3，发送到接收端，接收端的接收窗口为5的话则接受数据，并且会给发送端发送一个ACK(确认)告诉发送端目前接收端的窗口为5，在发送端收到确认后会把发送端窗口调整为5，这样就可以加速数据传输了。

发送端窗口的大小取决于接收端窗口大小和网络能够传输窗口大小这两者中的最小者。

5.4　流量控制

流量控制可以保证数据的完整性。可以防止发送方将接受方的缓冲区溢出。当接收方在接到一个很大或速度很快的数据时，它会把来不及处理的数据先放到缓冲区里，然后再处理。缓冲区只能解决少量的数据，如果数据很多，那么后来的数据将会丢失。使用流量控制，接收方不会让缓冲区溢出，而是发送一个“我没有准备好，停止发送”的信息给发送方，这时，发送方就会停止发送。当接收方能再接收数据时，就会再发送一个“我准备好了，请继续发送”的信息，那么发送方就会继续发送数据。

面向连接的通信会话可以做到以下几点：

① 根据所传送数据段的接收情况，对发送方做出确认。

② 重传没有收到确认的数据段。

③ 对数据段进行排序，得到正确的数据。

④ 维持可管理的数据流量，避免拥塞、超载和数据丢失。

5.5　拥塞控制

拥塞控制与流量控制有密切关系，但也有区别：拥塞控制是网络能够承受的现有网络负荷，是一个全局变量；而流量控制往往只是指点对点之间对通信量的控制。

5.6　用户数据报协议 UDP 协议

UDP 协议是英文 User Datagram Protocol 的缩写，即用户数据报协议，主要用来支持那些需要在计算机之间传输数据的网络应用。包括网络视频会议系统在内的众多的客户/服务器模式的网络应用都需要使用 UDP 协议。UDP 协议从问世至今已经使用了很多年，虽然其最初的光彩已经被一些类似协议所掩盖，但是即使是在今天，UDP 仍然不失为一项非常实用和可行的网络传输层协议。

与我们所熟知的 TCP(传输控制协议)协议一样，UDP 协议直接位于 IP(网际协议)协议的顶层。根据 OSI(开放系统互连)参考模型，UDP 和 TCP 一样都属于传输层协议。

UDP 协议的主要作用是将网络数据流量压缩成数据报的形式。一个典型的数据报就是一个二进制数据的传输单位。每一个数据报的前8字节用来包含报头信息，剩余字节则用来包含具体的传输数据。

1. UDP 报头

UDP 报头由 4 个域组成，其中每个域各占用 2 字节，具体包括：源端口号、目标端口号、数据报长度和校验值。

数据报格式如图 5.4 所示。数据报的长度是指包括报头和数据部分在内的总的字节数。因为报头的长度是固定的，所以该域主要被用来计算可变长度的数据部分（又称为数据负载）。数据报的最大长度根据操作环境的不同而各异。从理论上说，包含报头在内的数据报的最大长度为 65 535 字节。不过，一些实际应用中往往会限制数据报的大小，有时会降低到 8 192 字节。

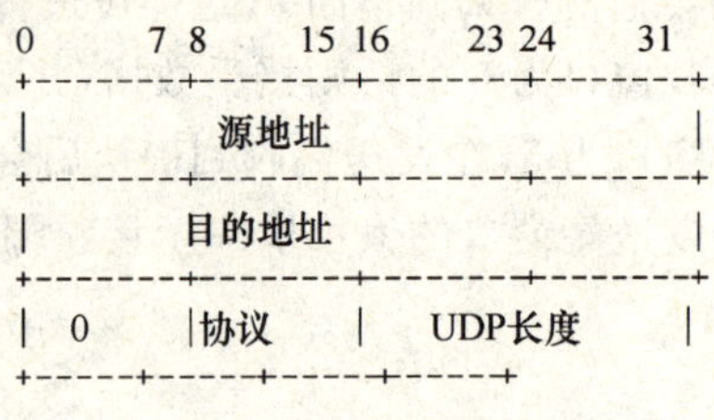

图 5.4 用户数据报头格式

UDP 协议使用报头中的校验值来保证数据的安全。校验值首先在数据发送方通过特殊的算法计算得出，在传递到接收方之后，还需要再重新计算。如果某个数据报在传输过程中被第三方篡改或者由于线路噪声等原因受到损坏，那么发送和接收方的校验计算值将不会相符，由此 UDP 协议可以检测是否出错。这与 TCP 协议是不同的，后者要求必须具有校验值。

2. UDP 和 TCP 协议的主要区别

UDP 和 TCP 协议的主要区别是两者在实现信息的可靠传递方面不同。TCP 协议中包含了专门的传递保证机制，当数据接收方收到发送方传来的信息时会自动向发送方发出确认消息；发送方只有在接收到该确认消息之后才继续传送其他信息，否则将一直等待直到收到确认信息为止。

与 TCP 协议不同，UDP 协议并不提供数据传送的保证机制。如果在从发送方到接收方的传递过程中出现数据报的丢失，协议本身并不能做出任何检测或提示。因此，通常人们把 UDP 协议称为不可靠的传输协议。所以此协议常用于小信息量的通信和小文件传输，例如 QQ 软件。

相对于 TCP 协议，UDP 协议的另外一个不同之处在于如何接收突发性的多个数据报。不同于 TCP 协议，UDP 协议并不能确保数据的发送和接收顺序。例如，一个位于客户端的应用程序向服务器发出了以下 4 个数据报：D1、D22、D333 和 D4444，但是 UDP 有可能按照以下顺序将所接收的数据提交到服务端的应用：D333、D1、D4444 和 D22。事实上，UDP 协议的这种乱序性基本上很少出现，通常只会在网络非常拥挤的情况下才有可能发生。

3. UDP 协议的应用

也许有的读者会问，既然 UDP 是一种不可靠的网络协议，那么还有什么使用价值或必要呢？其实不然，在有些情况下 UDP 协议可能会变得非常有用。因为 UDP 协议具有 TCP 协议所望尘莫及的速度优势。虽然 TCP 协议中植入了各种安全保障功能，但是在实际执行的过程中会占用大量的系统开销，无疑会使速度受到严重的影响。相反 UDP 协议由于排除了信息可靠传递机制，将安全和排序等功能移交给上层应用来完成，极大地缩短了执行时间，使速度得到了保证。

关于 UDP 协议的最早规范是 RFC768，于 1980 年发布。尽管时间已经很长，但是 UDP

协议仍然在主流应用中发挥着作用，包括视频电话会议系统在内的许多应用都证明了UDP协议的存在价值。因为相对于可靠性来说，这些应用更加注重实际性能，所以为了获得更好的使用效果（例如，画高的画面帧刷新速率）往往可以牺牲一定的可靠性（例如，画面质量）。这就是UDP和TCP两种协议的利弊之处。根据不同的环境和特点，两种传输协议都将在今后的网络世界中发挥更加重要的作用。

5.7　常用协议及端口

UDP和TCP协议使用端口号为不同的应用保留其各自的数据传输通道，这一机制实现了对同一时刻内多项应用同时发送和接收数据的支持。

数据发送方（可以是客户端或服务器端）将UDP数据报通过源端口发送出去，而数据接收方则通过目标端口接收数据。有的网络应用只能使用预先为其预留或注册的静态端口；而另外一些网络应用则可以使用未被注册的动态端口。因为UDP报头使用2字节存放端口号，所以端口号的有效范围是0～65 535。一般来说，大于49 151的端口号都代表动态端口。端口概念示意图如图5.5所示。

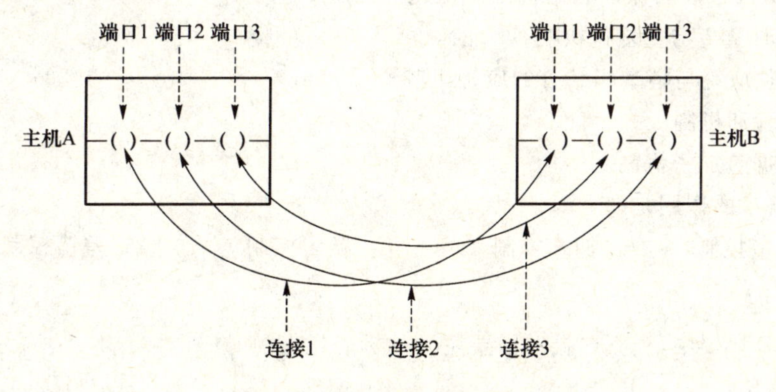

图5.5　端口概念示意图

例如，著名的QQ 2006 V06.0.200.360版本软件，服务器端口如下：

UDP端口8000 8001 8080 90014000 1080 28120

TCP端口80及443

习　题

一、判断题

1. UDP协议支持广播发送数据。（　　）
2. 用户数据报协议（UDP）属于应用层协议。（　　）
3. TCP/IP协议的传输层议不能提供无连接服务。（　　）
4. 在TCP协议中，发送顺序号（SeqNo）总是从0开始编号的。（　　）
5. 传输层用进程编号（PID）来标示主机间通信的应用进程。（　　）
6. 传输层用通信端口号来标示主机间通信的应用进程。（　　）

7. 传输层的目的是在任意两台主机上的应用进程之间进行可靠的数据传输。 （ ）

二、单选题

1. 在 TCP 分段中不包括的信息是（ ）。
   A. Source Port，Destination Port
   B. Sequence Number，Acknowledgment Number
   C. 头部、数据区和伪包头校验和
   D. 源 IP 地址和目的 IP 地址
2. 对 UDP 数据报描述不正确的是（ ）。
   A. 是无连接的　B. 是不可靠的　C. 不提供确认　D. 提供消息反馈
3. TCP 是 TCP/IP 协议簇中的一个协议，它提供的服务是（ ）。
   A. 面向连接的报文通信　B. 面向连接的字节流通信
   C. 不可靠的　D. 无连接的
4. 下面的关于传输控制协议表述不正确的是（ ）。
   A. 主机寻址　B. 进程寻址　C. 流量控制　D. 差错控制
5. TCP 协议采取的保证数据包可靠传递的措施不包括（ ）。
   A. 超时重传与重复包机制
   B. 单独应答与捎带相结合的应答机制
   C. 校验和机制
   D. 数据包加密机制
6. 滑动窗口的作用是（ ）。
   A. 流量控制　B. 拥塞控制　C. 路由控制　D. 差错控制

三、多选题

1. 在 TCP 协议中，建立连接时需要用到的标志位有（ ）。
   A. ACK　B. SYN　C. FIN　D. PSH
2. TCP 协议采用了哪些措施以保证数据包的可靠传递（ ）。
   A. 超时重传与重复包机制
   B. 单独应答与捎带相结合的应答机制
   C. 校验和机制
   D. 数据包加密机制
3. TCP/IP 协议的传输层议具有的功能包括（ ）。
   A. 提供面向连接的服务
   B. 提供无连接的服务
   C. 提供流量控制机制
   D. 提供差错控制机制
4. 对于网络拥塞控制描述正确的有（ ）。
   A. 拥塞控制主要用于保证网络传输数据通畅，是一种全局性的控制措施
   B. 拥塞控制涉及网络中所有与之相关的主机和路由器的发送和转发行为
   C. 拥塞控制涉及网络中端到端主机的发送和接收数据的行为

D. 拥塞控制和流量控制没有任何区别

5. 在ISO/OSI参考模型中，对于传输层描述正确的有（　　）。

A. 为系统之间提供面向连接的和无连接的数据传输服务

B. 提供路由选择，简单的拥塞控制

C. 为传输数据选择数据链路层所提供的最合适的服务

D. 提供端到端的差错恢复和流量控制，实现可靠的数据传输

6. TCP协议的特点有（　　）。

A. 全双工字符流通信

B. 提供包的差错控制、顺序控制、应答与重传机制

C. 提供流量控制

D. 提供报文拥塞控制

7. 下面的关于TCP/IP协议的传输层议表述正确的有（　　）。

A. 进程寻址　　B. 提供无连接服务

C. 提供面向连接的服务　　D. IP主机寻址

四、填空题

1. 在滑动窗口协议中，接收窗口的上边界值表示（　　）。

2. 在滑动窗口协议中，接收窗口的下边界值表示（　　）。

3. 在滑动窗口协议中，发送窗口的上边界值表示（　　）。

4. 在滑动窗口协议中，发送窗口的下边界值表示（　　）。

5. 当发送完一个数据包后必须停下来等待直到收到该数据包的应答后才能继续发下一个数据包，该协议称为（　　）。

6. 用户数据报协议缩写为（　　）。

7. 在TCP协议通信过程中，当某TCP包中的标志SYN＝1，ACK＝1且SeqNo＝x，AckNo＝y时，说明该TCP包为（　　）包。

8. 发送方发送超时定时器的时长以（　　）为基础进行计算。

9. 在TCP协议通信过程中，当某TCP包中的标志FIN＝1，且SeqNo＝x时，说明该TCP包为（　　）包。

五、简答题

1. 简述TCP协议发送超时定时器的作用。

2. 在TCP协议包的校验和中包括对“伪报头”的校验，这样做有什么目的吗？

3. 简要说明计算机A与B采用TCP协议通信时连接建立的过程。

4. 简述TCP协议建立连接时的三次握手过程。

5. TCP/IP体系中对网络拥塞的控制是如何进行的？简述之。

6. 试述UDP的适用范围？列举4种采用UDP的通信协议。

7. 试述传输层协议的两个功能。

8. 试述TCP/IP协议中端口号的作用。

9. 如果报文中是请求报文，如何使用端口号？试举出三个已知TCP服务的端口号。

10. TCP协议利用什么功能保证可靠的连接？

11. 绘图说明 TCP 连接建立的规程。

12. 阐述 TCP 头标中“数据偏移”、“控制域”的作用。说明控制域中 SYN,ACK 和 FIN 的使用方法。

13. 当窗口尺寸为 300 字节,窗口比例选项值为 4 时,其实际窗口为何值?

14. 时戳的用法是怎样的?

15. TCP 协议如何进行零窗口探测?

16. 阐述 TCP 协议的三个功能。

17. TCP 协议如何防止拥塞现象发生,由哪一方起主导作用?

18. TCP 协议最大段尺寸(MMS)选项和 ICMP 中的 MTU 有何区别,和 TCP 协议的窗口用法有何不同?

19. TCP 协议如何进行流量控制,哪一方主导流量控制?

20. 在服务器中 80 端口能否关闭? 为什么?

21. 端口的关闭,在实际操作中是如何做到的?

六、应用题

1. 占据两个山顶的红军 1、红军 2 与驻扎在这两个山之间的白军作战。其力量对比是:红军 1 或红军 2 打不赢白军,但红军 1 和红军 2 协同作战可战胜白军。红军 1 拟于次日凌晨 6 点向白军发起攻击,于是给红军 2 发送电文,但通信线路很不好,电文出错或丢失的可能性较大,因此要求收到电文的红军 2 必须送回一个确认电文,但确认电文也可能出错或丢失。试问能否设计出一种协议使得红军 1 与红军 2 能够实现协同作战,因而 100%的取得胜利?

2. 假定 TCP 协议使用两次握手替代三次握手来建立连接,也就是说,不需要第三个报文,并且不采用累计应答机制,那么是否可能产生死锁? 请举例说明答案。

第6章 Windows 2003 常用服务器的配置与管理

【学习目标】

- 了解 Internet 常见服务器的作用
- 学会配置常见服务器
- 学会维护常见服务器

6.1 DNS 服务器

6.1.1 什么是 DNS

Internet 上计算机之间的 TCP/IP 通信是通过 IP 地址来进行的，因此，Internet 上的计算机都应有一个 IP 地址作为它们的唯一标识。域名系统(DNS，Domain Name System)用于注册计算机名及其 IP 地址。DNS 是在 Internet 环境下研制和开发的，目的是使任何地方的主机都可以通过比较友好的计算机名字，而不是它的 IP 地址来找到另一台计算机。DNS 是一种不断向前发展的服务，该服务通过 Internet 工程任务组(IFTF)的草案和一种称为 RFC(Request For Comment)文件的建议不断升级。在本书的后续章节将介绍这些草案和 RFC 文件的存放地点。

不要混淆域名系统服务器和域名系统。域名系统服务器只是域名系统中的工具，通过它们不停地工作来实现域名系统的功能。

早在美国国防部为试验目的而搭建小型 Internet 模型的时候，DNS 就已出现。通过一台中央服务器上的一个 HOSTS 文件来管理网络中的主机名。哪台机器需要解析网络中的主机名，它就把这个文件下载到本地。

随着 Internet 上主机数目的迅速增加，HOSTS 文件也随之变大，这将大大影响主机名解析的效率。人们越来越觉得以前的系统无法满足需求，需要一套新的主机名解析系统来提供扩展性能好、分布式管理和支持多种数据类型等功能。于是 DNS 在 1984 年应运而生。使用 DNS 可使存储在数据库中的主机名数据分布在不同的服务器上，从而减少对任何一台服务器的负载，并且提供了以区域为基础的对主机名系统的分布式管理能力。

DNS 支持名字继承，而且除了 HOSTS 文件中的主机名到 IP 地址的映射数据外，DNS 还能注册其他不同类型的数据。由于是分布式的数据库，它的大小是无限的，而且它的性能不会因为增加更多的服务器而受到影响。最早的 DNS 系统是建立在 RFC882(domain names-concepts and facilities)和 RFC883(domain names-implementation and specification)国际标准上的，现在则由国际标准 RFC1034（domain names-concepts and facilities）和 RFC1035（domain names-implementation and specification）来代替。

1. 主机名和 IP 地址

DNS 的数据文件中存储主机名和与之相匹配的 IP 地址。从某种意义上说，域名系统类似于存储用户名以及与之相匹配的电话号码的电话号码服务系统。

虽然除了主机名和 IP 地址外，DNS 还记录了一些其他的信息，并且 DNS 系统本身也有一些较复杂的问题要讨论，但 DNS 最主要的用途和最重要的价值是，通过它可以由主机名找到与之匹配的 IP 地址，并且在需要时输出相应的信息。

2. 主机名的注册

主机名和 IP 地址必须注册。注册就是将主机名和 IP 地址记录在一个列表或者目录中。注册的方法可以是手动的或者自动的、静态的或者动态的。过去的 DNS 服务器都是通过手动的方法来进行原始的主机注册，也就是说，主机在 DNS 列表中的注册需要由手动从键盘输入。

最近的趋势是动态的主机注册。更新是由 DHCP 服务器触发完成，或者直接由具有动态 DNS 更新能力的主机完成。DHCP 是 Dynamic Host Configuration Protocol 的缩写，即动态主机配置协议。除非使用动态 DNS，否则，DNS 注册通常是手动的和静态的。Windows 2000 中提供了动态 DNS 的功能。当主机的信息有所变化时，主机记录的更新通常由手动来完成。如图 6.1 所示为若干主机在 DNS 服务器中的注册。在 DNS 服务器中，最主要的信息是主机名和 IP 地址。

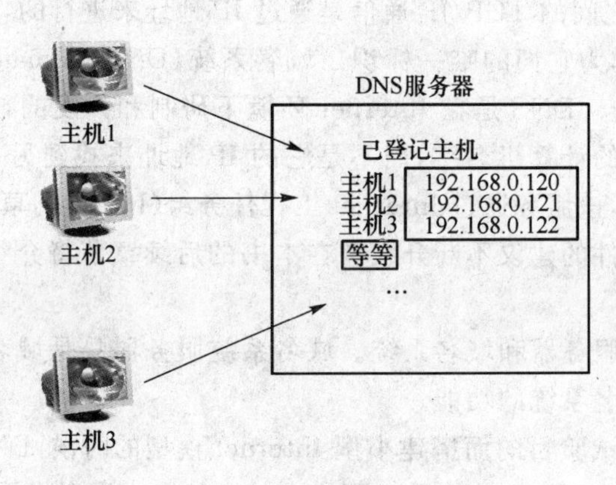

图 6.1 主机名的注册

3. 主机名的解析

只要进行了注册，主机名就可以被解析。解析是一个客户端过程，目的是查找已注册的主机名或者服务器名，以便得到相应的 IP 地址。客户端得到目标主机的 IP 地址后，可以直接在本地网络上通信，或者通过一个或几个路由器在远程网络上通信。

显然，一个 DNS 服务器可以有许多已注册的主机。解析注册在同一台 DNS 服务器上的其他主机名应该是比较快的。一个具有上千台主机的企业只需要少数几台 DNS 服务器。如图 6.2 所示为 DNS 客户机解析另一个在同一台 DNS 服务器上注册的主机名的过程。

4. 主机名的分布

并不是一台单独的 DNS 服务器上包含了全世界的主机名，这是不可能的。如果存在这样

的主 DNS 服务器，那么客户机和这台服务器的距离就太遥远了。同时也很难想像这样一台为整个 Internet 服务的 DNS 服务器需要多大的能力和带宽。另外，如果这台主 DNS 服务器停机，那遍布全球的 Internet 将陷入瘫痪。与这种设想相反，主机名分布于许多 DNS 服务器之中。主机名的分布解决了不只用一台 DNS 服务器的问题，但这对客户机又提出了另一个问题，客户机如何得知向哪一台 DNS 服务器进行查询。域名系统通过使用自顶向下的域名树来解决这个问题，每一台主机是树中某一个分支的叶子，而每个分支具有一个域名。每一台主机都和一个域相关联，那究竟总共需要多少 DNS 服务器呢？尽管实际的数字是不可知的，并且根据实际原因而变化，但从理论上来讲，域名树的每一个分支都需要一台 DNS 服务器。如图 6.3 所示为域名树中主机名的分布。

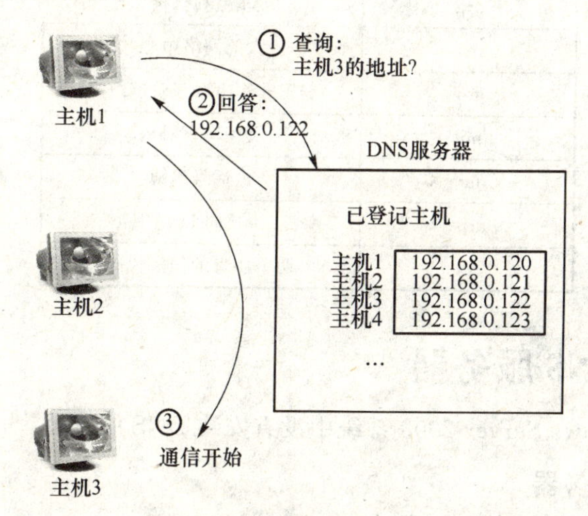

图 6.2　主机名的解析

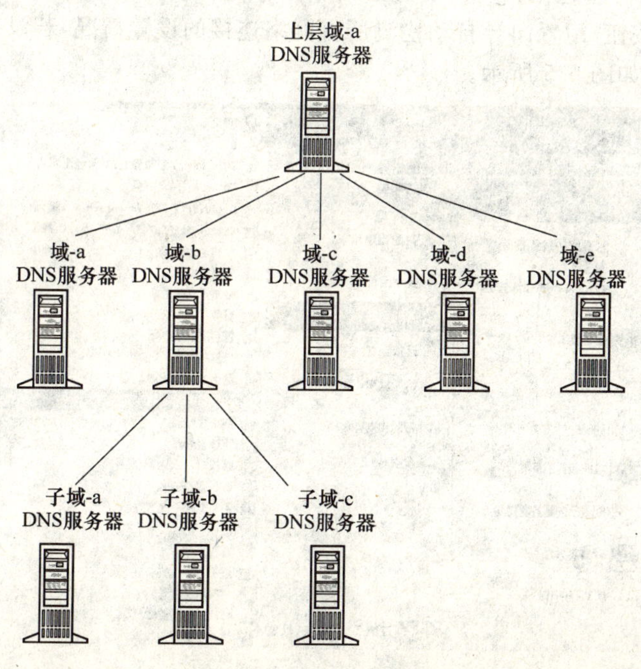

图 6.3　主机名的分布

5. DNS 和 Internet

Internet 域名系统是由 Internet 上的域名注册机构来管理的，他们负责管理向组织和国家开放的顶级域名，这些域名遵循 3166 国际标准。表 6.1 列出了现有的组织顶级域名和国家顶级域名的缩写。

表 6.1 顶级域名的缩写

DNS 顶级域名	组织类型
com	商业公司
edu	美国大学或学院
org	非赢利机构
net	大的网络中心
gov	美国非军事联邦政府组织
mil	美国军事机构
num	电话号码簿
arpa	反向 DNS
xx	两个字母的国家代码

6.1.2 安装 DNS 服务器

默认情况下 Windows Server 2003 系统中没有安装 DNS 服务器。

1. 安装 DNS 服务器

安装 DNS 服务器的操作步骤如下所示。

① 单击“开始”→“管理工具”→“配置您的服务器向导”命令，如图 6.4 所示，在打开的向导中单击“下一步”按钮，配置向导自动检测所有网络连接的设置情况，若没有发现问题则进入服务器角色对话框，如图 6.5 所示。

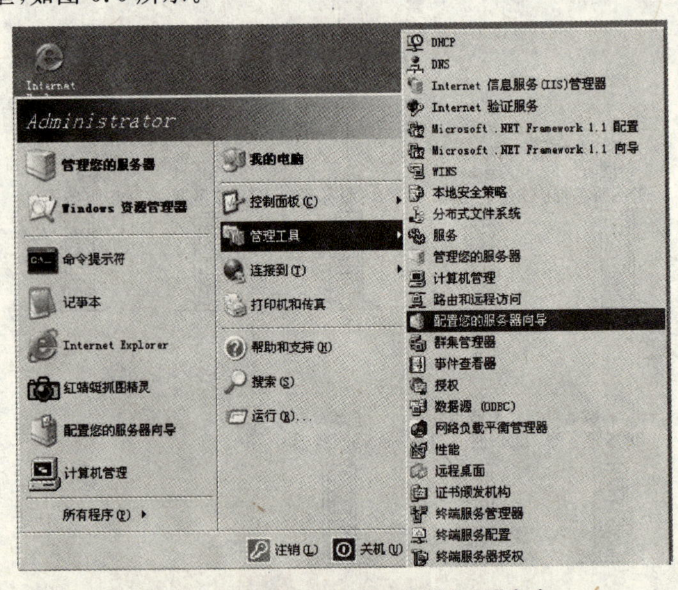

图 6.4 选择“配置您的服务器向导”命令

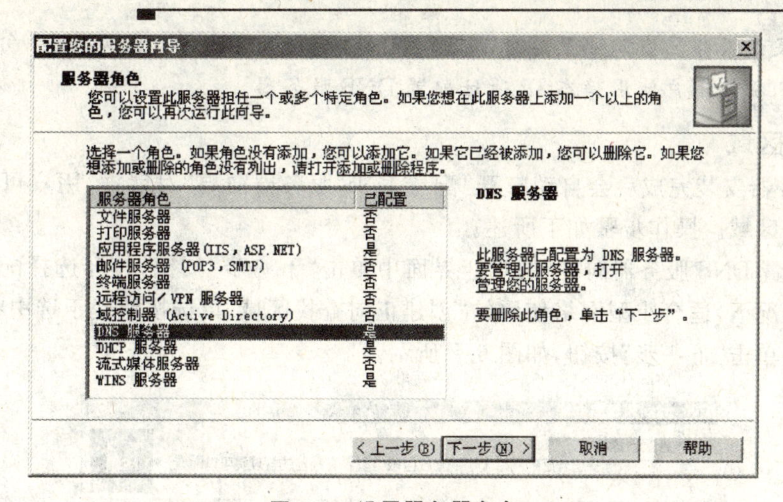

图 6.5　设置服务器角色

提示：如果是第一次使用配置向导，则会弹出配置选项对话框，单击"自定义配置"单选按钮即可。

② 在"服务器角色"列表框中选择"DNS 服务器"选项，单击"下一步"按钮，打开选择总结对话框，如果列表框中显示"安装 DNS 服务器"和"运行配置 DNS 服务器向导来配置 DNS"，则直接单击"下一步"按钮，否则单击"上一步"按钮重新配置(如图 6.6 所示)。

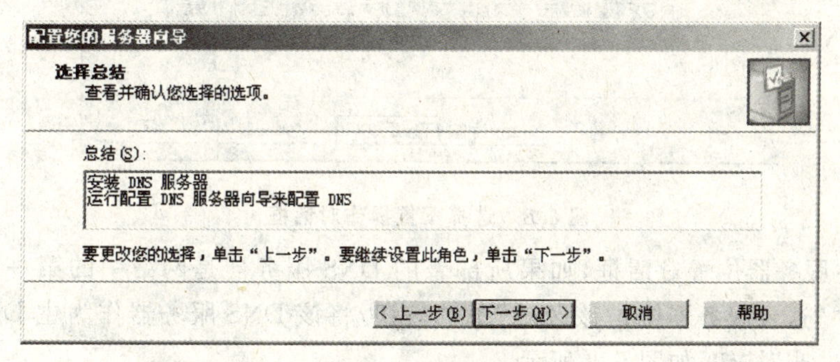

图 6.6　选择总结

③ 向导开始安装 DNS 服务器，在此过程中会提示插入 Windows Server 2003 的安装光盘或指定安装源文件(如图 6.7 所示)。

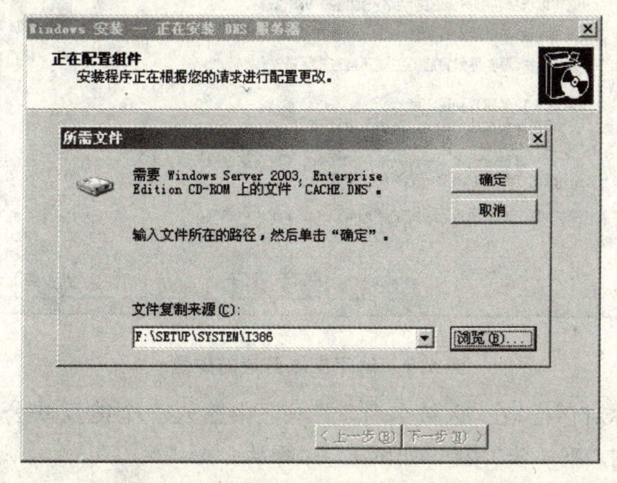

图 6.7　指定系统安装盘或安装源文件

提示：如果该服务器当前配置为自动获取IP地址，则会弹出Windows组件向导的正在配置组件对话框，提示用户使用静态IP地址配置DNS服务器。

2. 创建区域

DNS服务器安装完成后会自动打开“配置DNS服务器向导”对话框，用户可以在该向导的指引下创建区域。操作步骤如下所述。

① 在“配置DNS服务器向导”的欢迎界面中单击“下一步”按钮，打开选择配置操作对话框。在默认情况下，适合小型网络使用的“创建正向查找区域”单选按钮处于选中状态，这里保持默认设置并单击“下一步”按钮，如图6.8所示。

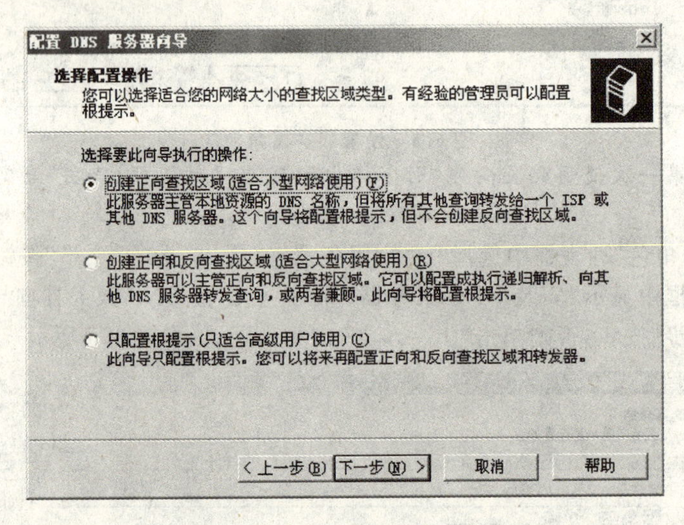

图6.8 选择配置操作对话框

② 打开主服务器位置对话框，如果所部署的DNS服务器是网络中的第一台DNS服务器，则应该选中“这台服务器维护该区域”单选按钮，将该DNS服务器作为主DNS服务器使用，并单击“下一步”按钮，如图6.9所示。

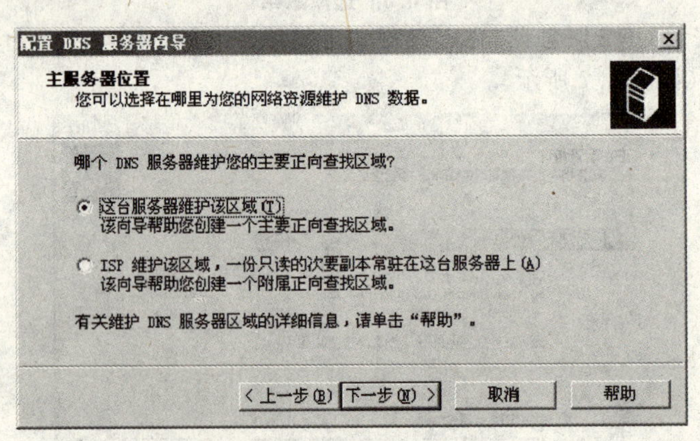

图6.9 确定主服务器的位置

③ 打开区域名称对话框，在“区域名称”文本框中输入一个能反映公司信息的区域名称（如avceit.cn），并单击“下一步”按钮，如图6.10所示。

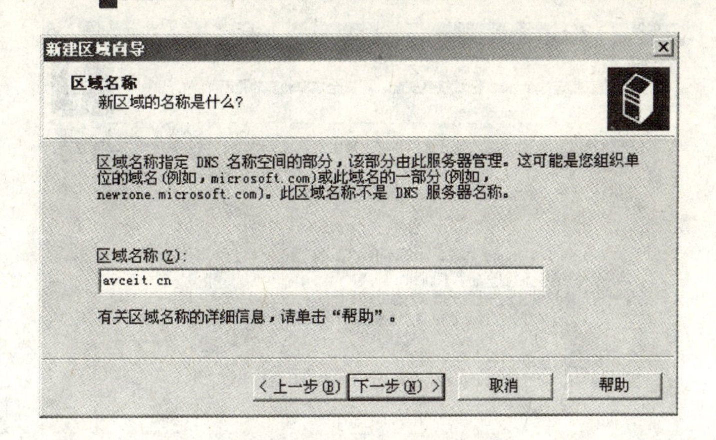

图 6.10　填写区域名称

④ 在打开的区域文件对话框中系统根据区域名称默认填入了一个文件名，该文件是一个 ASCII 文本文件，其中保存了该区域的信息，默认情况下保存在 windowssystem32dns 文件夹中。保持默认设置不变，单击"下一步"按钮，如图 6.11 所示。

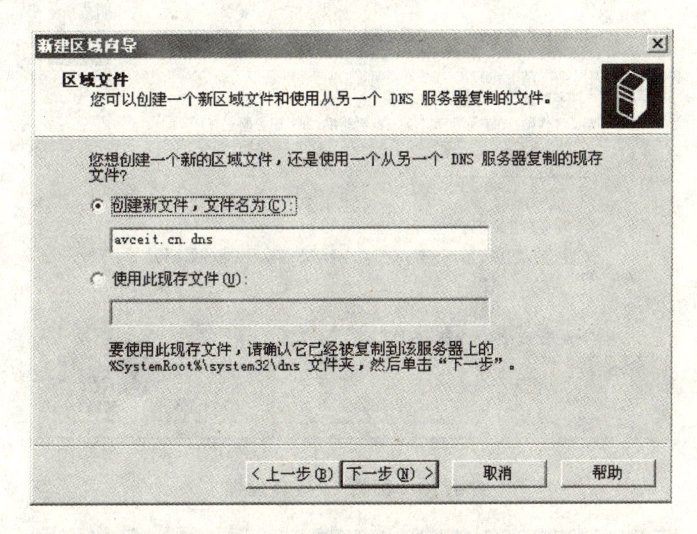

图 6.11　区域文件对话框

⑤ 在打开的动态更新对话框中指定该 DNS 区域能够接受的注册信息更新类型。允许动态更新可以让系统自动地在 DNS 中注册有关信息，在实际应用中比较有用，因此选中"允许非安全和安全动态更新"单选按钮，单击"下一步"按钮，如图 6.12 所示。

⑥ 打开转发器对话框，选中"是，应当将查询转发到有下列 IP 地址的 DNS 服务器上"单选按钮，在 IP 地址文本框中输入 ISP(或上级 DNS 服务器)提供的 DNS 服务器的 IP 地址，单击"下一步"按钮，如图 6.13 所示。

提示：通过配置转发器可以使内部用户在访问 Internet 上的站点时使用当地 ISP 提供的 DNS 服务器进行域名解析。

⑦ 依次单击"下一步"和"完成"按钮结束 avceit.cn 区域的创建和 DNS 服务器的安装配置，如图 6.14 所示。

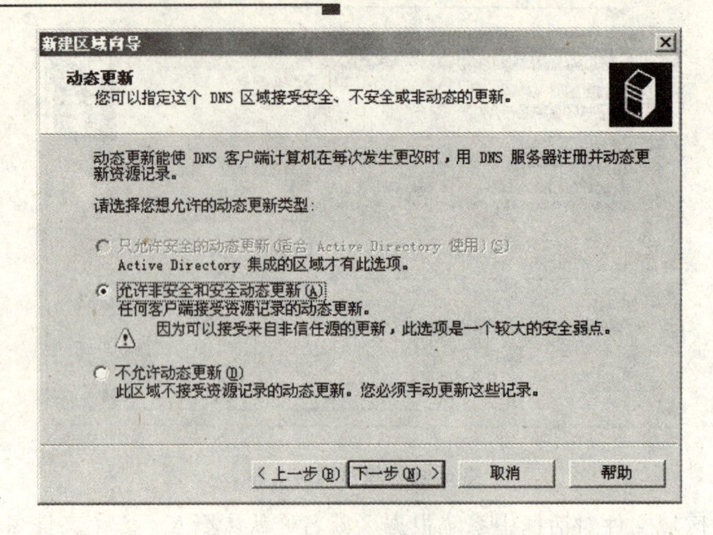

图 6.12　动态更新对话框

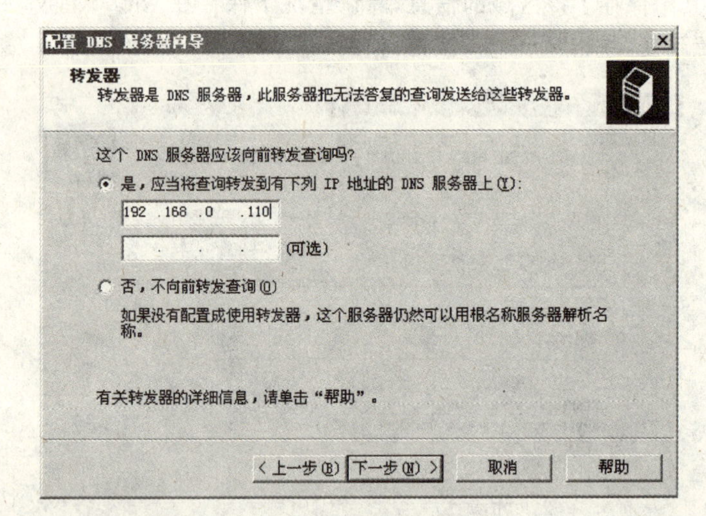

图 6.13　配置 DNS 转发器

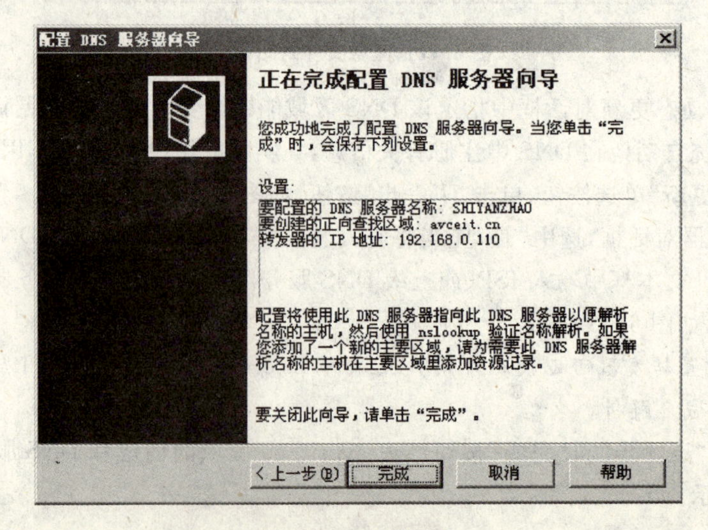

图 6.14　完成配置

6.1.3　创建域名

前面利用向导成功创建了 avceit. cn 区域，但内部用户还不能使用这个名称来访问内部站点，因为它还不是一个合格的域名，还需要在其基础上创建指向不同主机的域名才能提供域名解析服务。下面创建一个用以访问 Web 站点的域名 www. avceit. cn，具体操作步骤如下所述。

① 单击“开始”→“管理工具”→DNS 命令，打开 dnsmgmt 控制台窗口，如图 6.15 所示。

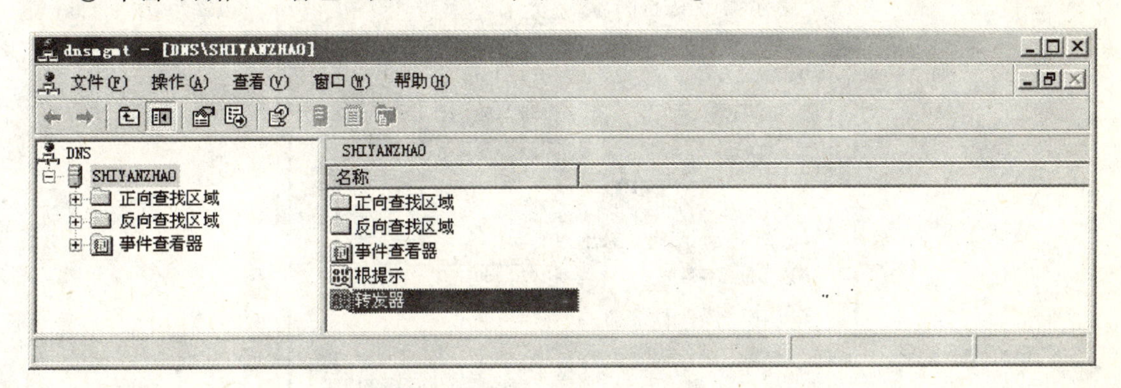

图 6.15　dnsmgmt 控制台窗口

② 在左窗格中依次展开 ServerName 下的“正向查找区域”目录，然后右击 avceit. cn 区域，选择快捷菜单中的“新建主机”选项。

③ 打开“新建主机”对话框，在“名称”文本框中输入一个能代表该主机所提供服务的名称(本例输入 www)。在“IP 地址”文本框中输入该主机的 IP 地址(如 192. 168. 0. 110)，单击“添加主机”按钮，如图 6.16 所示，系统会提示已经成功创建了主机记录。

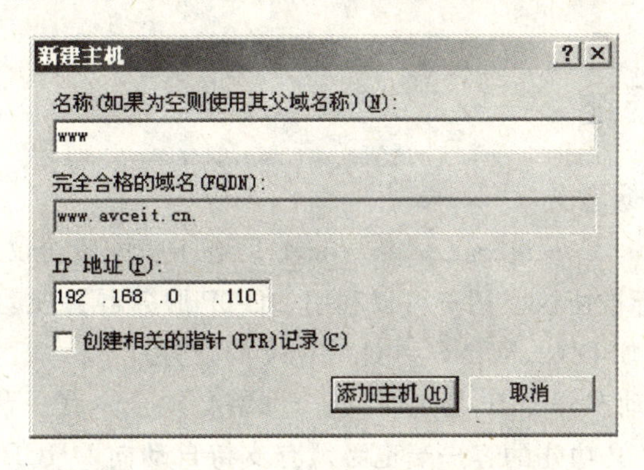

图 6.16　“新建主机”对话框

④ 单击“完成”按钮结束创建。

6.1.4　设置 DNS 客户端

尽管 DNS 服务器已经创建成功，并且创建了合适的域名，但在客户机的浏览器中却无法使用 www. avceit. cn 这样的域名访问网站。这是因为虽然已经创建了 DNS 服务器，但客户机并不知道 DNS 服务器在哪里，因此不能识别用户输入的域名。用户必须手动设置 DNS 服

务器的 IP 地址。可在客户机上，在“Internet 协议（TCP/IP）属性”对话框中的“首选 DNS 服务器”文本框中输入刚刚部署的 DNS 服务器的 IP 地址，如图 6.17 所示。

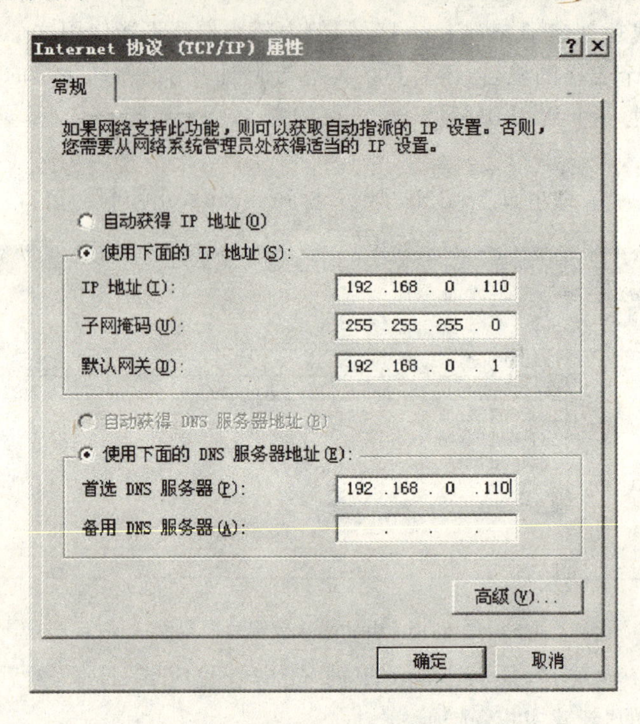

图 6.17　设置客户端 DNS 服务器的 IP 地址

6.2　DHCP 服务器

6.2.1　DHCP 概述

1. DHCP 的基本概念

DHCP（Dynamic Host Configuration Protocol，动态主机配置协议）是一个简化主机 IP 地址分配管理的 TCP/IP 标准协议。用户可以利用 DHCP 服务器管理动态的 IP 地址分配及其他相关的环境配置工作（如 DNS、WINS 和 Gateway 的设置）。

要使用 DHCP 方式动态分配 IP 地址时，整个网络必须至少有一台安装了 DHCP 服务的服务器，其他要使用 DHCP 功能的客户端也必须有支持自动向 DHCP 服务器索取 IP 地址的功能。当 DHCP 客户端第一次启动时，它会自动与 DHCP 服务器通信，并由 DHCP 服务器分配给 DHCP 客户端一个 IP 地址，直到租约到期（并非每次关机释放），这个地址才会由 DHCP 服务器收回，并将其提供给其他的 DHCP 客户端使用。

与手动分配 IP 地址相比，DHCP 动态进行 TCP/IP 的配置主要有以下优点：

① 安全而可靠的配置。DHCP 避免了因手动设置 IP 地址及子网掩码所产生的错误，同时也避免了把一个 IP 地址分配给多台工作站所造成的地址冲突。

② 降低了管理 IP 地址设置的负担。使用 DHCP 服务器大大缩短了配置或重新配置网络

中工作站所花费的时间，同时通过对 DHCP 服务器的设置可灵活地设置地址的租约。

③ DHCP 地址租约的更新过程有助于用户确定哪个客户的设置需要经常更新（如使用便携机的客户经常更换地点），且这些变更由客户端与 DHCP 服务器自动完成，无须网络管理员干涉。

DHCP 服务器使用租约生成过程在指定时间段内为客户端分配 IP 地址。IP 地址的租用通常是临时的，所以 DHCP 客户端必须定期向 DHCP 服务器更新租约。DHCP 租约的生成和更新是 DHCP 的两个主要工作过程。

2. DHCP 租约生成过程

当 DHCP 客户端第一次登录网络时，通过以下 4 个步骤向 DHCP 服务器租用 IP 地址。

① DHCPDISCOVER（IP 租约发现）。

② DHCPOFFER（IP 租约提供）。

③ DHCPREQUEST（IP 租约请求）。

④ DHCPACK（IP 租约确认）。

租约生成过程开始于客户端第一次启动或初始化 TCP/IP 时，另外当 DHCP 客户端续订租约失败、终止使用其租约时（如客户端移动到另一个网络时）也会发生这个过程。此过程具体如下所述。

① IP 租约发现。DHCP 客户端在本地子网中先发送一条 DHCPDISCOVER 消息，此时客户端还没有 IP 地址，所以它使用 0.0.0.0 作为源地址。由于客户端不知道 DHCP 服务器的地址，因此它用 255.255.255.255 作为目标地址，也就是以广播的形式发送此消息。在此消息中还包括客户端网卡的 MAC 地址和计算机名，以表明申请 IP 地址的客户机。

② IP 租约提供。在 DHCP 服务器收到 DHCP 客户端广播的 DHCPDISCOVER 消息后，如果在这个网段中有可以分配的 IP 地址，它会以广播方式向 DHCP 客户端发送 DHCPOFFER 消息进行响应。在这个消息中包含以下信息：

- 客户端的 MAC 地址。
- 提供的 IP 地址。
- 子网掩码。
- 租约的有效时间。
- 服务器标识即提供 IP 地址的 DHCP 服务器。
- 广播以 255.255.255.255 作为目标地址。

每个应答的 DHCP 服务器都会保留所提供的 IP 地址，在客户端进行选择之前不会分配给其他的 DHCP 客户端。DHCP 客户端会等待 1 秒来接收租约，如果 1 秒内没有收到任何响应，它将重新广播四次请求，分别以 2 秒、4 秒、8 秒和 16 秒（随机加上一个 0～1 000 ms 延时）作为时间间隔。如果经过四次广播仍没有收到提供的租约，则客户端会从保留的专用 IP 地址 169.254.0.1～169.254.255.254中选择一个地址，即启用自动配置 IP 地址（APIPA），可以让所有没有找到 DHCP 服务器的客户端位于同一个子网并可以相互通信。同时每隔 5 分钟查找一次 DHCP 服务器，如果找到可用的 DHCP 服务器，则客户端可从服务器上得到 IP 地址。

③ IP 租约请求。DHCP 客户端如果收到提供的租约（如果网络中有多个 DHCP 服务器，客户端可能会收到多个响应），则会通过广播 DHCPREQUEST 消息来响应并接收得到的第

一个租约,进行 IP 租约的选择。此时之所以采用广播方式,是为了通知其他未被接收的 DHCP 服务器收回提供的 IP 地址并将其留给其他的 IP 租约请求。

④ IP 租约确认。当 DHCP 服务器收到 DHCP 客户端发出的 DHCPREQUEST 请求消息后,它会向 DHCP 客户端发送一个包含它所提供的 IP 地址和其他设置的 DHCPACK 确认消息,告诉 DHCP 客户端可以使用它所提供的 IP 地址。然后 DHCP 客户端使用这些信息来配置其 TCP/IP 协议,并把 TCP/IP 协议与网络服务和网卡绑定在一起,以建立网络通信。

注意: 所有 DHCP 服务器和 DHCP 客户端之间的通信都使用用户数据报协议(UDP),端口号分别是 67 和 68。默认情况下,交换机和路由器不能正确地转发 DHCP 广播。为了使 DHCP 正常工作,用户必须配置交换机使其在这些端口上转发广播,对于路由器来说则须把它配置成 DHCP 中继代理。

3. DHCP 租约更新

当租用时间达到租约期限的一半时,DHCP 客户端会自动尝试续订租约。客户端直接向提供租约的 DHCP 服务器发送一条 DHCPREQUEST 消息,以续订当前的地址租约。如果 DHCP 服务器是可用的,它将续订租约并向客户端发送一条 DHCPACK 消息,此消息包含新的租约期限和一些更新的配置参数。客户端收到确认消息后会更新配置。如果 DHCP 服务器不可用,则客户端将继续使用当前的配置参数。当租约时间达到租约期限的 7/8 时,客户端会广播一条 DHCPDISCOVER 消息来更新 IP 地址租约。在这个阶段,DHCP 客户端会接受从任何 DHCP 服务器发出的租约。如果租约到期时客户端仍未成功续订租约,则客户端必须立即中止使用其 IP 地址,然后客户端重新尝试得到一个新的 IP 地址租约。

注意: 重新启动 DHCP 客户端时,客户端自动尝试续订关闭时的 IP 地址租约。如果续订请求失败,客户端将尝试连接配置的默认网关。如果默认网关响应,表明此客户端还在原来的网络中,这时客户端可以继续使用此 IP 地址到租约到期。如果不能进行续订或与默认网关无法通信,则立即停止使用此 IP 地址,从 169.254.0.1～169.254.255.254 中选择一个 IP 地址使用,并每隔 5 分钟尝试连接 DHCP 服务器。

如果需要立即更新 DHCP 配置信息,用户可以手动续订 IP 租约。例如,新安装了一台路由器,需要用户立即更改 IP 地址配置时,可以在路由器的命令行中使用 ipconfig/renew 来续订租约。还可以使用 ipconfig/release 命令来释放租约,释放租约后,客户端就无法再使用 TCP/IP 在网络中通信。运行 Windows 9x 的客户端可以使用 winipcfg 释放 IP 租约。

6.2.2 安装与设置 DHCP 服务器

1. 对 DHCP 服务器和客户端的要求

(1) Windows 2000 DHCP 服务器

运行 Windows 2000 Server 系列中任何操作系统的服务器都可以作为 DHCP 服务器。DHCP 服务器需要具备以下条件。

① DHCP 服务器本身需要静态 IP 地址、子网掩码和默认网关。

② 包含可分配给多个 DHCP 客户端的一组合法的 IP 地址。

③ 添加并启动 DHCP 服务。

(2) DHCP 客户端

运行以下操作系统的计算机都可作为 DHCP 服务器的客户端。

① Windows 2000 Professional、Windows 2000 Server 和 Windows XP。

② Windows NT Workstation(all released versions)、Windows NT Server(all released versions)。

③ Windows 98 或 Windows 95。

④ 安装了 TCP/IP - 32 的 Windows for Workgroups version 3.11。

⑤ 支持 TCP/IP 的 Microsoft Network Client version 3.0 for MS - DOS。

⑥ LAN Manager version 2.2c。

⑦ 其他非微软操作系统和网络设备。

(3)启用 DHCP 客户端

打开“Internet 协议(TCP/IP)属性”对话框,选中“自动获得 IP 地址”单选按钮,单击“确定”按钮,此计算机就成为 DHCP 客户端,如图 6.18 所示。

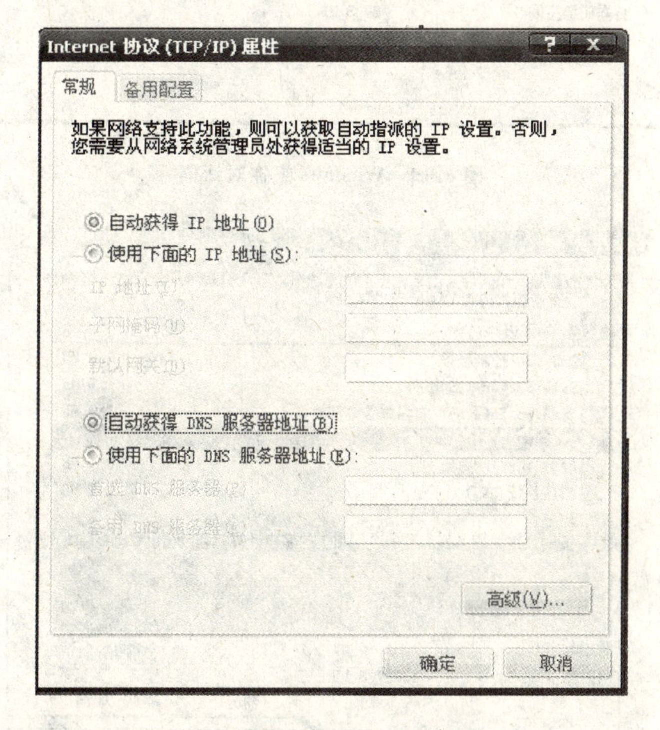

图 6.18　设置 DHCP 客户端

(4) DHCP 服务的安装步骤

安装 DHCP 服务的步骤如下:

① 在“控制面板”窗口中双击“添加/删除程序”图标。

② 在“添加/删除程序”窗口中单击“添加/删除 Windows 组件”按钮。

③ 选中“网络服务”组件,如图 6.19 所示。

④ 单击“详细信息”按钮,如图 6.20 所示。选中“动态主机配置协议(DHCP)”复选框,单击“确定”按钮。

⑤ 单击“下一步”按钮,系统将添加 DHCP 服务。

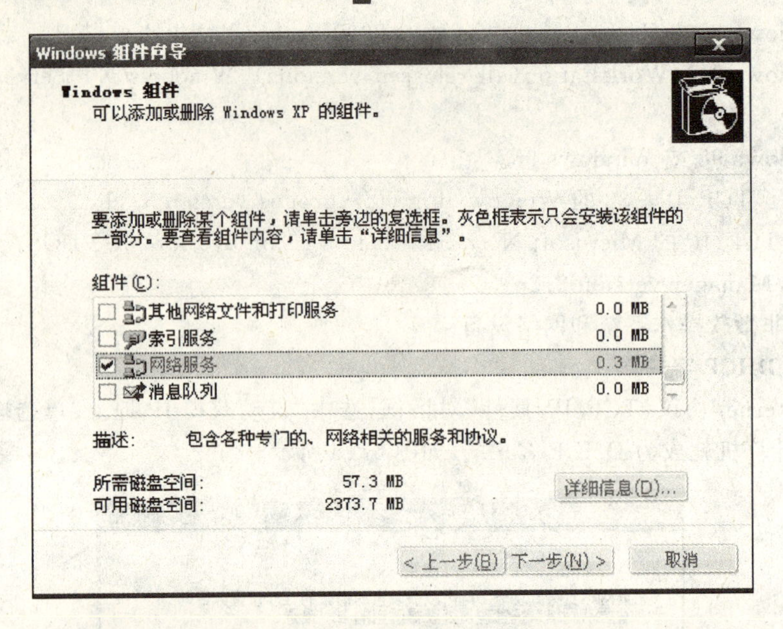

图 6.19　Windows 组件对话框

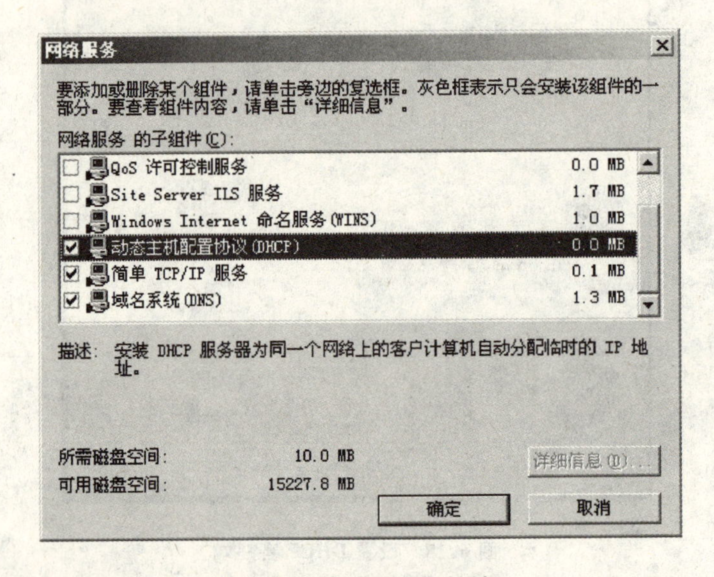

图 6.20　“网络服务”对话框

2. 授权 DHCP 服务

在 Windows 2000 DHCP 服务器提供动态分配 IP 地址之前，必须对其进行授权。通过授权能够防止未授权的 DHCP 服务器向客户端提供可能无效的 IP 地址而造成的 IP 地址冲突。

(1) 检测未授权的 DHCP 服务器

当 DHCP 服务器启动时，DHCP 服务器会向网络发送 DHCPINFORM 广播消息。其他 DHCP 服务器收到该信息后将返回 DHCPACK 信息，并提供自己所属的域。DHCP 将查看自己是否属于这个域，并验证是否在该域的授权服务器列表中。如果该服务器发现自己不能连接到目录或发现自己不在授权列表中，它将认为自己没有被授权，那么 DHCP 服务启动但

会在系统日志中记录一条错误信息，并忽略所有客户端请求。如果该服务器发现自己在授权列表中，那么 DHCP 服务启动并开始向网络中的计算机提供 IP 地址租用。

注意：DHCP 服务器会每隔 5 分钟广播一条 DHCPINFORM 消息，检测网络中是否有其他的 DHCP 服务器，这种重复的消息广播使服务器能够确定对其授权状态的更改。

(2) 授权 DHCP 服务器

所有作为 DHCP 服务器运行的计算机必须是域控制器或成员服务器才能在目录服务中授权和向客户端提供 DHCP 服务。授权的操作步骤如下所述。

① 单击“开始”→“管理工具”→DHCP 命令，右击 DHCP，在弹出的快捷菜单中选择“管理授权的服务器”命令，弹出的对话框如图 6.21 所示。

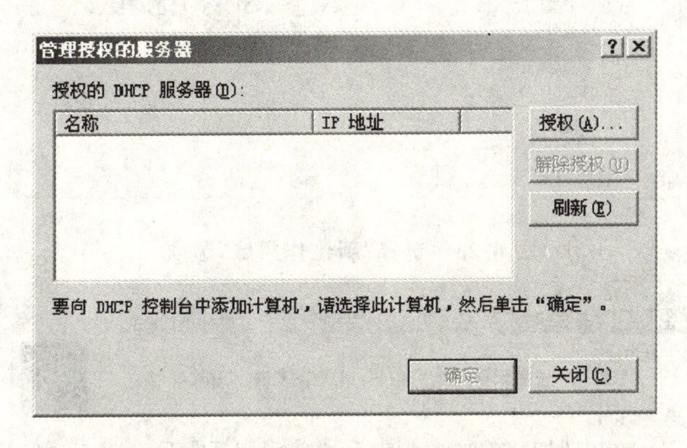

图 6.21　“管理授权的服务器”对话框

② 在“管理授权的服务器”对话框中单击“授权”按钮，在弹出的对话框中输入 DHCP 服务器的主机名或 IP 地址(如图 6.22 所示)单击“确定”按钮即可。

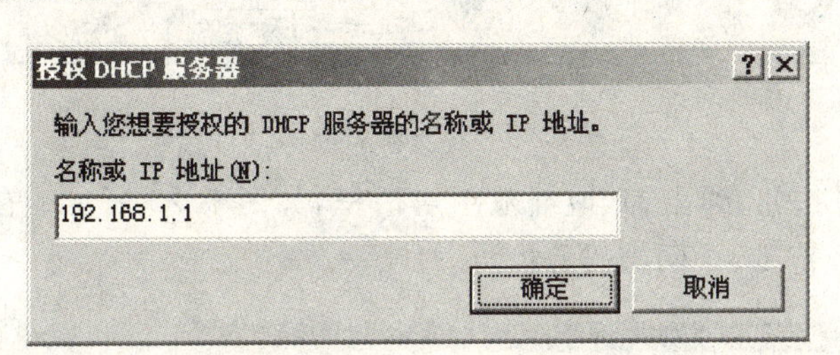

图 6.22　“授权 DHCP 服务器”对话框

3. 创建和配置作用域

作用域是一个有效的 IP 地址范围，这个范围内的 IP 地址能租用或分配给某特定子网内的客户端。用户可通过配置 DHCP 服务器上的作用域，来确定服务器可分配给 DHCP 客户端的 IP 地址池。

在 DHCP 服务器中添加作用域的操作步骤如下所述。

① 在 DHCP 控制台窗口中右击要添加作用域的服务器(如图 6.23 所示)，在弹出的右键快捷菜单中选择“新建作用域”选项，启用新建作用域向导，弹出“欢迎使用新建作用域向导”对话框。

② 单击“下一步”按钮，弹出作用域名对话框，如图 6.24 所示，为该域设置一个名称，还可以输入一些说明文字。

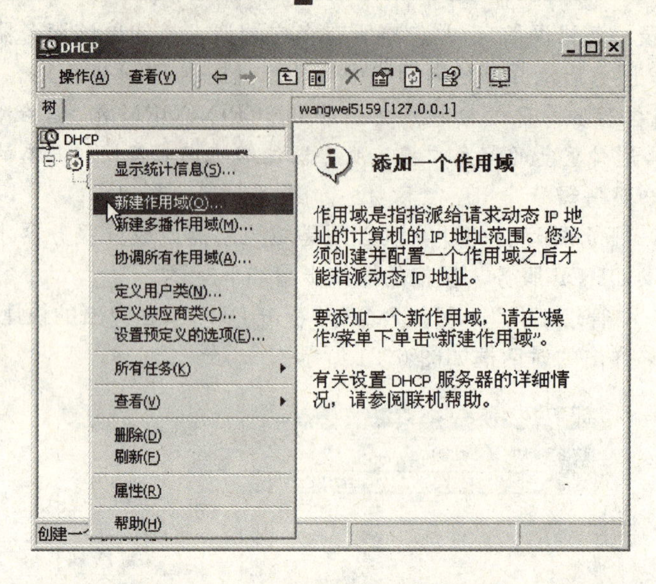

图 6.23 选择"新建作用域"选项

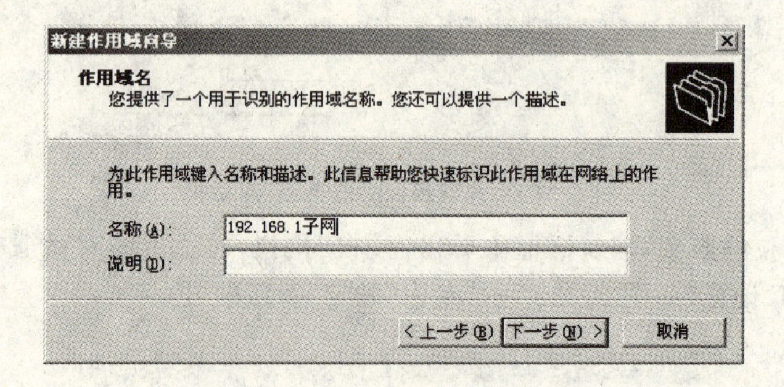

图 6.24 作用域名对话框

③ 单击"下一步"按钮，弹出 IP 地址范围对话框，如图 6.25 所示。在该对话框中定义新作用域可用的 IP 地址范围、子网掩码等信息。

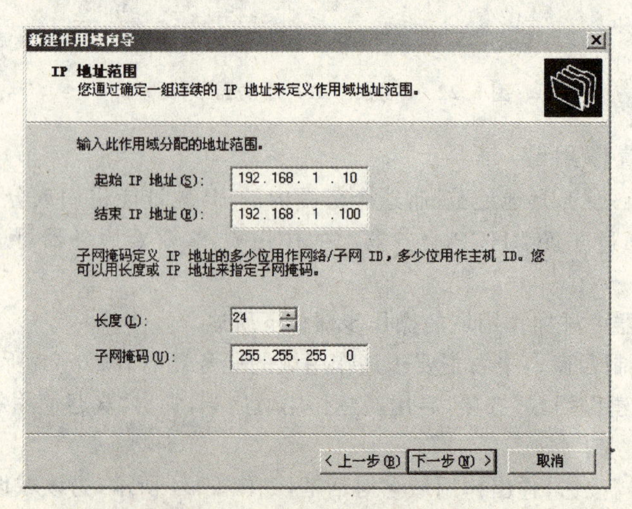

图 6.25 IP 地址范围对话框

④ 单击“下一步”按钮，弹出添加排除对话框，如图 6.26 所示。如果前面设置的 IP 作用域内有部分 IP 地址不想提供给 DHCP 客户端使用，可以在该对话框中设置需排除的地址范围，并单击“添加”按钮进行设置。

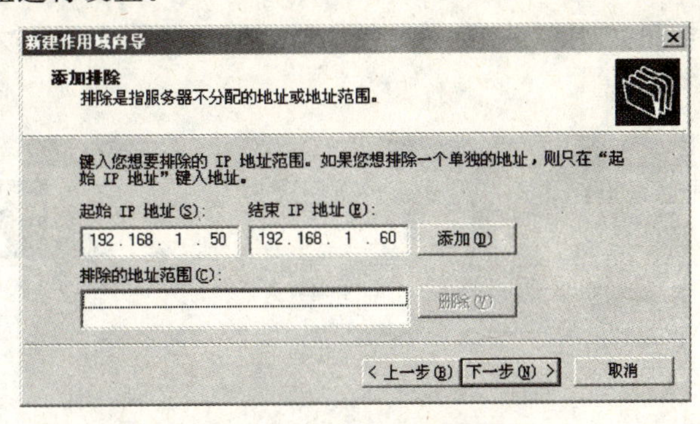

图 6.26　添加排除对话框

⑤ 单击“下一步”按钮，弹出租约期限对话框，可设置 IP 地址的租约期限(默认为 8 天)。

⑥ 单击“下一步”按钮，弹出配置 DHCP 选项对话框，如图 6.27 所示。如果选中“否，我想稍后配置这些选项”单选按钮，单击“下一步”按钮后，单击“完成”按钮即完成对作用域的创建。

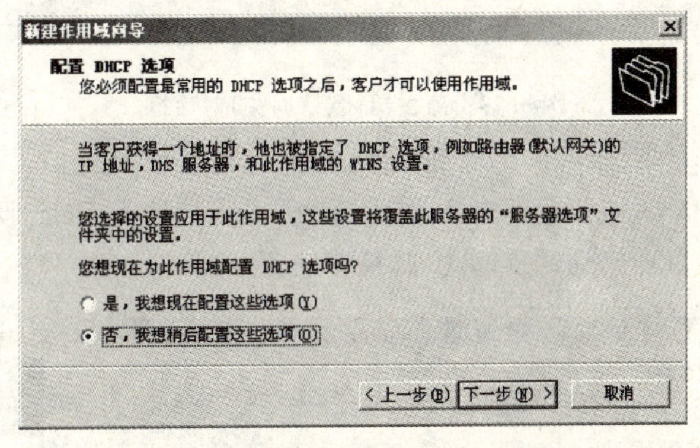

图 6.27　配置 DHCP 选项对话框

⑦ 作用域创建后，需要激活作用域才能发挥作用。选中新创建的作用域并右击，在弹出的右键快捷菜单中选择“激活”选项，如图 6.28 所示。

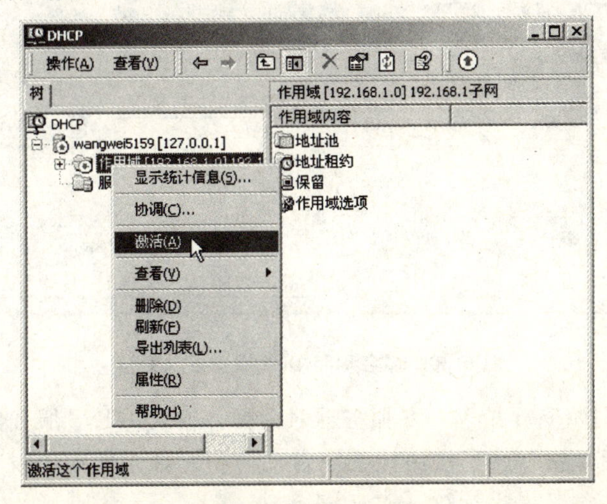

图 6.28　激活作用域

⑧ 在步骤⑥中，如果选中“是，我想现在配置这些选项”单选按钮，然后单击“下一步”按钮，可为这个 IP 作用域设置 DHCP 选项，包括默认网关、DNS 服务器、WINS 服务器等。DHCP 服务器在给 DHCP 客户端分派 IP 地址时，会将这些 DHCP 选项中的服务器数据指定给客户端。

⑨ 单击“下一步”按钮，弹出路由器(默认网关)对话框，如图 6.29 所示。输入默认网关的 IP 地址，然后单击“添加”按钮。

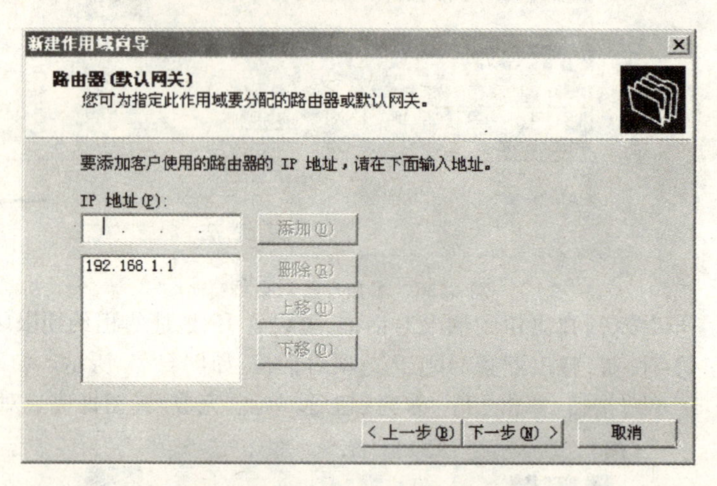

图 6.29　路由器(默认网关)对话框

⑩ 单击“下一步”按钮，弹出域名称和 DNS 服务器对话框，如图 6.30 所示。设置客户端的 DNS 域名称，输入 DNS 服务器的名称与 IP 地址，或者只输入 DNS 服务器的名称，然后单击“解析”按钮，系统会自动找到这台 DNS 服务器的 IP 地址。

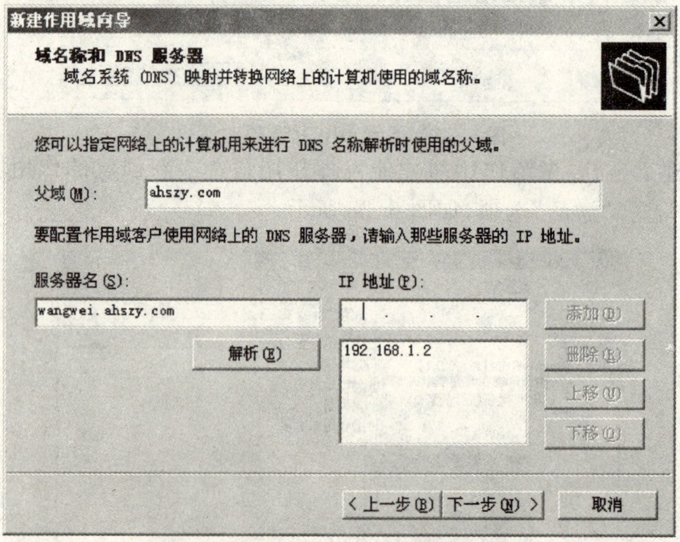

图 6.30　域名称和 DNS 服务器对话框

⑪ 单击“下一步”按钮，弹出 WINS 服务器对话框。输入 WINS 服务器的名称与 IP 地址，或者只输入名称，然后单击“解析”按钮让系统自动解析。如果网络中没有 WINS 服务器，则可以不输入任何数据。

⑫ 单击“下一步”按钮，弹出激活作用域对话框，选中“是，我想现在激活此作用域”单选按钮，开始激活新的作用域，然后在“完成新建作用域向导”对话框中单击“完成”按钮即可。

完成上述设置，DHCP 服务器就可以开始接受 DHCP 客户端索取 IP 地址的要求。

需要注意的是，在一台 DHCP 服务器内，针对个子网只能设置一个 IP 作用域。例如，不能在设置一个 IP 作用域为 192.168.1.1～192.168.1.49 后，再设置另一个 IP 作用域为 192.168.1.61～192.168.1.100。正确的方法是先设置一个连续的 IP 作用域 192.168.1.1～192.168.1.100，然后将 192.168.1.50～192.168.1.60 排除掉。但可以在一台 DHCP 服务器内为不同的子网建立多个 IP 作用域。例如，可以在 DHCP 服务器内建立两个 IP 作用域，一个是为子网 192.168.1 提供服务的，另一个是为子网 172.17 提供服务的。

4. 保留特定的 IP 地址

可以保留特定的 IP 地址给特定的客户端使用，以便该客户端每次申请 IP 地址时都拥有相同的 IP 地址。可以通过此功能逐一为用户设置固定的 IP 地址，避免用户随意更改 IP 地址，这就是所谓的 IP-MAC 绑定，这会减少不少维护工作量。

保留特定的 IP 地址的操作步骤如下所述。

① 启动 DHCP 管理器，在 DHCP 服务器窗口中的列表框中选择一个 IP 范围并右击，在弹出的快捷菜单中选择“保留”→“新建保留”选项，弹出“新建保留”对话框，如图 6.31 所示。

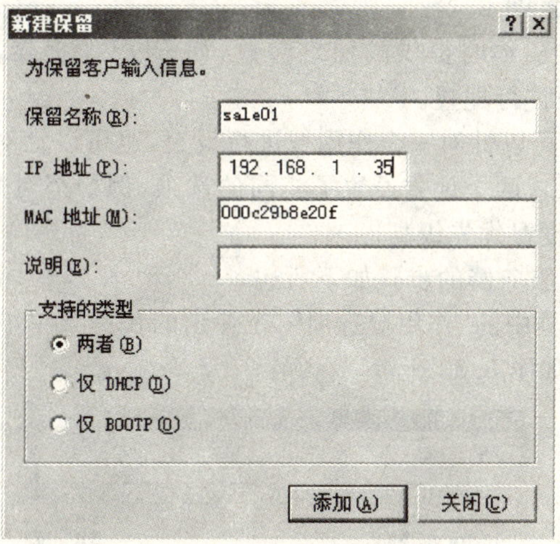

图 6.31　“新建保留”对话框

② 在“保留名称”文本框中输入用来标识 DHCP 客户端的名称，该名称只是一般的说明文字，并非用户账号的名称，例如可以输入计算机名称，但并不一定需要输入客户端的真正的计算机名称，因为该名称只在管理 DHCP 服务器中的数据时使用。在“IP 地址”文本框中输入一个保留的 IP 地址，可以指定任意一个保留的未使用的 IP 地址。如果输入重复或非保留地址，DHCP 管理器将发出警告信息。在“MAC 地址”文本框中输入上述 IP 地址要保留给的客户端的网卡号。在“说明”文本框中输入描述客户端的说明文字，该项内容可选。

网卡 MAC 地址是固化在网卡中的编号，是一个 12 位的 16 进制数。全世界所有的网卡都有自己的唯一标号，是不会重复的。在安装 Windows 98 的计算机中，可通过单击“开始”→“运行”命令，在打开的对话框中输入 winipcfg 命令来查看本机的 MAC 地址。在安装 Windows 2000 的计算机中，单击“开始”→“运行”命令，输入 cmd 进入命令窗口，再输入 ipconfig/

all 命令查看本机网络属性信息，如图 6.32 所示。

```
C:\WINNT\System32\cmd.exe
C:\>ipconfig /all

Windows 2000 IP Configuration

        Host Name . . . . . . . . . . . . : client
        Primary DNS Suffix  . . . . . . . : ahszy.com
        Node Type . . . . . . . . . . . . : Hybrid
        IP Routing Enabled. . . . . . . . : No
        WINS Proxy Enabled. . . . . . . . : No
        DNS Suffix Search List. . . . . . : ahszy.com

Ethernet adapter 本地连接:

        Connection-specific DNS Suffix  . :
        Description . . . . . . . . . . . : AMD PCNET Family PCI Ethernet Adapte
r
        Physical Address. . . . . . . . . : 00-0C-29-B8-E2-0F
        DHCP Enabled. . . . . . . . . . . : No
        IP Address. . . . . . . . . . . . : 192.168.0.3
        Subnet Mask . . . . . . . . . . . : 255.255.255.0
        Default Gateway . . . . . . . . . : 192.168.0.1
        DNS Servers . . . . . . . . . . . : 192.168.0.2
        Primary WINS Server . . . . . . . : 192.168.0.2

C:\>
```

图 6.32　cmd 命令窗口

③ 在“新建保留”对话框中单击“添加”按钮，将保留的 IP 地址添加到 DHCP 服务器的数据库中。可以按照以上操作继续添加保留地址，添加完所有的保留地址后单击“关闭”按钮。

可以通过单击 DHCP 管理器中的“地址租约”查看目前有哪些 IP 地址已被租用或用作保留。

5. 配置作用域的选项

要改变作用域在建立租约时提供的网络参数（如 DNS 服务器、默认网关和 WINS 服务器），需要对作用域的选项进行配置。

设置 DHCP 选项时，可以针对一个作用域进行设置，也可以针对该 DHCP 服务器内的所有作用域进行设置。如果这两个地方设置了相同的选项，例如都对 DNS 服务器、网关地址等进行了设置，则作用域的设置优先级高。

例如，设置 006 DNS 服务器的步骤如下所述。

① 右击 DHCP 管理器中的“作用域选项”，在弹出的快捷菜单中选择“配置选项”选项，弹出“作用域选项”对话框，如图 6.33 所示。

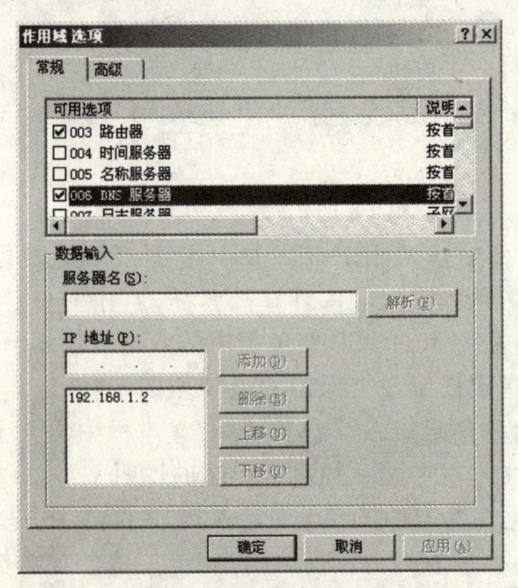

图 6.33　“作用域选项”对话框

② 选中“006 DNS 服务器”复选框，然后输入 DNS 服务器的 IP 地址，单击“添加”按钮。如果不知道 DNS 服务器的 IP 地址，可以输入 DNS 服务器的 DNS 域名，然后单击“解析”按钮让系统自动寻找相应的 IP 地址，完成后单击“确定”按钮。

③ 设置完成后，在 DHCP 管理控制台中可以看到设置的选项“006 DNS 服务器”，如图 6.34 所示。

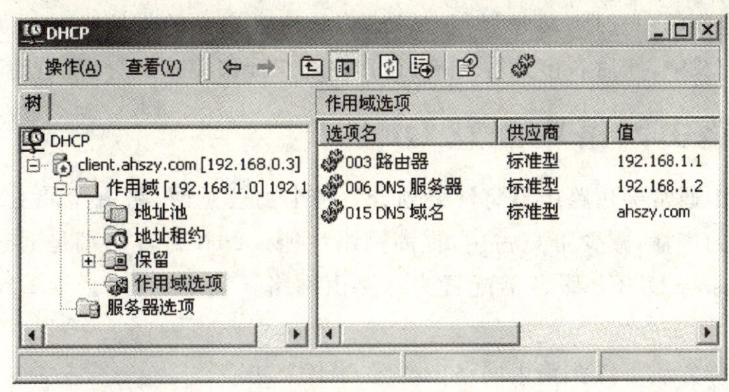

图 6.34　DHCP 管理控制台

DHCP 服务器提供的选项包括以下几项。

① 003 路由器：配置路由器的 IP 地址。

② 006 DNS 服务器：可以配置一个或多个 DNS 服务器的 IP 地址。

③ 015 DNS 域名：通过指定客户端所属的 DNS 域的域名，客户端可以更新 DNS 服务器上的信息，以便其他客户端进行访问。

④ 044 WINS/NBNS 服务器：可以指定一个或多个 WINS 服务器的 IP 地址。

⑤ 046 WINS/NBT 节点类型：不同的 NetBIOS 节点类型所对应的 NetBIOS 名解析方法也不同，通过对 046 W1NS/NBT 节点类型进行设置，可以指定适当的 NetB10S 节点类型。

DHCP 的标准选项还有很多，但是大部分客户端只能识别其中的一部分。如果在客户端已经为某个选项指定了参数，则优先使用客户端的配置参数。

可以选择作用域选项是应用于所有 DHCP 客户端、一组客户端，还是单个客户端。因此，相应地可以在四个级别上配置作用域选项，即服务器、作用域、类别及保留客户端。

① 服务器选项：服务器选项应用于所有向 DHCP 服务器租用 IP 地址的 DHCP 客户端。如果子网中的所有客户端都需要同样的配置信息，则应配置服务器选项。例如，可能希望配置所有客户端使用同样的 DNS 服务器或 WINS 服务器。在配置服务器选项时，可展开需要配置的服务器，右击“服务器选项”，在弹出的快捷菜单中选择“配置选项”选项。

② 作用域选项：作用域选项只对本作用域内租用地址的客户端可用。例如，每个子网需要不同的作用域，并且可为每个作用域定义唯一的默认网关地址。在作用域级配置的选项优先于在服务器级配置的选项。可展开要设置选项的地址作用域，右击“作用域选项”，在弹出的快捷菜单中选择“配置选项”选项。

③ 类别选项：此选项只对向 DHCP 服务器标识自己属于特定类别的客户端可用。例如，运行于 Windows 2000 的客户端计算机能够接受与网络上其他客户端不同的选项。在类别级配置的选项优先于在作用域或服务器级配置的选项。如果要在类别级配置选项，则可在“服务

器选项”或“作用域选项”对话框中的“高级”选项卡中，选择供应商类别或用户类别，然后在“可用选项”列表框中配置适合的选项。

④ 保留客户端选项：此选项仅对特定客户端可用。例如，可以在保留客户端配置选项，从而使特定的 DHCP 客户端能够使用特定路由器访问子网外的资源。在保留客户端配置的选项优先于在其他级别配置的选项。在 DHCP 中若要在保留客户端配置选项，可右击“保留”选项，在弹出的快捷菜单中选择“新建保留”选项，将相应客户端的保留地址添加到相应的 DHCP 服务器和作用域中，然后右击此客户端，在弹出的快捷菜单中选择“配置选项”选项。

6.2.3 在路由网络中配置 DHCP

在大型网络中通常会用路由器将网络划分为多个物理子网，路由器最主要的功能之一是屏蔽各子网之间的广播，减少带宽占用，提高网络性能。DHCP 客户端是通过广播来获得 IP 地址的，因此，除非将 DHCP 服务器配置为在路由网络环境下工作，否则 DHCP 通信将限制在单个子网中。

通过以下三种方法可以在路由网络中配置 DHCP 功能。

① 每个子网中至少设置一台 DHCP 服务器，这会增加设备费用和管理员的工作量。

② 配置一台与 RFC1542 兼容的路由器，这种路由器可转发 DHCP 广播到不同的子网，对其他类型的广播仍不予转发。

③ 在每个子网中都设置一台计算机作为 DHCP 中继代理。在本地子网中，DHCP 中继代理截取 DHCP 客户端的地址请求广播消息，并将它们转发给另一子网中的 DHCP 服务器。DHCP 服务器使用定向数据包应答中继代理，然后中继代理在本地子网广播此应答，供请求的客户端使用。

下面介绍安装与配置 DHCP 中继代理的方法，以在路由网络中配置 DHCP 服务。

1. 安装 DHCP 中继代理

安装步骤如下所述。

① 单击“开始”→“管理工具”→“路由和远程访问”选项，展开“IP 路由选择”，右击“常规”选项，在弹出的快捷菜单中选择“新路由选择协议”选项，如图 6.35 所示。

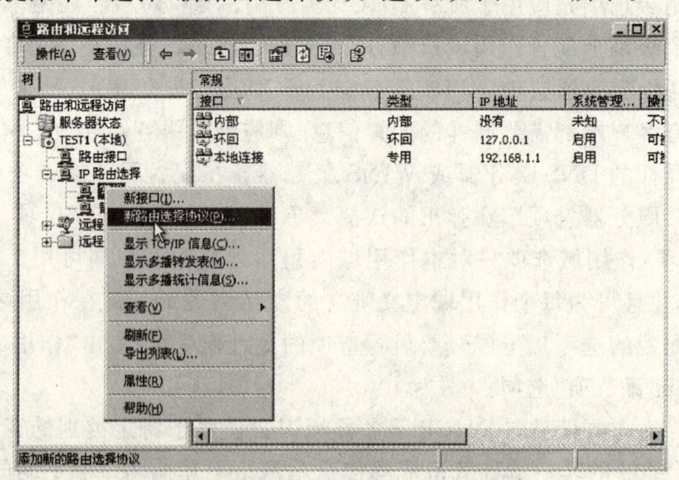

图 6.35 选择“新路由选择协议”选项

② 选择“DHCP 中继代理程序”，单击“确定”按钮，打开 DHCP 中继代理的属性对话框，在“服务器地址”文本框中输入 DHCP 服务器的 IP 地址，然后单击“添加”按钮，如图 6.36 所示。

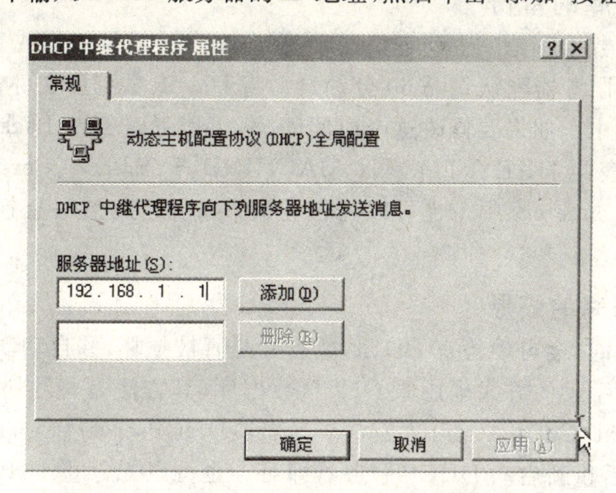

图 6.36 “DHCP 中继代理程序属性”对话框

2. 配置 DHCP 中继代理

在 DHCP 中继代理转发来自任意网络接口的客户端的 DHCP 请求之前，必须配置中继代理，以应答这些请求。启用中继代理功能时，也可为跃点计数阈值和启动阈值指定超时值。

① 跃点计数阈值：设置广播包最多可经过多少个子网，如广播包在规定的跳跃中仍未被响应，该广播包将被丢弃。如果此值设置得过高，则在中继代理设置错误时将导致网络流量过大。

② 启动阈值：设置 DHCP 中继代理将客户端请求转发到其他子网的服务器之前，等待本子网的 DHCP 服务器响应的时间。DHCP 中继代理先将客户端的请求发送到本地的 DHCP 服务器，等待一段时间未得到响应后，中继代理才将请求转发给其他子网的 DHCP 服务器。

选择“DHCP 中继代理程序”并右击，在弹出的快捷菜单中选择“新接口”选项，再选择“本地连接”，即可设置跃点计数阈值和启动阈值，如图 6.37 所示。

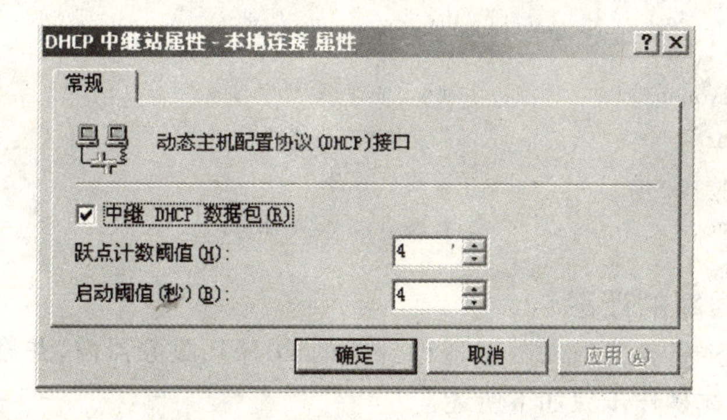

图 6.37　DHCP 中继站属性对话框

6.2.4　DHCP 数据库的管理

Windows 2000 把 DHCP 数据库文件存放在%Systemroot%\System32\dhcp 文件夹内。其中的 dhcp.mdb 是存储数据的文件，而其他的文件则是辅助性的文件。注意：不要随意删除

这些文件。

1. DHCP 数据库的备份

DHCP 服务器的数据库是一个动态数据库，在向客户端提供租约或客户端释放租约时它会自动更新。DHCP 服务器默认每隔 60 分钟自动将 DHCP 数据库文件备份到数据库目录的 backup\jet\new 目录中。如果要修改这个时间间隔，可以通过修改 BackupInterval 注册表参数实现，它位于注册表项 HKEY_LOCAL_MACHINE\SYSTEM\CurrentControlSet\Services\DHCPserver\Parameters 中。也可以先停止 DHCP 服务，然后直接将 DHCP 内的文件复制进行备份。

2. DHCP 数据库的还原

DHCP 服务启动时，会自动检查 DHCP 数据库是否被损坏，并自动恢复故障，还原损坏的数据库。也可以利用手动的方式来还原 DHCP 数据库，其方法是将注册表 HKEY_LOCAL_MACHINE\SYSTEM\CurrentControlSet\Services\DHCPserver\Parameters 下的参数 RestoreFlag 设为 1，然后重新启动 DHCP 服务器即可。也可以先停止 DHCP 服务，然后直接将 backup 文件夹中备份的数据复制到 DHCP 文件夹中。

3. IP 作用域的协调

如果发现 DHCP 数据库中的设置与注册表中的相应设置不一致，例如 DHCP 客户端所租用的 IP 数据不正确或丢失时，可以用协调的功能让它们的数据一致。因为在注册表数据库中也存储了一份在 IP 作用域内租用数据的备份，协调时利用存储在注册表数据库中的数据恢复 DHCP 服务器数据库中的数据。方法是右击相应的作用域，在弹出的右键快捷菜单中选择"协调"选项进行设置。为了确保数据库的正确性，定期执行协调操作是良好的习惯。

4. DHCP 数据库的重整

DHCP 服务器使用一段时间后，数据库中的数据必然会存在分布凌乱的情况，为了提高 DHCP 服务器的运行效率，要定期重整数据库。Windows 2000 系统会自动定期在后台运行重整操作，但也可以通过手动的方式重整数据库，其效率要比自动重整更高。方法是进入\winnt\system32\dhcp 目录下停止 DHCP 服务器，运行 Jetpack. exe 程序完成重整数据库，再运行 DHCP 服务器即可。其命令操作过程如下：

```
cd\winnt\system32\dhcp                 '进入 DHCP 数据库目录
net stop dhcpserver                    '停止 DHCP 服务
Jetpack dhcp.mdb temp.mdb              '压缩数据库
net start dhcpserver                   '重新启动 DHCP 服务
```

5. DHCP 数据库的迁移

要将旧的 DHCP 服务器内的数据迁移到新的 DHCP 服务器内，并修改为由新的 DHCP 服务器提供服务，具体操作步骤如下所述。

① 备份旧的 DHCP 服务器内的数据。首先停止 DHCP 服务器，右击 DHCP 管理器的服务器，在弹出的快捷菜单中选择"所有任务"→"停止"选项，或者在命令行方式下运行 netstop dhcpserver 命令将 DHCP 服务器停止。然后将%systemroot%\system32\dhcp 下的整个文件夹复制到新的 DHCP 服务器内任何一个临时的文件夹中。

运行 Regedt32. exe，选择注册表项 HKEY_LOCAL_MACHINE\SYSTEM\Current

ControlSet\Services\DHCPserver，选择“注册表”→“保存”选项，将所有设置值保存到文件中。最后删除旧的 DHCP 服务器内的数据库文件夹，删除 DHCP 服务。

② 将备份数据还原到新的 DHCP 服务器。安装新的 DHCP 服务器，并停止 DHCP 服务器。将存储在临时文件夹中的所有数据（由旧的 DHCP 服务器复制到的数据）整个复制到%systemroot%\system32\dhcp 文件夹中。

运行 Regedt32. exe，选择注册表项 HKEY_LOCAL_MACHINE\SYSTEM\Current ControlSet\Services\DHCPserver，选择“注册表”→“还原”选项，将前面保存的旧 DHCP 服务器的设置还原到新的 DHCP 服务器。重启 DHCP 服务器，协调所有的作用域即可。

6.3　IIS 服务器

6.3.1　IIS 概述

IIS 是 Internet Information Server 的缩写，它是微软公司主推的服务器，最新的版本是 Windows 2003 中包含的 IIS 6.0。IIS 与 Windows NT Server 完全集成在一起，因此用户能够利用 Windows NT Server 和 NTFS(NT File System，NT 的文件系统）内置的安全特性建立强大、灵活且安全的 Internet 和 Intranet 站点。

IIS 支持 HTTP（Hypertext Transfer Protocol，超文本传输协议）、FTP（File Transfer Protocol，文件传输协议）以及 SMTP 协议，通过使用 CGI 和 ISAPI，IIS 可以得到高度的扩展。IIS 支持与语言无关的脚本编写和组件，开发人员可以通过 IIS 开发出新一代动态的、富有魅力的 Web 站点。IIS 不需要开发人员学习新的脚本语言或者编译应用程序。IIS 完全支持 VBScript、JScript 开发软件以及 Java，它也支持 CGI、WinCGI 以及 ISAPI 扩展和过滤器。IIS 的设计目的是建立一套集成的服务器服务，用于支持 HTTP、FTP 和 SMTP，它能够提供快速且集成了现有产品，同时可扩展的 Internet 服务器。IIS 的响应性极高，同时系统资源的消耗也最少。IIS 的安装、管理和配置都相当简单，这是因为 IIS 与 Windows NT Server 网络操作系统紧密地集成在一起。另外，IIS 还使用与 Windows NT Server 相同的 SAM(Security Accounts Manager，安全性账号管理器）。对于管理员来说，IIS 可使用诸如 Performance Monitor 和 SNMP(Simple Network Management Protocol，简单网络管理协议）之类的 Windows NT Server 已有的管理工具。

IIS 支持 ISAPI，使用 ISAPI 可以扩展服务器的功能，而使用 ISAPI 过滤器可以预先处理和事后处理存储在 IIS 上的数据。用于 32 位 Windows 应用程序的 Internet 扩展可以把 FTP、SMTP 和 HTTP 协议置于容易使用且任务集中的界面中，这些界面将 Internet 应用程序的使用大大简化。IIS 也支持 MIME(Multipurpose Internet Mail Extensions，多用于网际邮件扩充协议)，它可以为 Internet 应用程序的访问提供一个简单的注册项。

IIS 6.0 也包含在 Windows Server 2003 服务器的 4 种版本中，包括数据中心版、企业版、标准版和 Web 版。人们经常会问这样一个问题，即 IIS 6.0 能不能在 Windows XP、2000 或 NT 上运行？答案是不行！

安装好 Windows Server 2003 后，可以立即看到 Windows Server 2003 和 IIS 6.0 的与众不同之处。其中一个关键的不同是，除了 Windows Server 2003 的 Web 版之外，Windows Server 2003 的其余版本默认不安装 IIS。按照微软过去的理念，安装操作系统的同时 IIS 也自动启动，为许多 Web 应用提供服务，Windows Server 2003 的做法可谓一大突破。在 Windows Server 2003 中，安装 IIS 有三种途径：利用管理服务器向导，利用控制面板中的添加或删除程序中的添加/删除 Windows 组件功能，或者执行无人值守安装。

6.3.2 IIS 的安装

1. IIS 的安装

Microsoft Internet 信息服务(IIS)是与 Windows Server 2003 集成的 Web 服务。下面介绍最常见的利用控制面板中的添加或删除程序中的添加/删除 Windows 组件功能进行安装的方法，具体操作步骤如下所述。

① 单击“开始”→“控制面板”→“添加或删除程序”命令，单击该窗口中的“添加/删除 Windows 组件”按钮启动安装向导。在向导中选中“应用程序服务器”，再单击“详细信息”按钮，如图 6.38 所示，可打开组件列表对话框，其中有“Internet 信息服务(IIS)”选项，还有一些选项是以前的“添加/删除 Windows 组件”向导没有提供的。如果在该对话框中安装 IIS 6.0，最后得到的 Web 服务器可能只支持静态内容(除非在安装期间选中某些扩展组件)。

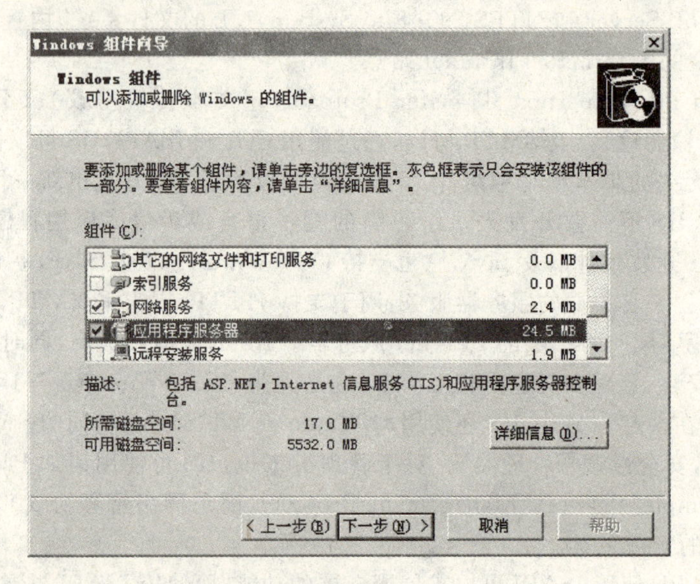

图 6.38 Windows 组件对话框

② 在“应用程序服务器”对话框中的列表框中选中“Internet 信息服务(IIS)”复选框，再单击“确定”按钮，如图 6.39 所示。

③ 单击“开始”→“管理工具”→“Internet 信息服务(IIS)管理器”命令，打开 Internet 信息服务(IIS)管理器对话框，如图 6.40 所示。

2. IIS 的配置

配置 IIS 的操作步骤如下所述。

① 展开“本地计算机”下“网站”下的“默认网站”。一般在本机只是测试一个程序，没有必要新建站点。如果新建站点，新建站点的配置需要重新进行设置。这里以默认站点为例进行配置。右击“默认站点”选项，在弹出的快捷菜单中选择“属性”选项，打开如图 6.41 所示的对话框。

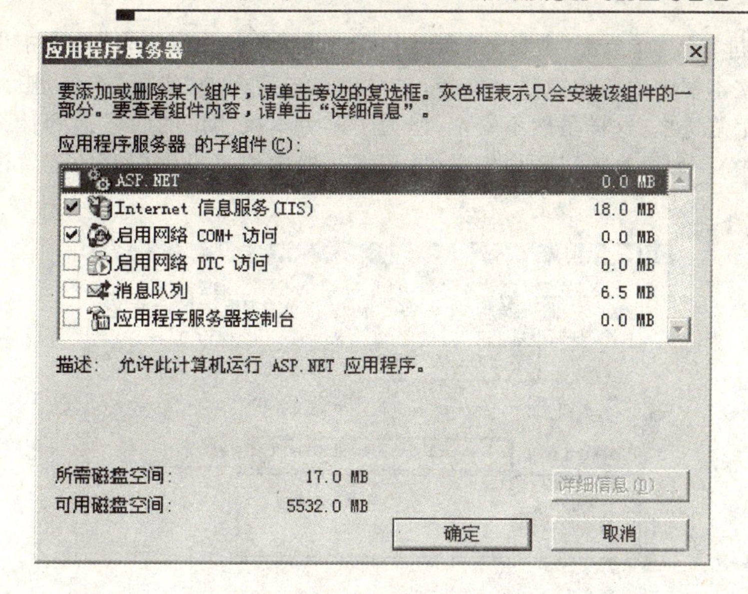

图 6.39　安装 IIS 组件

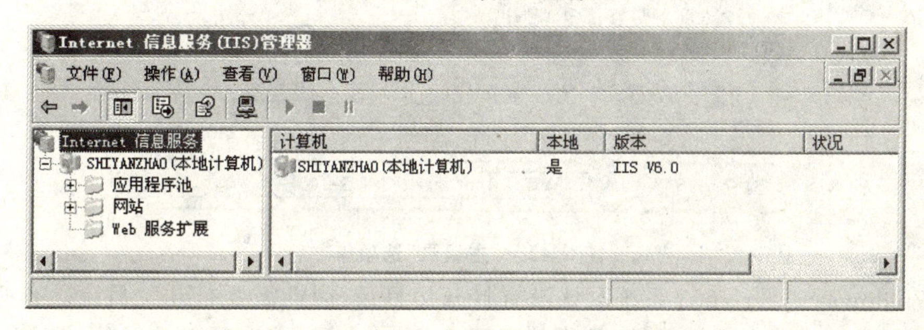

图 6.40　"Internet 信息服务(IIS)管理器"对话框

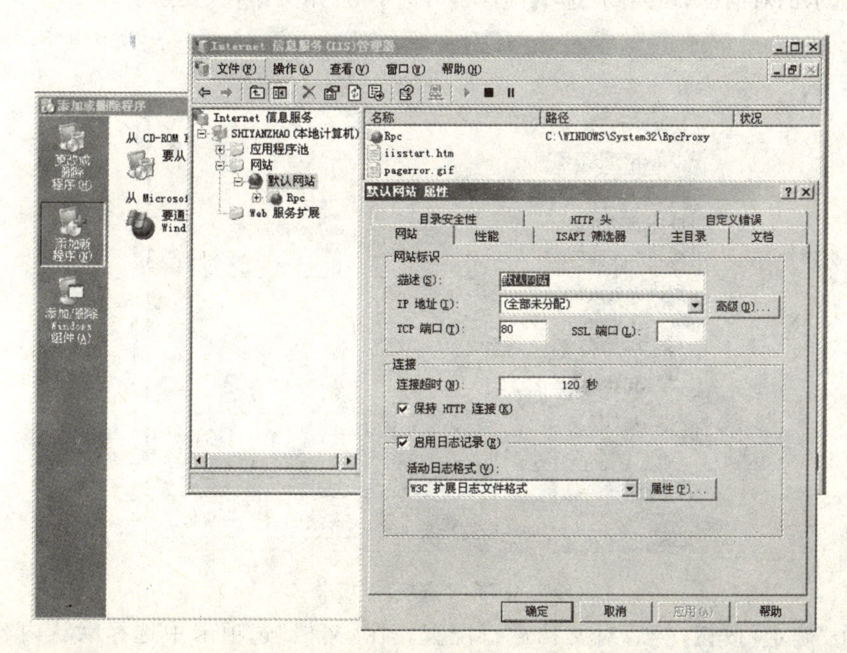

图 6.41　"默认网站属性"对话框

② 对目录进行设置，单击"主目录"选项卡，在"此资源的内容来自"选项中保持默认设置。在"本地路径"文本框中输入虚拟目录路径，也可以单击后面的"浏览"按钮进行查找。选中该选项卡中的6个复选框(这样虽然不安全，但为了避免本机测试的时候遇到什么麻烦，所以最好还是全部选中)。如果是购买的虚拟主机，那么一般虚拟主机供应商的配置没有什么问题，如图6.42所示。

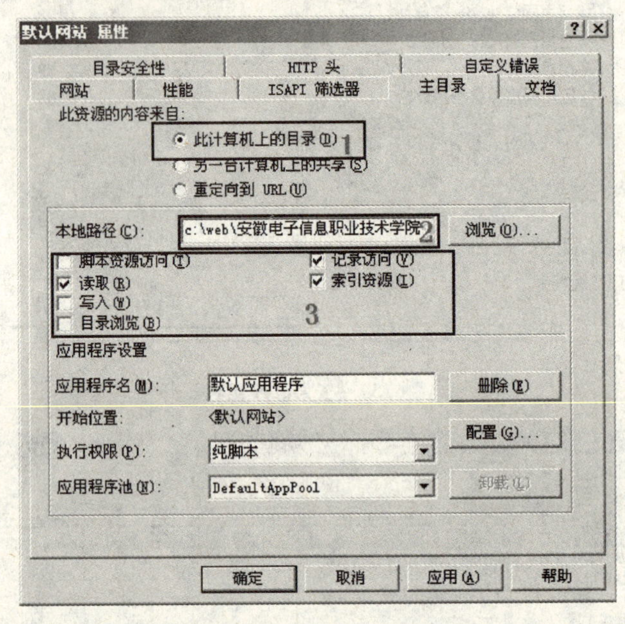

图6.42 "主目录"选项卡

③ Windows Server 2003系统默认没有打开父目录，因此需要打开父目录。有些程序不需要打开，但为了避免出现错误，还是将其打开。单击"主目录"选项卡中的"配置"按钮，打开如图6.43所示的对话框，切换到"选项"选项卡，选中"启用父路径"复选框即可。

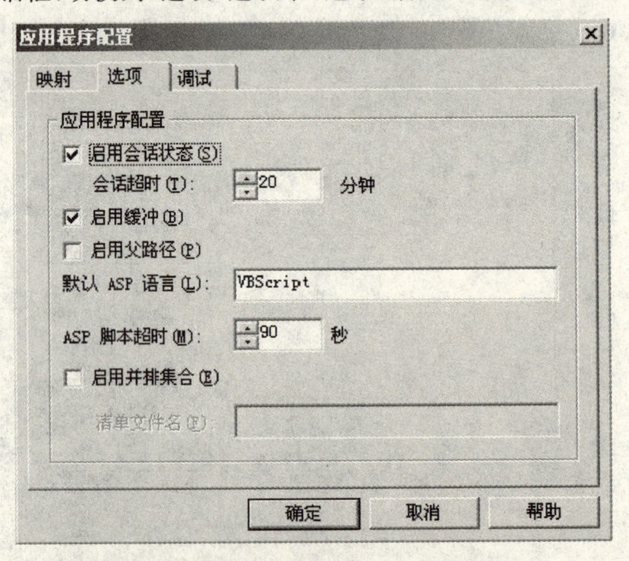

图6.43 "选项"选项卡

④ 单击"确定"按钮，然后对文档进行配置。在"文档"选项卡中选择默认内容文档，如

图 6.44所示。如果没有需要的文档,可以单击“添加”按钮添加文档。

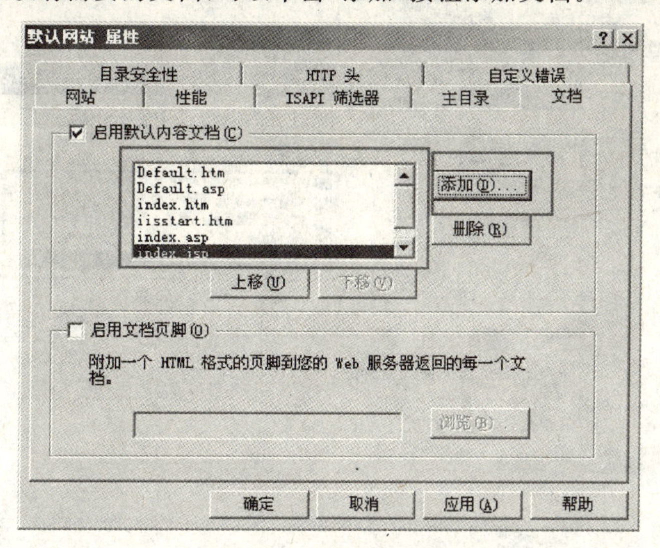

图 6.44　“文档”选项卡

由于刚刚安装的IIS 6.0不支持动态内容,所以出现了第二个人们经常会问的问题:“为什么我的服务器不能运行 ASP?”要想在 IIS 6.0 上运行程序,必须使用 IIS 6.0 的一种新特性,即 Web 服务扩展或 Web Service Extension(这个名字看上去似乎意味着它与 XML Web 服务有某种关系,实际情况并非如此)。

如果要为某个程序启用 Web 服务扩展,首先打开 IIS 管理器(方法是:单击“管理工具”→“Internet 信息服务(IIS)管理器”命令,以前叫做 Internet 服务管理器或 ISM),单击“添加一个新的 Web 服务扩展”,启动向导创建一个新的规则,为规则指定一个名字,然后找到想要启用的执行文件。另外,/svstem32/inetsrv 下有一个 iisext.vbs 脚本文件,它也能够配置并管理运行带有 IIS 6.0 的 Windows Server 2003 的 Web 服务扩展、应用程序和单独的文件。管理员可以使用此脚本文件启用和列出应用程序;添加和删除应用程序的依赖性;启用、禁用和列出 Web 服务扩展;添加、删除、启用、禁用和列出单独的文件。

注意:“所有未知 ISAPI 扩展”和“所有未知 CGI 扩展”这两种 Web 服务扩展在默认情况下是禁用的,这意味着除非明确地允许一个应用在 IIS 6.0 上运行,否则它不能运行。如果一个用户请求了某个没有启用的文件,IIS 6.0 将向用户返回 404 错误,即文件或目录没有找到,同时在 W3SVC 日志中记录“404.2 文件或目录无法找到:锁定策略禁止该请求”。在 IIS 6.0 中,404.2 和其他子状态代码是 W3SVC 日志文件的一项可选功能,用于帮助排除故障、疑难(IIS 5.0 和 IIS 4.0 中也有子状态代码,但不会在日志文件中记录,可以将它们跳转到定制的错误页面,便于根据子状态代码执行特殊的处理)。IIS 6.0 的子状态代码很有用,它们提供了描述问题的详细信息,例如,403.20 为“禁止访问:Passport 登录失败”;403.18 为“禁止访问:无法在当前应用程序池中执行请求的 URL”;404.3 为“文件或目录无法找到:MIME 映射策略禁止该请求”;500.19 为“服务器错误:该文件的数据在配置数据库中配置不正确”。所有这些错误和其他错误都映射到定制的错误页面,错误页面不会把子状态代码发送给用户,攻击者无法获得具体的错误信息。

Windows Server 2003 系统默认没有打开 ASP 解析,因此需要进行设置。在 IIS 管理器中展开“Web 服务扩展”,如图 6.45 所示。

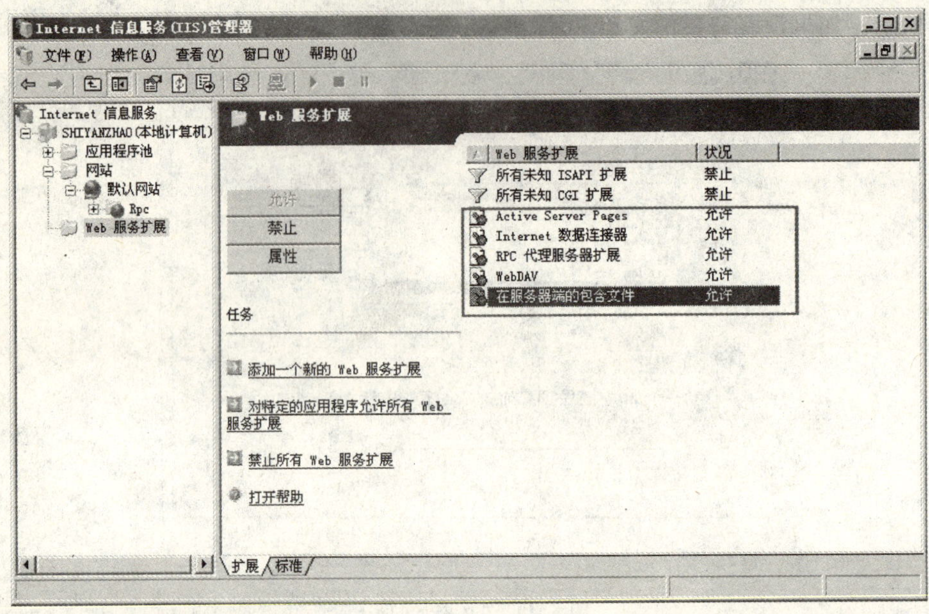

图 6.45　Web 服务扩展

3. IIS 的目录权限

下面配置目录权限。注意硬盘格式应为 NTFS。打开目录文件夹，以 E 盘中的 Web 文件夹为例进行设置。具体的操作步骤如下所述。

① 右击 Web 文件夹，在弹出的快捷菜单中选择"共享和安全"选项，打开如图 6.46 所示的对话框。

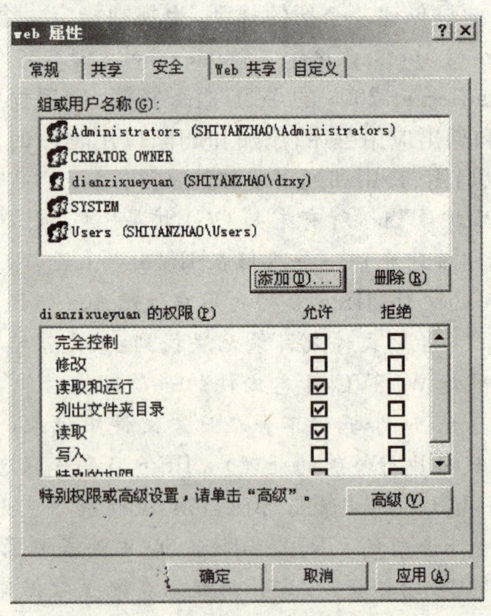

图 6.46　"Web 属性"对话框

② 在该对话框中单击"添加"按钮，打开如图 6.47 所示的对话框。

③ 单击"高级"按钮，打开如图 6.48 所示的对话框。

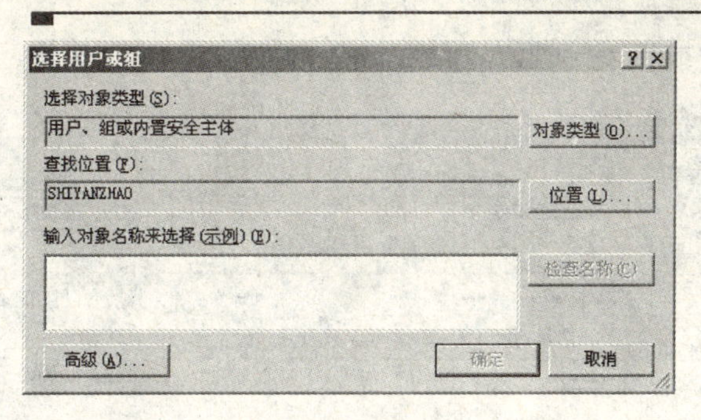

图 6.47　“选择用户或组”对话框

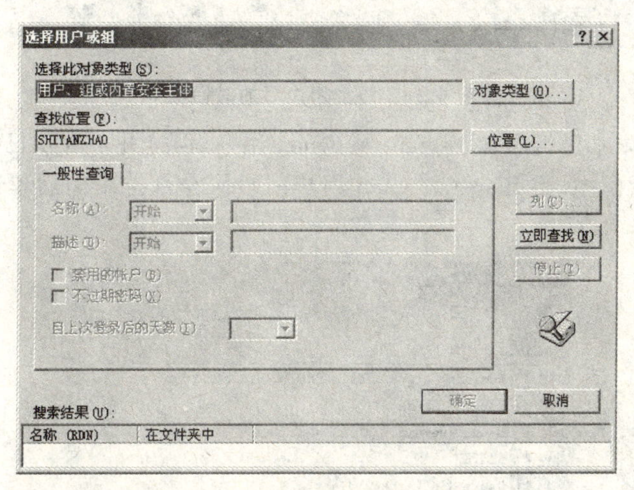

图 6.48　单击“高级”按钮展开的对话框

④ 单击“立即查找”按钮，然后找到 dianzixueyuan 用户，再单击“确定”按钮，如图 6.49 所示。

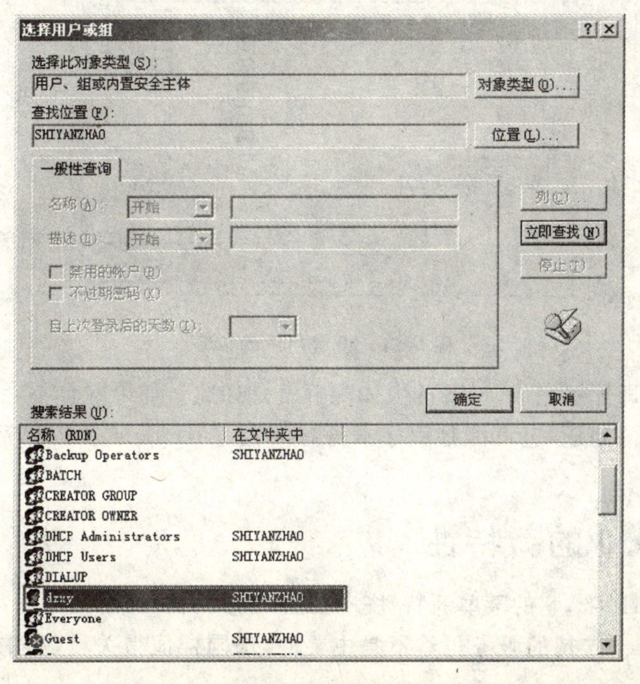

图 6.49　选择用户

⑤ 返回“选择用户或组”对话框，如图 6.50 所示，单击“确定”按钮。

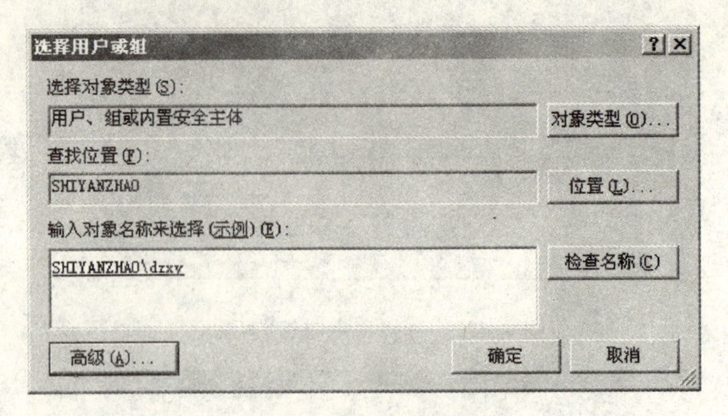

图 6.50　添加用户后的对话框

⑥ 此时目录权限中已经添加了 dianzixueyuan 用户，但这并不表示已经配置完成。在如图 6.51 所示的对话框中，将 dianzixueyuan 用户的权限全部选中然后单击“确定”按钮进行确认。

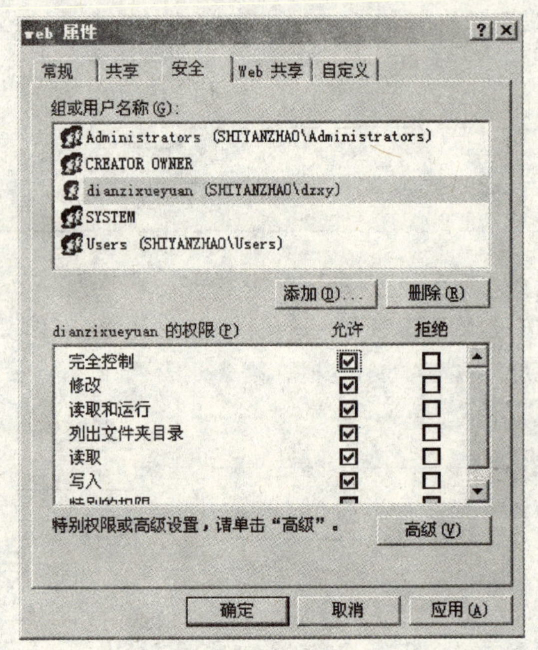

图 6.51　设置用户的权限

至此，本机 IIS 即配置完成。IIS 的大体配置就是如此。如果网页不能浏览或者出现其他错误，不一定是 IIS 的问题，也可能是程序本身有问题。Windows XP 和 Windows 2000 的配置与此类似。

6.3.3　IIS 6.0 的新特性

自 IIS 6.0 发布以来，它的某些新特性一直是人们关注和议论的焦点，成为众人瞩目的明星，而另一些 Internet 支持的服务虽然不是主要的，却同样值得关注，其中之一就是 POP3 服

务和 POP3 服务 Web 管理器。微软没有在“应用程序服务器”组件列表中包含 POP3 服务，但是继 SMTP 服务之后（SMTP 服务随同 POP3 服务一起安装），管理员们盼望 POP3 服务已经很久了，他们一直在期盼用一个简单的 POP3 服务来替代庞大的 Microsoft Exchange Server。

统一描述、发现和集成协议（UDDI，Universal Description，Discovery and Integration）服务是 Windows 2003 提供的又一个新功能，它也与 IIS 有关，但默认不安装（注意，Windows 2003 的 Web 版不能安装 UDDI）。UDDI 是一种产业标准（即不是微软发明的），能够通过广告发布 IIS 服务器提供的 Web 服务。这里“广告”一词的含义与日常生活中的广告不同，它是指一种让客户端程序（通常是 Web 浏览器）获知 Web 服务（通常是 ASP. NET 应用）各种细节的方式。UDDI 仍在发展之中，但一些企业已经在内部采用 UDDI，以便开发者将自己的代码发布给其他协作开发的人。有关 UDDI 的更多知识，可以在下列网站查看，如 http://www. uddi-chi-nA. org/（中文）、http://www. uddi. org（英文）、http://www. uddicentral. com（英文）。安装好 IIS 之后，在浏览器中能够用 127.0.0.1 或者 localhost 来访问本机网页，默认路径是 C:\Inetpub\wwwroot，这里需要更改一下路径，目的是为了方便管理。

6.3.4　全新的内核

从体系结构上看，IIS 5.0 和 IIS 4.0 其实是一样的。它们都是在用户模式下运行的发布 Web 内容的应用程序，或者在 Inetinfo 进程之内以 System 账户运行，或者在 Inetinfo 进程之外以 IWAM 用户运行。虽然在较重的负载下，IIS 5.0 也有相当出色的表现，不过从 IIS 6.0 开始，人们对 IIS 底层结构的看法应该改变了。为了使 IIS 不仅能够轻松地支持 1 000 个 Web 网站，而且能够支持 10 000 个甚至更多的网站，同时还要提高 Web 服务器的安全性和可靠性，微软放弃了原有的 IIS 内核，重新构造了一个内核。

另一个促使微软重新构建 IIS 内核的原因是，微软（以及其他厂商）认识到 Web 服务器的性能和可靠性问题绝大部分是由于质量低劣的 Web 应用造成的。IIS 5.0 通过带缓冲池的 Out of Process 容器减轻这类问题。在 IIS 5.0 中，在 Out of Process 池中运行的应用一旦崩溃，一般不会危害到 IIS 本身，因为应用程序在 Inetinfo 之外的进程中运行，但运行在 Out of Process 之内的所有 Web 应用都会终止。在默认情况下，所有的应用程序都在该池之中运行。在这种情况下，排除故障很不容易，因为要确定哪一个应用程序导致出现问题非常困难。而 IIS 6.0 将监听请求、创建和监视 Web 网站，运行 Web 服务这些不同的任务隔离开来，这一新型体系可望解决 IIS 5.0 存在的问题。从理论上看，新的体系将极大地改善可用性、安全性和性能；从实际情况看，根据微软和 Beta 测试者的报告，新的体系使稳定性和性能有了奇迹般的提高。IIS 6.0 的内核体系主要建立在三个组件之上，包括 W3SVC，http. sys 以及 W3Core。

IIS 6.0 相比 IIS 5.0 有了重大的提高和改进，具有很多优秀的特性。

① IIS 6.0 可以将单个的 Web 应用程序或多个站点分隔到一个独立的进程（称为应用程序池）中，应用程序池以独立进程的方式极大地提高了 Web 服务器的安全和稳定性。该进程与操作系统内核直接通信。当在服务器上提供更多的活动空间时，此功能将增加吞吐量和应用程序的容量，从而有效地降低硬件需求。这些独立的应用程序池将阻止某个应用程序或站点破坏服务器上的 XML Web 服务或其他 Web 应用程序。

② IIS 6.0 还提供了状态监视功能，以发现、恢复和防止 Web 应用程序故障。在 Windoves Server 2003 中，ASP. NET 本地使用新的 IIS 进程模型。这些高级应用程序状态和检测

功能也可用于现有的在 IIS 4.0 和 IIS 5.0 下运行的应用程序，其中大多数应用程序不需要任何修改。

③ 集成的.NET 框架。Microsoft.NET 框架是用于生成、部署和运行 Web 应用程序、智能客户端应用程序和 XML Web 服务的由 Microsoft.NET 连接的软件和技术的编程模型，这些应用程序和服务使用标准协议（例如 SOAP、XML 和 HTTP）在网络上以编程的方式公开它们的功能。.NET 框架为将现有的投资与新一代应用程序和服务集成起来提供了高效率的基于标准的环境。

④ 提供了连接并发数、网络流量等监控，这样可以使不同的网站完全独立，不会因为某一个网站的问题而影响到其他网站。

⑤ IIS 6.0 提供了更好的安全性，通过将运行用户和系统用户分离的方式将 IIS 服务运行权限和 Web 应用程序权限分开，从而保证 Web 应用的安全性，这些是其他 Web 服务器所欠缺的。

6.4 FTP 服务器

6.4.1 FTP 服务器概述

FTP(File Transfer Protocol)是 Internet 上用来传送文件的协议（文件传输协议）。它是为了能够在 Internet 上互相传送文件而制定的文件传送标准，规定了 Internet 上文件的传送方式。也就是说，通过 FTP 协议可以与 Internet 上的 FTP 服务器进行文件的上传（upload）或下载（download）等操作。

和其他 Internet 应用一样，FTP 也是依赖于客户端/服务器关系的概念。在 Internet 上，有一些网站依照 FTP 协议提供服务，让用户进行文件的存取，这些网站就是 FTP 服务器。用户要连接到 FTP 服务器，就要用到 FTP 的客户端软件，通常 Windows 都提供 ftp 命令，这实际上是一个命令行的 FTP 客户端程序。另外，常用的 FTP 客户端程序还有 CuteFTP、Ws_FTP、FTP Explorer 等。

6.4.2 FTP 的工作原理

以下载文件为例，当用户启动 FTP 从远程计算机上复制文件时，事实上启动了两个程序。一个是本机上的 FTP 客户端程序，它向 FTP 服务器提出复制文件的请求。另一个是启动在远程计算机上的 FTP 服务器程序，它响应用户的请求并把指定的文件传送到用户的计算机中。FTP 采用客户机/服务器方式，用户端要在自己的本地计算机上安装 FTP 客户端程序。FTP 客户端程序有字符界面和图形界面两种。字符界面的 FTP 的命令复杂、繁多，图形界面的 FTP 客户端程序在操作上要简洁方便得多。

要连接到 FTP 服务器（即登录），必须要有该 FTP 服务器的账号。如果是该服务器主机的注册客户，用户会有一个 FTP 登录账号和密码，用这个账号和密码连接到该服务器。但 Internet上有很大一部分 FTP 服务器被称为匿名（anonymous）FTP 服务器，这类服务器用于向公众提供文件复制服务，因此不要求用户事先在该服务器上进行登记注册。

anonymous（匿名文件传输）能够使用户与远程主机建立连接，并以匿名身份从远程主机上复制文件，而不必是该远程主机的注册用户。用户使用特殊的用户名 anonvmous 和 guest

即可有限制地访问远程主机上公开的文件。现在许多系统要求用户将 E-mail 地址作为口令，以便更好地对访问进行跟踪。出于安全的目的，大部分匿名 FTP 主机一般只允许远程用户下载文件，而不允许上传文件。也就是说，用户只能从匿名 FTP 主机上复制需要的文件，而不能把文件复制到匿名 FTP 主机。另外，匿名 FTP 主机还采用了其他一些保护措施以保护自己的文件不至于被用户修改和删除，并防止计算机病毒的入侵。在具有图形用户界面的 WWW 环境于 1995 年开始普及以前，匿名 FTP 一直是 Internet 上获取信息资源的主要方式。在 Internet上成千上万的匿名 PTP 主机中存储着无以计数的文件，这些文件包含各种各样的信息、数据和软件。人们只要知道特定信息资源的主机地址，就可以用匿名 FTP 登录获取所需的信息资料。虽然目前 WWW 环境已取代匿名 FTP 成为最主要的信息查询方式，但是匿名 FTP 仍是 Internet 上传输分发软件的一种基本方法。

6.4.3　搭建 FTP 服务器

Windows 2003 Standard Edition、Windows 2003 Enterprise Edition、Windows XP Professional，Windows 2000 Server，Windows 2000 Advanced Server 以及 Windows 2000 Professional 默认安装时都带有 IIS。在系统的安装过程中，IIS 默认不安装，系统安装完毕后可以通过添加删除程序安装 IIS。

IIS 是微软推出的架设 Web、FTP、SMTP 服务器的一套整合系统组件，捆绑在以上 NT 核心的服务器系统中。

1. 安装 IIS 中的 FTP 组件

由于 FTP 依赖于 Microsoft Internet 信息服务(IIS)，因此计算机上必须安装 IIS 和 FTP 服务。要安装 IIS 和 FTP 服务，可按照以下步骤操作。

注意：在 Windows Server 2003 中，安装 IIS 时不会默认安装 FTP 服务。如果已经在计算机上安装了 IIS，则必须使用“控制面板”中的“添加或删除程序”工具安装 FTP 服务。

① 单击“开始”→“控制面板”→“添加或删除程序”命令。

② 单击“添加/删除 Windows 组件”按钮。

③ 在“组件”列表框中选中“应用程序服务器”，单击“详细信息”按钮，在打开的对话框中选中“Internet 信息服务(IIS)”，然后单击“详细信息”按钮。

④ 选中“公用文件”、“文件传输协议(FTP)服务”和“Internet 信息服务管理器”复选框(如果它们尚未被选中)。

⑤ 选中想要安装的任何其他的 IIS 相关服务或子组件，然后单击“确定”按钮，如图 6.52 所示。

⑥ 单击“下一步”按钮，如图 6.52 所示。

⑦ 弹出系统提示框时，将 Windows Server 2003 CD－ROM 插入计算机的 CD－ROM 或 DVD－ROM 驱动器，或提供文件所在位置的路径，然后单击“确定”按钮。

⑧ 单击“完成”按钮。

在选择需要安装的服务后，安装向导会提示需要插入 Windows Server 2003 的安装光盘，这时可插入安装盘按照提示进行安装，IIS 中的 FTP 很快便自动安装完成。

2. 配置 FTP 服务器

单击“开始”→“管理工具”→“Internet 信息服务(IIS)管理器”命令，在 IIS 管理器窗口中展开“FTP 站点”，也可以在运行中输入 INETMGR 进入管理器，如图 6.53 所示。

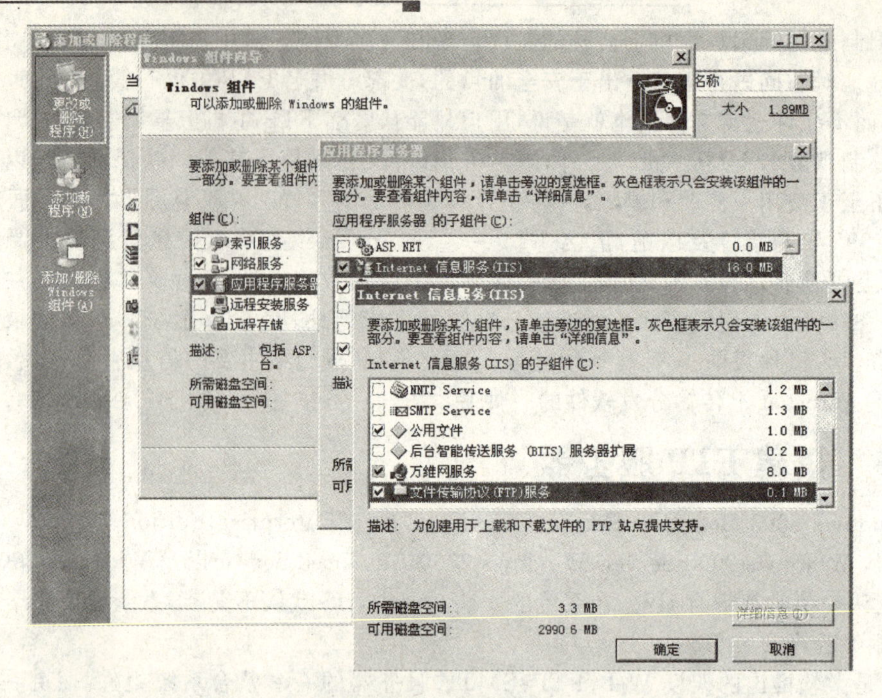

图 6.52　选择需要的组件

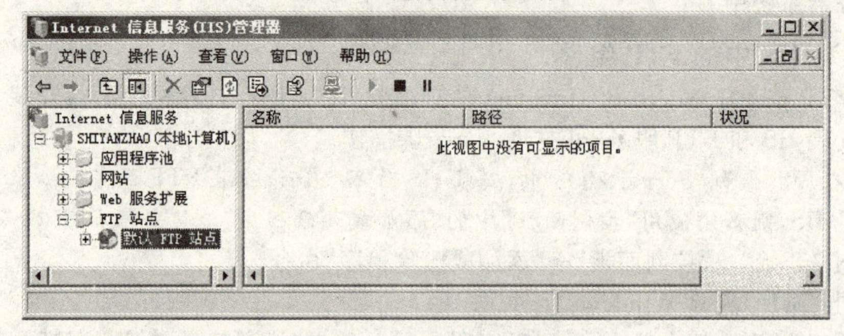

图 6.53　Internet 信息服务管理器

在 IIS 的 FTP 组件中，FTP 的每一个站点只能对应一个端口，每一个站点也只能对应一个全局目录。权限的顺序可理解为站点小于虚拟路径。如果需要建立匿名访问的 FTP 服务和需要认证的 FTP 服务，则需要建立两个站点，使用两个不同的端口。

首先建立一个需要认证的 FTP 站点，用户登录 FTP 服务器时需要通过认证才能与 FTP 服务器取得信任连接。单击"开始"→"管理工具"→"计算机管理"命令，在"计算机管理"对话框中展开"本地用户和组"下的"用户"。新建一个用户 dzxy，如图 6.54 所示，不需要赋予任何权限，即完成建立用户的过程。

在"默认 FTP 站点属性"对话框的"安全账户"选项卡中不选中"允许匿名连接"，否则任何人都可以通过 FTP 连接全局目录，如图 6.55 所示。在"主目录"选项卡中的"FTP 站点目录"选项区中选择到对外服务文件目录的上级目录，如果不想这个站点下的子站点有写入权限，那么"写入"复选框不需要选中，如图 6.56 所示。如果此站点下有一个子站点需要有写入权限，那么全局站点 FTP 必须给予写入权限，如果觉得不安全，可以把 FTP 目录数据转移到一个空的分区或者下级目录中。例如 dzxy 账号对应 E:\dzxy 目录，那么 FTP 全局站点目录必须为 E:\。

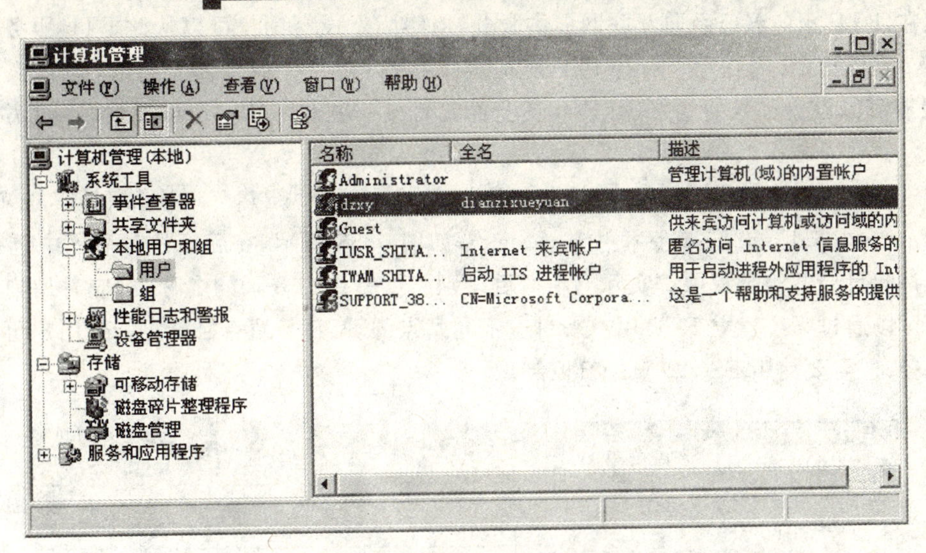

图 6.54　“计算机管理”对话框

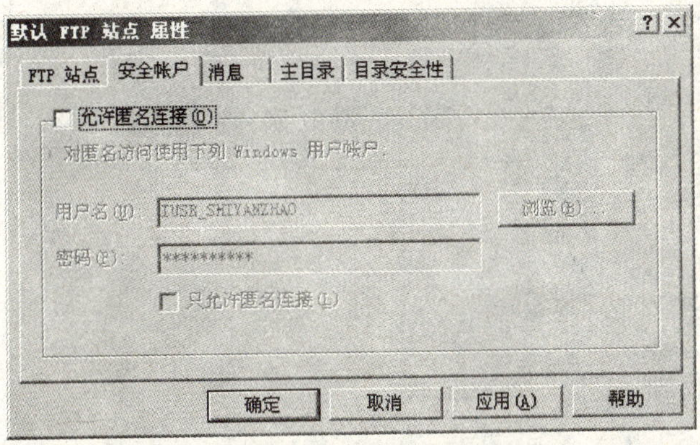

图 6.55　“安全账户”选项卡

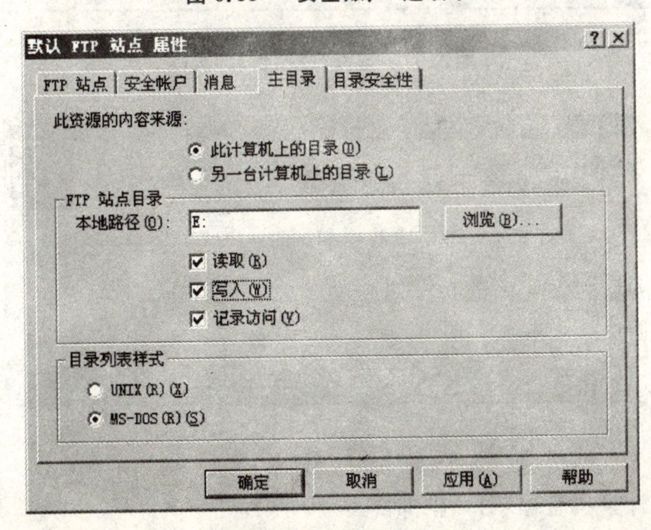

图 6.56“主目录”选项卡

现在，FTP 服务器已经向互联网提供服务，但实际上没有用户可以从此 FTP 服务器上获得资源。需要把刚才建立的 dzxy 用户对应到 FTP 目录。有很多读者会问，为什么微软的 FTP 没有可以设置账号的地方，而只可以设置匿名或非匿名。其实可以设置，不过需要一点窍门。

右击“默认 FTP 站点”选项，在弹出的快捷菜单中选择“新建”→“虚拟目录”选项，如图 6.57所示，在虚拟目录别名对话框中输入 dzxy，如图 6.58 所示，在后面的对话框中选择 dzxy 对应的访问目录并给予权限。实际上虚拟目录别名就是用户登录的名称，对应着用户表中的用户。可以通过系统建立 FTP 用户来对应不同站点的 FTP 子站点目录。一个用户可以对应多个路径，这需要使用 FSO 权限进行控制。

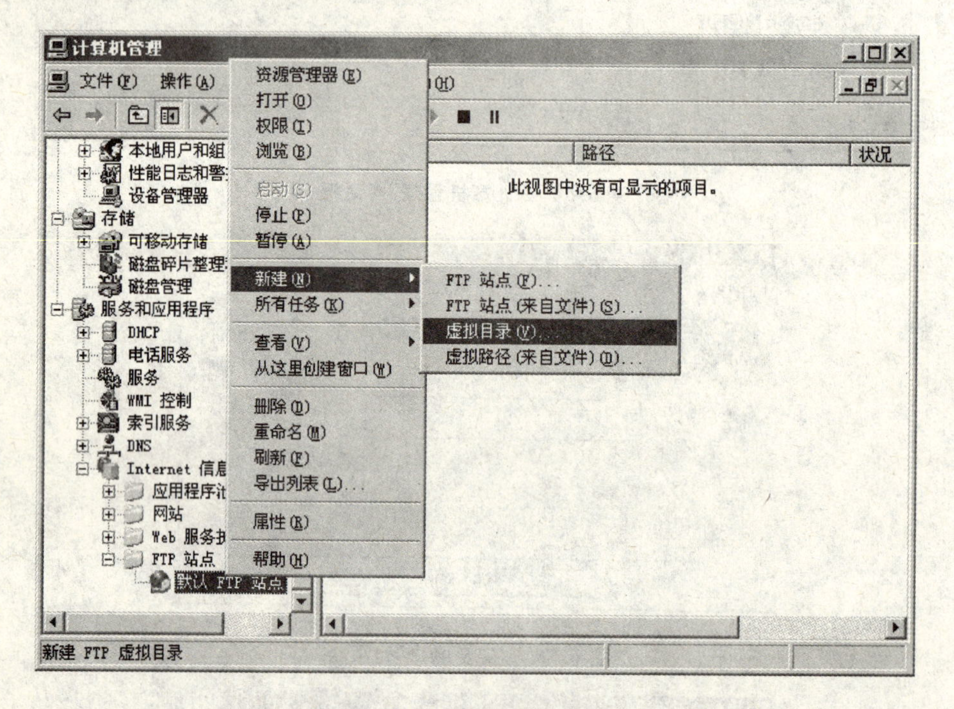

图 6.57　选择“虚拟目录”选项

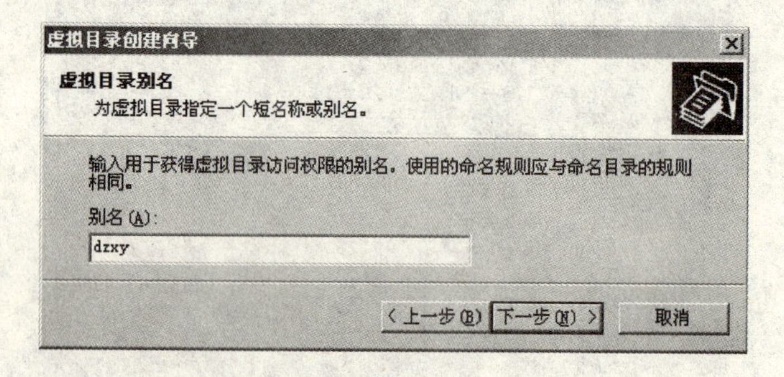

图 6.58　指定别名

创建完成后，“计算机管理”对话框如图 6.59 所示。

下面开始测试 FTP 服务器，过程如图 6.60 所示。

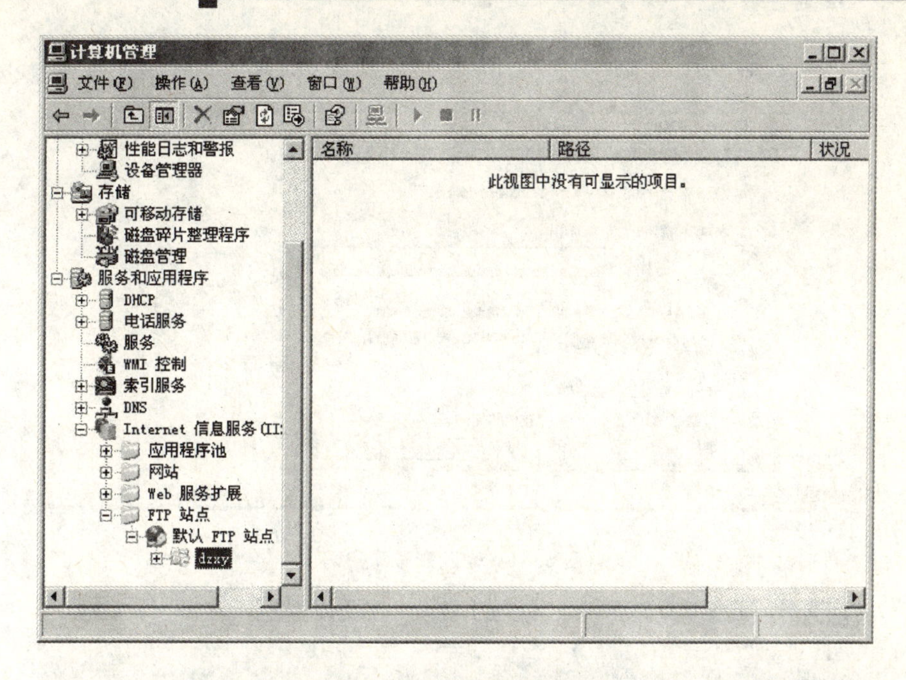

图 6.59　“计算机管理”对话框

```
命令提示符 - ftp

C:\Documents and Settings\Administrator>ftp
ftp> open
To 192.168.0.110
Connected to 192.168.0.110.
220 Microsoft FTP Service
User (192.168.0.110:(none)): dzxy
331 Password required for dzxy.
Password:
230 User dzxy logged in.
ftp> dir
200 PORT command successful.
150 Opening ASCII mode data connection for /bin/ls.
03-01-07  01:00PM                16384 Book1.xls
08-06-06  12:26PM             80935583 caesar3.EXE
01-10-08  02:47PM       <DIR>          shiyanzhao
10-28-05  10:16PM              3305519 uedit32.exe
03-10-07  03:16PM               138240 面向对象技术.doc
01-10-08  04:16PM       <DIR>          吴立勇华为网络
226 Transfer complete.
ftp: 317 bytes received in 0.06Seconds 5.28Kbytes/sec.
ftp> _
```

图 6.60　测试 FTP 服务器

在测试过程中，可使用 Windows Server 2003 自带的 ftp 命令进行测试，本机的地址为 192.168.0.110。

连接成功后要求输入账号和密码，前面设定的账号是 dzxy，密码是 123456，如图 6.61 所示。输入完后可以使用 dir 查询文件夹的内容，如图 6.62 所示。

测试成功后，互联网上的用户就可以直接在 IE 浏览器中输入 ftp://192.168.0.110 访问该 FTP。如果本机设置了 DNS 服务，也可用域名来访问 FTP 文件夹。

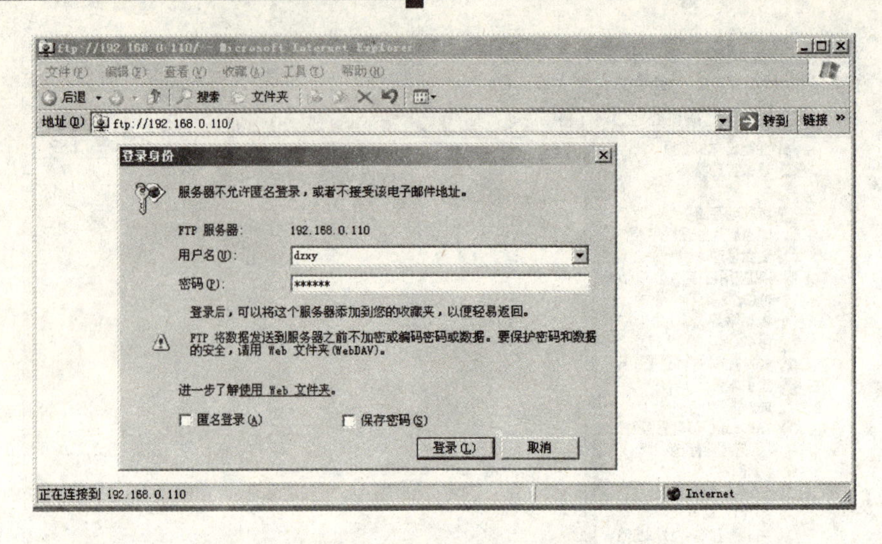

图 6.61　输入账号和密码

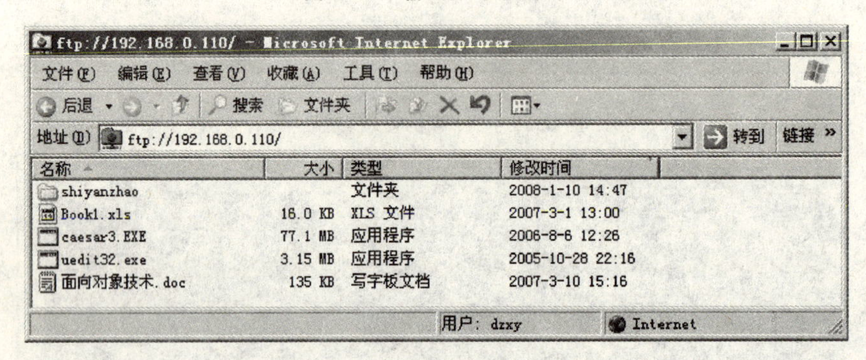

图 6.62　查看文件夹的内容

第7章 网络安全

【学习目标】

- 了解网络安全的基本知识
- 掌握计算机病毒的基本知识
- 理解“熊猫烧香”病毒的原理和木马原理
- 掌握防火墙技术
- 掌握数字加密和数字签名的原理

7.1 网络安全概述

随着计算机技术的飞速发展,互联网正在以令人惊讶的速度改变着人们的生活,从政府到商业再到个人,互联网的应用无处不在,如党政部门信息系统、电子商务、网络炒股、网上银行和网上购物等。Internet 所具有的开放性、国际性和自由性在增加应用自由度的同时,也带来了许多信息安全隐患。如何保护政府、企业和个人的信息不被他人损坏,更好地增强互联网的安全性,是一个亟待解决的重大问题。

7.1.1 网络安全隐患

由于在互联网设计初期很少考虑到网络安全方面的问题,所以实现的互联网存在着许多安全隐患可被人利用。安全隐患主要有以下几种。

(1) 黑客入侵

这里的黑客(cracker)一般指一些恶意(一般是非法地)试图破解或破坏某个程序、系统及网络安全的人。黑客入侵其他人的计算机的目的一般是获取利益或证明自己的能力,他们利用自己在计算机方面的特殊才能对网络安全造成了极大的破坏。

(2) 计算机病毒的攻击

计算机病毒是对网络安全最严重的威胁。计算机病毒的种类很多,通过网络传播的速率非常快,普通家用计算机基本都被病毒入侵过。

(3) 陷阱和特洛伊木马

通过替换系统的合法程序,或者在合法程序中插入恶意源代码以实现非授权进程,从而达到某种特定目的。

(4) 来自内部人员的攻击

内部人员攻击主要是指在信息安全处理系统范围内或对信息安全处理系统有直接访问权

限的人对网络的攻击。

(5) 修改或删除关键信息

通过对原始内容进行一定的修改或删除,从而达到某种破坏网络安全的目的。

(6) 拒绝服务

当一个授权实体不能获得应有的对网络资源的访问或紧急操作被延迟时,就发生了拒绝服务。

(7) 人为地破坏网络设施,造成网络瘫痪

人为地从物理上对网络设施进行破坏,使网络不能正常运行。

7.1.2 网络攻击

在攻击网络之前,入侵者首先要寻找网络中存在的漏洞,漏洞主要存在于操作系统和计算机网络数据库管理系统中,找到漏洞后入侵者就会发起攻击。这里的攻击是指一个网络可能受到破坏的所有行为。攻击的范围从服务器到网络互联设备,再到特定主机,方式有使其无法实现应有的功能、完全破坏和完全控制等。

网络攻击从攻击行为上可分为以下两类。

(1) 被动攻击

攻击者简单地监视所有信息流以获得某些秘密。这种攻击可以基于网络或者基于系统。这种攻击是最难被检测到的,对付这类攻击的重点是预防,主要手段是数据加密。

(2) 主动攻击

攻击者试图突破网络的安全防线。这种攻击涉及网络传输数据的修改或创建错误数据信息,主要攻击形式有假冒、重放、欺骗、消息篡改、拒绝服务等。这类攻击无法预防,但容易检测,所以对付这类攻击的重点是检测,而不是预防,主要手段有防火墙、入侵检测系统等。

7.1.3 网络基本安全技术

针对目前网络的安全形势,实现网络安全的基本措施主要有防火墙、数字加密、数字签名和身份认证等,这些措施在一定程度上增强了网络的安全性。

(1) 防火墙

防火墙是设置在被保护的内部网络和有危险性的外部网络之间的一道屏障,系统管理员按照一定的规则控制数据包在内外网之间的进出。

(2) 数字加密

数字加密是通过对传输的信息进行一定的重新组合,而使只有通信双方才能识别原有信息的一种手段。

(3) 数字签名

可以用来证明数据的真实发送者,而且当数字签名用于存储数据或程序时,可以用来验证其完整性。

(4) 身份认证

身份认证用多种方式验证用户的合法性,如密码技术、指纹识别、智能 1C 卡和网银 U 盾等。

7.2　计算机病毒与木马

7.2.1　计算机病毒的基本知识

计算机病毒是指编写或者在计算机程序中插入的破坏计算机功能或者数据，影响计算机使用并且能够自我复制的一组计算机指令或者程序代码。它能够通过某种途径潜伏在计算机存储介质(或程序)中，当达到某种条件时即被激活，具有对计算机资源进行破坏的作用。只要计算机接入互联网或插入移动存储设备，就有可能中计算机病毒。

1. 计算机病毒的特点

(1) 寄生性

计算机病毒寄生在其他程序或指令中，当执行这个程序或指令时，病毒会起破坏作用，而在未启动这个程序或指令之前，它是不易被人发觉的。

(2) 传染性

计算机病毒不但本身具有破坏性，还具有传染性，一旦病毒被复制或产生变种，其传染速度之快令人难以预防。

(3) 隐蔽性

计算机病毒具有很强的隐蔽性，有的可以通过杀毒软件查出来，有的根本查不出来，有的则时隐时现、变化无常，这类病毒处理起来通常很困难。

(4) 潜伏性

病毒入侵后，一般不会立即发作，需要等待一段时间，只有在满足其特定条件时病毒才启动其表现模块，显示发作信息或对系统进行破坏。可以分为利用系统时钟提供的时间作为触发器和利用病毒体自带的计数器作为触发器两种。

(5) 破坏性

计算机中毒后，凡是利用软件手段能触及计算机资源的地方均可能遭到计算机病毒的破坏。其表现为：占用 CPU 系统开销，从而造成进程堵塞；对数据或文件进行破坏；打乱屏幕的显示；无法正常启动系统等。

2. 计算机病毒的分类

综合病毒本身的技术特点、攻击目标、传播方式等各个方面，一般情况下，可将病毒大致分为：传统病毒、宏病毒、恶意脚本、木马、黑客、蠕虫、破坏性程序。

(1) 传统病毒

传统病毒是能够感染的程序。通过改变文件或者其他设置进行传播，通常包括感染可执行文件的文件型病毒和感染引导扇区的引导型病毒，如 CIH 病毒。

(2) 宏病毒(macro)

宏病毒是利用 Word 和 Excel 等的宏脚本功能进行传播的病毒，如著名的美丽莎(macro.melissa)。

(3) 恶意脚本(script)

恶意脚本是进行破坏的脚本程序，包括 HTML 脚本、批处理脚本、Visual Basic 和 Java

Script 脚本等，如欢乐时光（VBS. Happytime）。

(4) 木马(trojan)程序

当病毒程序被激活或启动后用户无法终止其运行。广义上说，所有的网络服务程序都是木马，判定是否是木马病毒的标准无法确定。通常的标准是在用户不知情的情况下进行安装并隐藏在后台，服务器端一般没有界面无法配置，如 QQ 盗号木马。

(5) 黑客(hack)程序

黑客程序是利用网络攻击其他计算机的网络工具，被运行或激活后就像其他正常程序一样提供界面。黑客程序用来攻击和破坏别人的计算机，对使用者自己的机器没有损害。

(6) 蠕虫(worm)程序

蠕虫病毒是一种可以利用操作系统的漏洞、电子邮件和 P2P 软件等自动传播自身的病毒，如冲击波。

(7) 破坏性程序(harm)

破坏性程序的病毒启动后，破坏用户的计算机系统，如删除文件和格式化硬盘等。常见的是 bat 文件，也有一些是可执行文件，还有一部分和恶意网页结合使用。

7.2.2 “熊猫烧香”病毒简介

图 7.1 “熊猫烧香”病毒

现在的病毒逐渐向混合型、多功能的方向发展，许多新型病毒综合了各类病毒的特点和优点，比如震惊全国的“熊猫烧香”病毒。它是由一种蠕虫病毒经过多次变种得到的，又称为尼姆亚变种（worm. nimaya）。下面介绍“熊猫烧香”病毒（如图 7.1 所示）的原理。

1. 病毒描述

含有病毒体的文件被运行后，病毒将自身复制到系统目录，同时修改注册表，将其设置为开机启动项，并遍历各个驱动器，将自身写入磁盘根目录下，增加一个 autorun. inf 文件，使用户打开该磁盘时激活病毒体，删除计算机中的一些杀毒软件进程和对头进程，然后病毒体打开一个线程进行本地文件感染，同时打开另外一个线程连接某网站下载 ddos 程序，发动恶意攻击。

2. 病毒基本情况

病毒名：Virus Win32. EvilPandA. A. ex $

大小：0xDA00(55808)，(disk)0xDA00(55808)

SHA1：F0C3DA82E1620701AD2F0C8B531EEBEA0E8AF69D

壳信息：未知

危害级别：高

病毒名：Flooder. Win32. FloodBots. A. ex $

大小：0xE800(59392)，(disk)0xE800(59392)

SHA1：B71A7EF22A36DBE27E3830888DAFC3B2A7D5DA0D

壳信息：UPX 0.89.6-1.02/1.05-1.24

危害级别：高

3. 病毒行为

(1) Virus. Win32. EvilPandA. A. ex $

具体的执行过程如下所述。

① 病毒体执行后，将自身复制到系统目录。

x:\system32\FuckJacks. exe

HKEY_LOCAL_MACHINE\SOFTWARE\Microsoft\Windows\CurrentVersion\Run

Userinit 的键值为"x:\WINDOWS\system32\SVCH0ST. exe"(这里的 SVCH0ST 不是 Windows 的系统服务，而是病毒进程，名称中是数字"0"不是字母"O")。

② 添加注册表启动项，确保自身在系统重新启动后被加载。

键路径：HKEY_CURRENT_USER\SOFTWARE\Microsoft\Windows\CurrentVersion\Run

键名：FuckJacks

键值：C:\WINDOWS\system32\FuckJacks. exe

键路径：HKEY_LOCAL_MACHINE\SOFTWARE\Microsoft\Windows\CurrentVersion\Run

键名：svohost

键值：C:\WINDOWS\system32\FuckJacks. exe

③ 复制自身到所有驱动器根目录，命名为 Setup. exe，并生成一个 autorun. inf 文件，使用户打开该磁盘时运行病毒，并将这两个文件的属性设置为隐藏、只读、系统。

C:\autorun. inf 1 KB RHS

C:\setup. exe 230 KB RHS

autorun. inf 的内容如下：

[AutoRun]

OPEN=setup. exe

shellexecute=setup. exe

shell\Auto\command=setup. exe

④ 关闭众多杀毒软件和安全工具，如 QQKav，QQAV，VirusScan，Symantec AntiVirus、Duba 等。

⑤ 连接 *****. 3322. org 下载某文件，并根据该文件记录的地址到 www. ****. com 上下载某 ddos 程序，下载成功后执行该程序。

⑥ 刷新 bbs. qq. com，即某 QQ 秀链接。

⑦ 遍历目录，感染除以下系统目录外其他目录中的 exe、com、scr 和 pif 文件，对关键的系统文件跳过，不感染 Windows 媒体播放器、MSN 和 IE 等程序。

x:\System Volume Information

x:\Recycled

- %ProgramFiles%\Windows NT
- %ProgramFiles%\WindowsUpdate
- %ProgramFiles%\Windows Media Player
- %ProgramFiles%\Outlook Express

- %ProgramFiles%\Internet Explorer
- %ProgramFiles%\NetMeeting
- %ProgramFiles%\Common Files
- %ProgramFiles%\ComPlus Applications
- %ProgramFiles%\Messenger
- %ProgramFiles%\InstallShield Installation Information
- %ProgramFiles%\MSN
- %ProgramFiles%\Microsoft Frontpage
- %ProgramFiles%\Movie Maker
- %ProgramFiles%\MSN Gamin Zone

(2) Flooder. Win32. FloodBots. A. ex $

具体的执行过程如下所述。

① 病毒体执行后，将自身复制到系统目录。

x:\SVCHOST. EXE

x:\system32\SVCHOST. EXE

② 该病毒下载运行后，添加注册表启动项，确保自身在系统重新启动后被加载。

键路径：HKEY_LOCAL_MACHINE\SOFTWARE\Microsoft\Windows\CurrentVersion\Run

键名：Userinit

键值：x:\WINDOWS\system32\SVCHOST. exe

③ 连接 ddos2. **** . com，获取攻击地址列表和攻击配置，并根据配置文件进行相应的攻击。

准确地说，这是第一版的“熊猫烧香”病毒，之后的许多变体病毒的功能更加强大。比如 spoclsv. exe，它能删除磁盘中的. gho 系统备份文件，给用户造成很大的损失；感染系统目录 Windows 下的文件；被感染的文件运行后会出错，而不像之前的变种会释放出{原文件名}. exe 的原始正常文件；病毒还尝试使用弱密码试图攻击局域网内其他计算机等。

后来出现的著名病毒“AV 终结者”的原理和“熊猫烧香”病毒类似，但是它的功能更加强大，危害性也更高。

7.2.3 常见的 autorun. inf 文件

下面介绍最常见的 autorun. inf 文件。

autorun. inf 文件本身并不是一个病毒文件，它可以实现双击盘符自动运行某个程序的功能，但是很多病毒利用这个文件的特点，自动运行一些病毒程序。当磁盘或 U 盘在双击时弹出如图 7.2 所示的“打开方式”对话框时，有很大的可能计算机已经中毒。

之所以打不开硬盘或 U 盘，都是因为 autorun. inf 文件。下面介绍一个名叫 icnskem. exe 的病毒的 autorun. inf 文件，如图 7.3 所示。

autorun. inf 文件可以双击打开，或者把名称改为 autorun. txt 再打开，打开以后可以看到如图 7.4 所示的内容。如果用双击 open 打开，病毒 icnskem. exe 会自动运行；如果右击盘符，在弹出的快捷菜单中选择“打开”选项，也会运行 icnskem. exe；即使右击盘符，在弹出的快捷

菜单中选择“资源管理器”选项，也还是会运行 icnskem. exe。读者可以自行将这个病毒的 autorun. inf 文件和“熊猫烧香”病毒的 autorun. inf 文件进行对比。

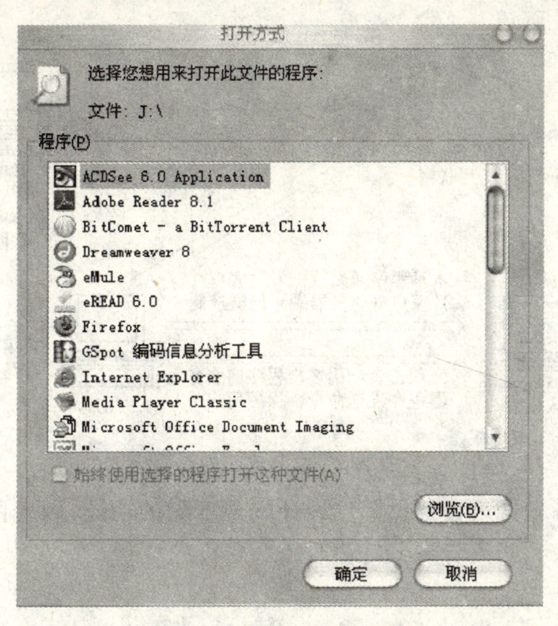

图 7.2　“打开方式”对话框

图 7.3　autorun. inf 文件图标

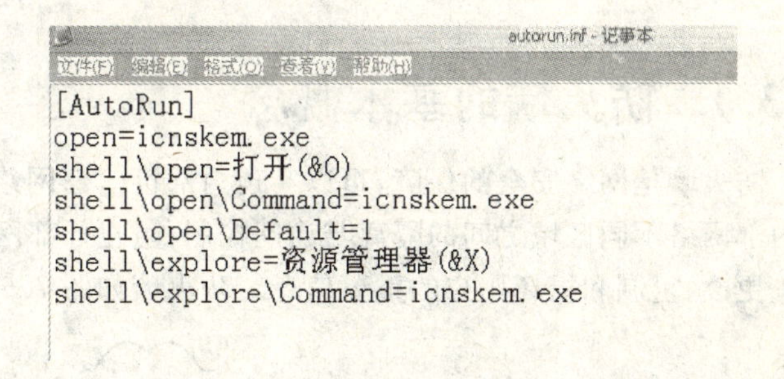

图 7.4　autorun. inf 文件的内容

7.2.4　木马原理

木马的全称是特洛伊木马，是一种恶意程序。它悄悄地在宿主机器上运行，可在用户毫无察觉的情况下，让攻击者获得远程访问和控制用户计算机的权限。

特洛伊木马有一些明显的特点。它的安装和操作都是在隐蔽中完成的，用户无法察觉。攻击者常把特洛伊木马隐藏在一些小软件或游戏中，诱使用户在自己的计算机上运行该软件或游戏从而中毒。最常见的情况是，用户从不正规的网站下载和运行了带恶意代码的软件、游戏，或者不小心点击了带恶意代码的邮件附件。

大部分木马包括客户端和服务器端两个部分。攻击者利用一种称为绑定程序的工具将木马服务器部分绑定到某个合法软件上，只要用户一运行该软件，特洛伊木马的服务器部分就会在用户毫无察觉的情况下完成安装。当服务器端程序在被感染的机器上成功运行以后，会通知客户端用户已被控制，攻击者就可以利用客户端与服务器端建立连接(一般这种连接大部分是 TCP 连接,少量木马用 UDP 连接)。攻击者利用客户端程序向服务器程序发送命令,并进一步控制被感染的计算机。被感染的计算机又可以作为攻击端,对网络中的其他计算机发起攻击。此过程如图 7.5 所示。

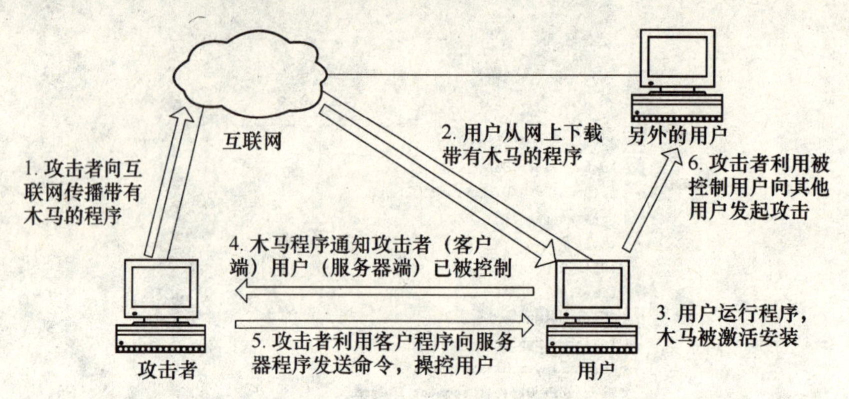

图 7.5　木马攻击的过程

因为客户端和服务器端可以通过程序设计实现不同的功能,因此网络上的木马程序有很多种,比较著名的有冰河、灰鸽子和 QQ 盗号木马等。

7.3　防火墙

7.3.1　防火墙的基本概念

防火墙是网络安全的保障,可以实现内部可信任网络与外部不可信任网络(互联网)之间或内部网络不同区域之间的隔离与访问控制,阻止外部网络中的恶意程序访问内部网络资源,防止更改、复制和损坏用户的重要信息。防火墙如图 7.6 所示。

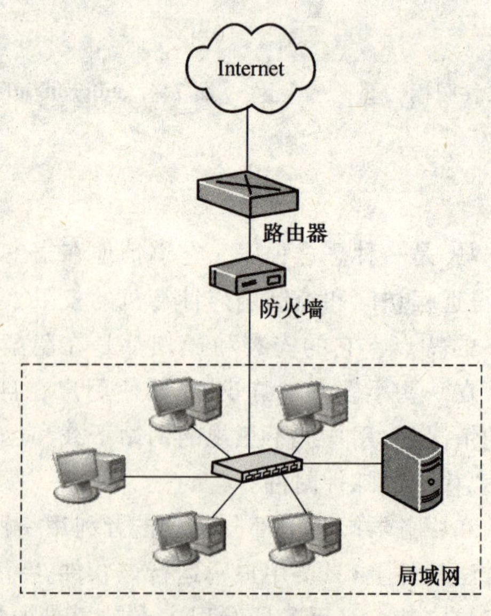

图 7.6　防火墙

防火墙是一种网络安全保障方式，主要目的是通过检查入、出一个网络的所有连接，来防止某个需要保护的网络遭受外部网络的干扰和破坏。从逻辑上讲，防火墙是一个分离器、限制器和分析器，可有效地检查内部网络和外部网络之间的任何活动；从物理上讲，防火墙是集成在网络特殊位置的一组硬件设备——路由器和三层交换机、PC 机之间。防火墙可以是一个独立的硬件系统，也可以是一个软件系统。

7.3.2 防火墙的分类

防火墙的分类方法有很多种，按照工作的网络层次和作用对象可分为 4 种类型。

1. 包过滤防火墙

包过滤防火墙又被称为访问控制表 ACL(Access Control List)，它根据预先静态定义好的规则审查内、外网之间通信的数据包是否与自己定义的规则(分组包头源地址、目的地址端口号和协议类型等)相一致，从而决定是否转发数据包。包过滤防火墙工作于网络层和传输层，可将满足规则的数据包转发到目的端口，不满足规则的数据包则被丢弃。许多规则是可以复合定义的。包过滤防火墙如图 7.7 所示。

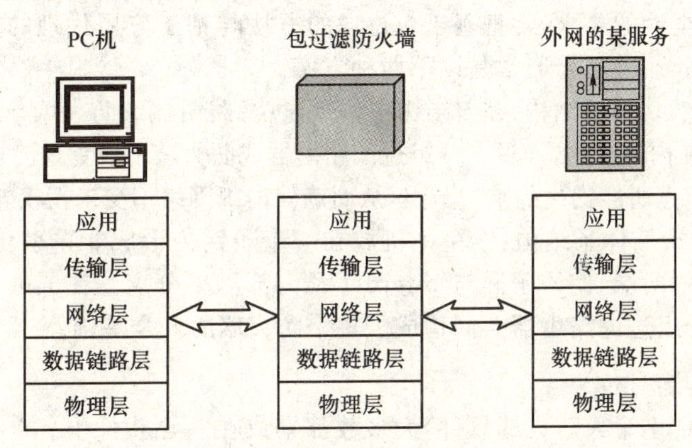

图 7.7　包过滤防火墙

包过滤防火墙的优点如下：

① 不用改动用户主机上的客户端程序。

② 可以与现有设备集成，也可以通过独立的包过滤软件实现。

③ 成本低廉、速度快、效率高，可以在很大程度上满足企业的需要。

包过滤防火墙的缺点如下：

① 工作在网络层，不能检测对于高层的攻击。

② 如果使用很复杂的规则，则会大大降低工作效率。

③ 需要手动建立安全规则，因此要求管理人员清楚了解网络需求。

④ 包过滤主要依据 IP 包头中的各种信息，但 IP 包头信息可以被伪造，这样就可以轻易地绕过包过滤防火墙。

2. 应用程序代理防火墙

应用程序代理防火墙又称为应用网关防火墙，可在网关上执行一些特定的应用程序和服务器程序，实现协议的过滤和转发功能。它工作于应用层，掌握着应用系统中可作为安全决策的全部信息。其特点是完全阻隔了网络信息流，当一个远程用户希望和网内的用户通信时，应

用网关会阻隔通信信息，然后对这个通信数据进行检查，若数据符合要求，应用网关会作为一个桥梁转发通信数据。应用代理防火墙如图 7.8 所示。

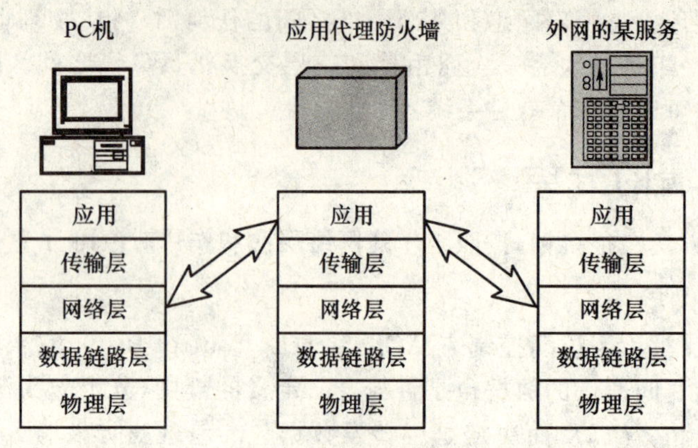

图 7.8　应用代理防火墙

3. 复合型防火墙

出于对更高安全性的要求，常把基于包过滤的方法与基于应用代理的方法结合起来形成复合型防火墙产品。这种结合通常是以下两种方案。

① 屏蔽主机防火墙体系结构：在该结构中，分组过滤路由器或防火墙与 Internet 相连，同时一个堡垒主机安装在内部网络，通过在分组过滤路由器或防火墙上设置过滤规则，使堡垒主机成为 Internet 上其他节点所能到达的唯一节点，从而确保内部网络不受未授权外部用户的攻击。

② 屏蔽子网防火墙体系结构：堡垒主机放在一个子网内形成非军事化区，两个分组过滤路由器放在该子网的两端，使该子网与 Internet 及内部网络分离。在屏蔽子网防火墙体系结构中，堡垒主机和分组过滤路由器共同构成了整个防火墙的安全基础。

4. 个人防火墙

目前网络上有许多个人防火墙软件，大多数都集成在杀毒软件中。个人防火墙是应用程序级的，可以在某一台计算机上运行，以保护其不受外部网络的攻击。

一般的个人防火墙都具有学习机制，也就是说一旦主机防火墙收到一种新的网络通信要求，它会询问用户是允许还是拒绝，并应用于以后的通信要求。例如金山毒霸中集成的金山网镖就是一款个人防火墙，具有学习机制。金山网镖软件界面如图 7.9 所示。

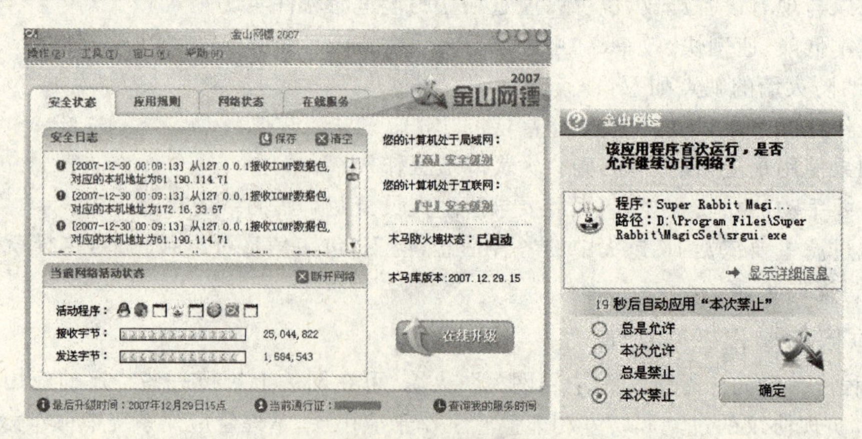

图 7.9　金山网镖

7.3.3　网络地址转换 NAT 技术

网络地址转换 NAT 的工作原理是通过替换一个数据包的源地址和目的地址，来保证这个数据包能被正确识别。具体地说，通过这种地址映射技术，内部计算机可使用私有地址(10.0.0.0～10.255.255.255，172.16.0.0～172.16.255.255，192.168.0.0～192.168.255.255)，当内部网络中的计算机通过路由器向外部网络发送数据包时，私有地址被转换成合法的 IP 地址(全局地址)在 Internet 上使用。最少只需一个合法的 IP 地址，就可以实现私有地址网络内所有计算机与 Internet 的通信。这一个或多个合法地址就代表整个内部网络与外部网络进行通信，如图 7.10 所示。

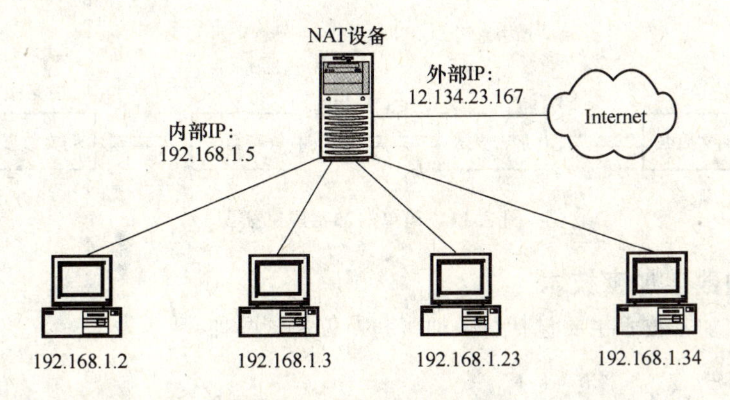

图 7.10　内外网之间的通信

私有地址作为内部网络使用的 IP 地址不能在互联网上通信时使用，所以不同的局域网在共享上网的时候可以重复使用私有地址，所以 NAT 技术不仅很好地解决了目前 IPv4 版本中 IP 地址不足的现实问题，也可以有效地隐藏内部网络中的计算机，从而避免内部网络被外部网络攻击，提高网络的安全性。

一般 NAT 技术都在路由器上实现，所以在互联网的通信中，路由器的路由表中是不可能出现私有地址的。

NAT 技术的缺点是需要转换每个通信数据包包头的 IP 地址从而增加了网络延迟，而且当内部网络用户过多时，NAT 的服务质量则不能保证。

7.4　数字加密与数字签名

7.4.1　数字加密

1. 数字加密的原理

在现实的网络中，要想让其他人无法窃取某个数据是非常困难的，比较现实的一种方法就是采用数字加密技术。也就是说即使别人得到这个数据，也会因为不能对这个加过密的数据解密而无法了解它的意思。

数据加密是指将原始的数据通过一定的加密方式加密成非授权人难以理解的数据，授权人在接收到加密数据后，会利用自己知道的解密方式把数据还原成原始数据。

下面介绍一些数据加密的常用术语。

- 明文:没有加密的原始数据。
- 密文:加密后的数据。
- 加密:把明文转换成密文的过程。
- 解密:把密文转换成明文的过程。
- 算法:加密或解密过程中使用的一系列运算方式。
- 密钥:用于加密或解密的一个字符串。

如图 7.11 所示为一个最简单的加密解密模型,通过这个模型,能清楚地了解加密和解密的过程。

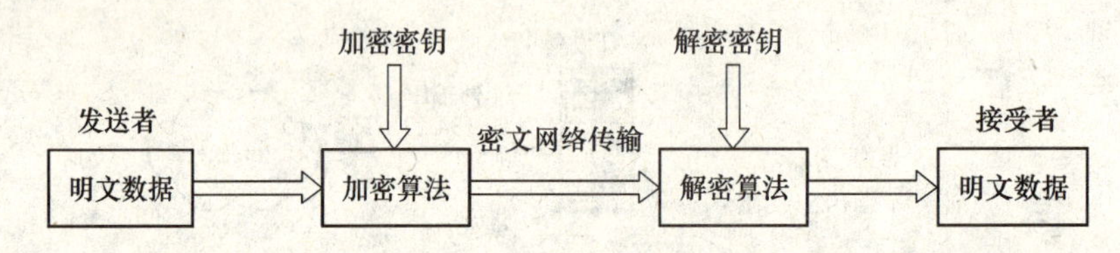

图 7.11 简单的加密解密模型

2. 经典的数字加密技术

经典的数字加密技术主要包括替换加密和换位加密两种。

(1) 替换加密

用某个字母替换另一个字母,替换的方式事先确定,比如替换方式是字母按顺序往后移 5 位,hello 在网络中传输时就用 mjqqt。这种加密方式比较简单,密钥就是 5,接收者只要按照每个字符的 ASCII 码值减去 5,再做模 26 的求余运算即可得到原始数据。

(2) 换位加密

按照一定的规律重新排列传输数据。比如预先设置换位的顺序是 4213,明文 bear 在网络中传输时就是 reba。这种加密方式也比较简单,曾经被大量使用,但是由于计算机的运算速率发展很快,因此可以利用穷举法破译。

3. 秘密密钥与公开密钥加密技术

(1) 秘密密钥技术

秘密密钥技术也叫做对称密钥加密技术。在这种技术中,将算法内部的转换过程设计得非常复杂,而且有很长的密钥,密文的破解非常困难,即使被破解,也会因为没有密钥而无法解读。这种技术最大的特点就是把算法和密钥分开进行处理,密钥最为关键,而且在加密和解密过程中,使用的密钥相同。秘密密钥的加密解密模型如图 7.12 所示。

最著名的秘密密钥加密算法是数据加密标准 DES(Data Encryption Standard)。该算法的基本思想是将明文分割成 64 位的数据块,并在一个 64 位的密钥控制下,对每个 64 位的明文块加密,最后形成整个加密密文。

(2) 公开密钥加密技术

公开密钥加密技术也叫做非对称密钥加密技术。公开密钥加密技术在加密和解密过程中使用两个不同的密钥,这两个密钥在数学上是相关的,它们成对出现,但互相不能破解。这样接收者可以公开自己的加密密钥,发送者可以利用它来进行加密,而只有拥有解密密钥的授权

接收者才能把数据解密成原文。公开密钥的加密解密模型如图 7.13 所示。

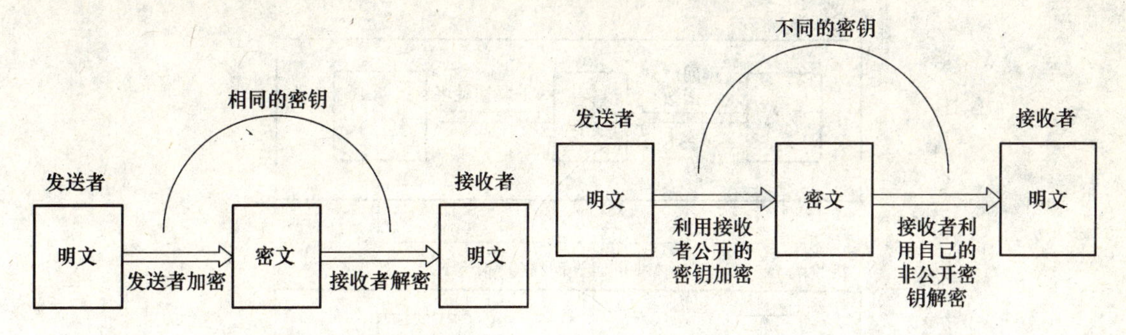

图 7.12 秘密密钥的加密解密模型

图 7.13 公开密钥的加密解密模型

最著名的公开密钥加密算法是 RSA(三位发明者名字首字母的组合)。该算法的基本思想是在生成的一对密钥中,任何一个都可以作为加密或解密密钥,另一个则相反。一个密钥用于公开供发送者加密使用,另一个密钥严格地被接收者保密,当接收者收到密文时,用于解密加密的数据。

7.4.2 数字签名

数字加密主要用于防止信息在传输过程中被其他人截取利用,而如何确定发送信息人的身份,则需要用数字签名来解决。

数字签名是指在计算机网络中,用电子签名来代替纸质文件或协议的签名,以保证信息的完整性、真实性和发送者的不可否认性。

目前使用较多的还是利用报文摘要和公开密钥加密技术相结合的方式进行数字签名。

1. 报文摘要

报文摘要的设计思想是把一个任意长度的明文数据转换成一个固定长度的比特串,在签名时,只要对这个报文摘要签名即可,不用对整个明文数据进行签名。

将明文转换为固定长度比特串的方法是利用单向散列函数,单向散列函数具有以下特性。

① 处理任意长度的数据,生成固定大小的比特串。

② 生成的比特串是不可预见的,看上去与原始明文没有任何联系,原始明文有任何变化,新的比特串会与原来的不同。

③ 生成的比特串具有不可逆性,不能通过它还原成原始明文。

目前使用最多的报文摘要算法是 MD5 和 SHA-1(已由中国科学家王小云破解),以后可能会使用 SHA-224、SHA-256、SHA-384 及 SHA-512 等算法。

2. 数字签名的过程

数字签名的过程如图 7.14 所示。

数字签名的具体过程如下:

① 发送端把明文利用单向散列函数转换成消息摘要。

② 发送端利用自己的私钥对消息摘要进行签名。

③ 发送端把明文和签名的消息摘要通过网络传递给接收端。

④ 接收端对明文和消息摘要分别处理,明文通过单向散列函数转换为消息摘要,签名的消息摘要被接收端用发送端的签名公钥还原成消息摘要。

⑤ 把最后生成的两个消息摘要进行比较，判定数据的真实性和完整性。

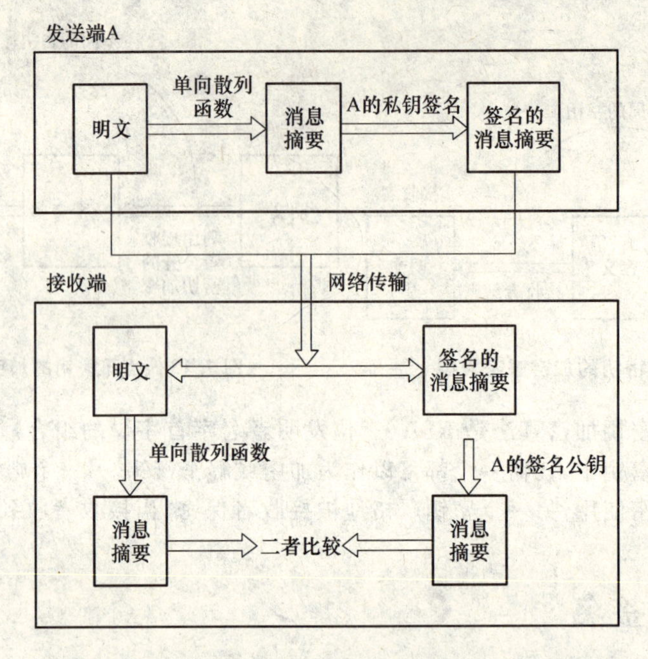

图 7.14　数字签名的过程

最后要说明的一点就是数字加密和数字签名的区别。数字加密的发送者使用接收者的公钥加密，接收者使用自己的私钥解密；数字签名的发送者使用自己的私钥加密，接收者使用发送者的公钥解密。

实验七　防火墙的配置(标准访问控制列表)

实验目的

1. 掌握防火墙的基本原理
2. 理解 ACL 的基本原理
3. 手动配置静态防火墙

实验器材

利用 HW-RouteSim 模拟软件，熟悉静态防火墙配置的命令和方法。网络结构如图 7.15 所示。

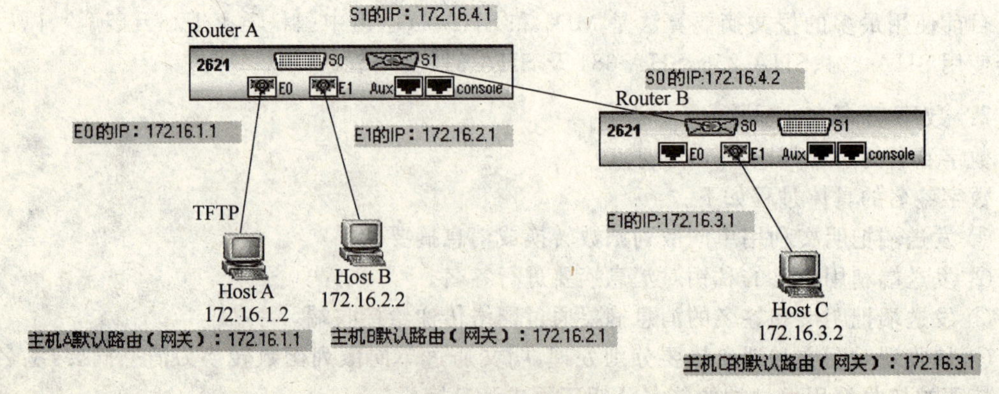

图 7.15　网络结构

实验步骤

本实验以第 4 章的实验六为基础，设置标准访问控制列表。

将 RouterA 和 HostA、HostB 组成的网络看做一个内部网络，将 RouterB 和 HostC 组成的网络看做外部网络，利用 RouterA 来配置静态防火墙，实现指定的 HostA 可以访问外网，没有指定的 HostB 不可以访问外网的功能。

1. PC 机和路由器的基本配置

设置 PCA：IP 为 172.16.1.2，掩码为 255.255.255.0，网关为 172.16.1.1。

设置 PCB：IP 为 172.16.2.2，掩码为 255.255.255.0，网关为 172.16.2.1。

设置 PCC：IP 为 172.16.3.2，掩码为 255.255.255.0，网关为 172.16.3.1。

① 设置 RouteA 的端口的 IP 如下：

```
<Quidway>system
[Quidway] int e0                                          进入 E0 端口的配置状态
[Quidway-Ethernet0] ip address 172.16.1.1 255.255.255.0   配置 E0 的 IP 地址
[Quidway-Ethernet0] undo shutdown                         激活端口
[Quidway-Ethernet0] ip routing                            保存路由表内容
[Quidway-Ethernet0] int el
[Quidway-Ethernet1] ip addr 172.16.2.1 255.255.255.0      进入 E1 端口的配置状态
[Quidway-Ethernet1] undo shutdown
[Quidway-Ethernet1] ip routing
[Quidway-Ethernet1] int s1                                进入 S1 端口的配置状态
[Quidway-Serial1] ip addr 172.16.4.1 255.255.255.0
[Quidway-Serial1] undo shutdown
[Quidway-Serial1] clock rate 64000                        串口配置时钟频率
[Quidway-Serial1] undo shutdown
[Quidway-Serial1] ip routing
[Quidway-Serial1] dis ip route
```

② 设置 RouteB 的端口的 IP 如下：

```
<Quidway>sys
[Quidway]int el
[Quidway-Ethernet1] ip addr 172.16.3.1 255.255.255.0
[Quidway-Ethernet1] undo shutdown
[Quidway-Ethernet1] ip routing
[Quidway-Ethernet1] int s0
[Quidway-Serial0] ip addr 172.16.4.2 255.255.255.0
[Quidway-Serial0] undo shutdown
[Quidway-Serial0] ip routing
[Quidway-Serial0] dis ip route
```

2. 配置动态路由

```
routeA:[Quidway] rip
       [Quidway-rip] network all
```

[Quidway-rip] ip routing

routeB:(同 routeA)

3. 测试网络的连通性

(1) [root@ PCA root] #ping172.16.2.2　　通

(2) [root@ PCA root] #ping172.16.3.2　　通

(3) [root@ PCB root] #ping172.16.3.2　　通

(4) [root@ PCC root] #ping172.16.1.2　　通

4. 配置标准访问控制列表

[RouterA] firewall enable

[RouterA] acl 1

[RouterA-acl-1] rule normal permit source 172.16.1.2 0.0.0.0

[RouterA-acl-1] rule normal deny source any

[RouterA-acl-1] quit

[RouterA] int s1

[RouterA-Serial1] firewall packet-filter 1 outbound 在 Serial 1 端口的出站方向激活 ACL 1,进站方向没做限制。

[RouterA-Serial1] quit

[RouterA] display acl

[root@ PCA root] #ping 172.16.3.2 通(acl 1 中允许 PCA 通过防火墙)

[root@ PCB root] #ping 172.16.3.2 不通(acl 1 中不允许 PCB 通过防火墙)

[root@ PCC root] #ping 172.16.1.2 通(激活 s1 为 outbound)

实验八　瑞星个人防火墙的应用

瑞星个人防火墙是很多人都在使用的一款较为优秀的个人防火墙软件,它的功能丰富,界面简单明了,比较适合个人用户使用(对局域网共享上网存在一定缺陷)。普通用户可以直接使用默认设置,高级用户可以根据网络的具体情况和个人需求更改部分设置。瑞星个人防火墙如图 7.16 所示。

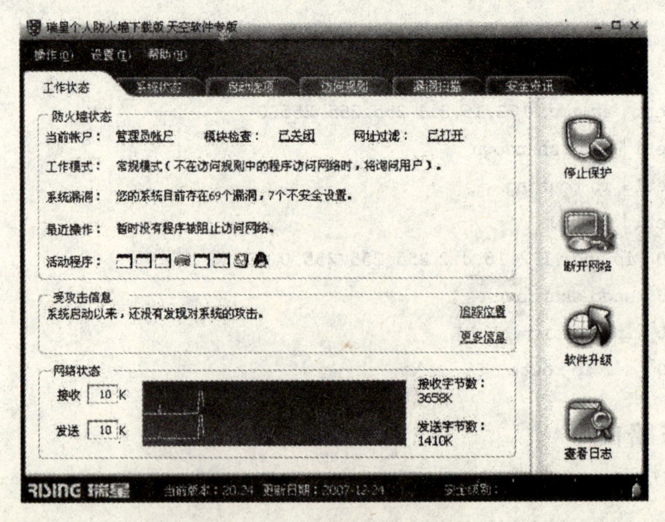

图 7.16　瑞星个人防火墙

1. 主要的界面元素

① 菜单栏:用于执行菜单操作的区域,包括“操作”、“设置”、“帮助”三个菜单。

② 操作按钮:位于主界面的右侧,包括“启动/停止保护”、“连接/断开网络”、“软件升级”、“查看日志”。

③ 标签:位于主界面上部,包括“工作状态”、“系统状态”、“启动选项”、“访问规则”、“漏洞扫描”、“安全资讯”6 个标签。

④ 安全级别:位于主界面右下角,拖动滑块到对应的安全级别,修改则立即生效。

⑤ 当前版本及更新日期:位于主界面下方,显示防火墙的当前版本及更新日期。

2. 操作菜单:切换工作模式

瑞星个人防火墙有三种工作模式:交易模式、静默模式和常规模式。这三种工作模式用来确定访问规则中没有规定动作的程序在访问网络时如何处理,可详细设置每种模式的规则。

① 交易模式:访问规则中没有时,默认禁止访问网络。

② 静默模式:访问规则中没有时,默认禁止访问网络,不进行任何提示。

③ 常规模式:访问规则中没有时,默认询问用户,如图 7.17 所示。

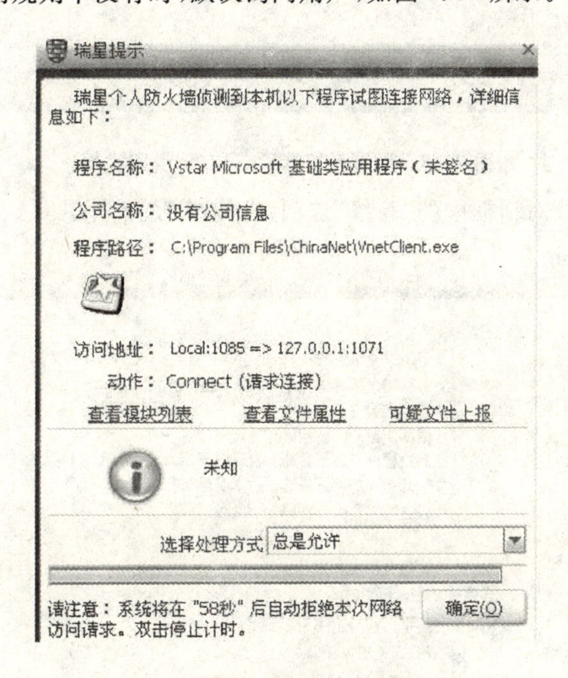

图 7.17　常规模式下对用户询问

3. 设置菜单:详细设置

① 打开“详细设置”对话框中的“普通”选项卡,对系统选项、日志记录种类等进行设置,如图 7.18 所示。

其中“启动方式”包括“自动”和“手工”。选择“自动”选项后,防火墙随系统的启动而启动,此选项为默认设置。选择“手工”选项后,防火墙需要手动启动。

在“规则顺序”下拉列表框中可选择“访问规则优先”或“IP 规则优先”。当访问规则和 IP 规则有冲突的时候,防火墙将依照此规则顺序执行。

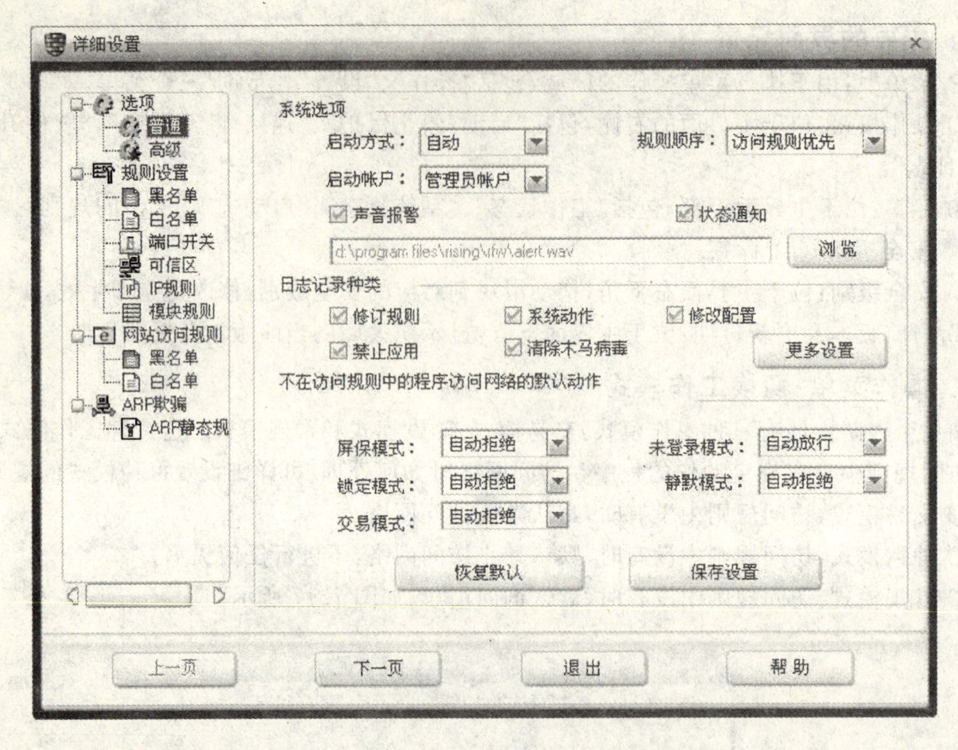

图 7.18 设置系统选项、日志记录种类等

② 打开“详细设置”对话框中的“高级”选项卡，如图 7.19 所示。

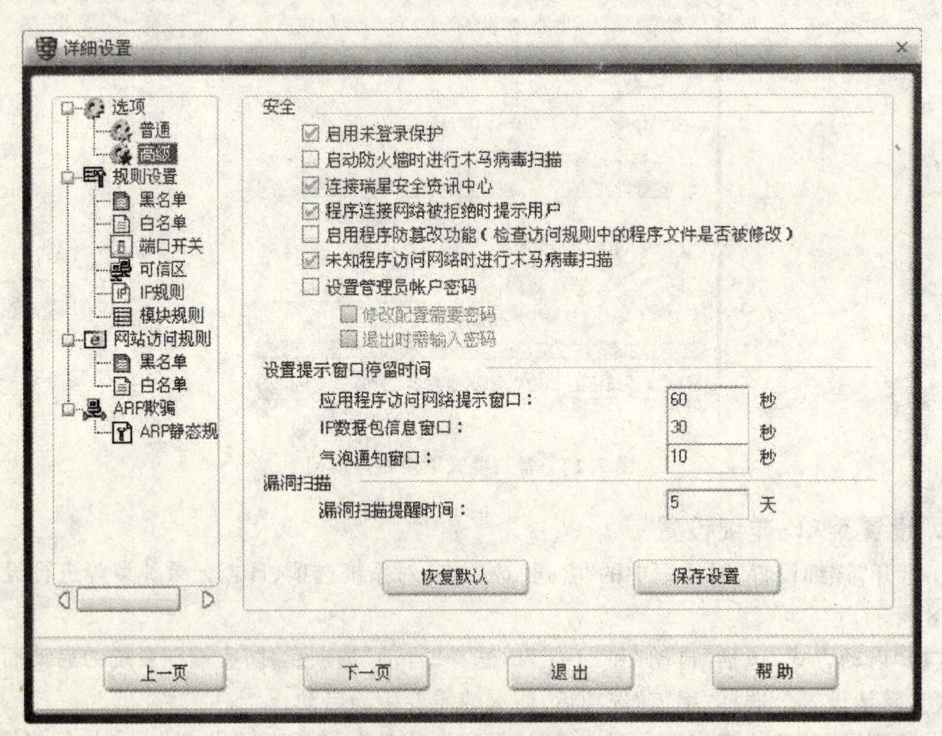

图 7.19 “高级”选项卡

若选中“安全”选项区中的“未知程序访问网络时进行木马病毒扫描”复选框，表示当有程序进行网络活动的时候，对该进程调用未知木马病毒进行扫描，如果该进程为可疑的木马病毒，则对用户进行警告。默认为选中状态。

③ 选择“详细设置”对话框中的“规则设置”下的“端口开关”选项。“增加端口开关”对话框如图 7.20 所示，可设置端口号、协议类型、计算机等。

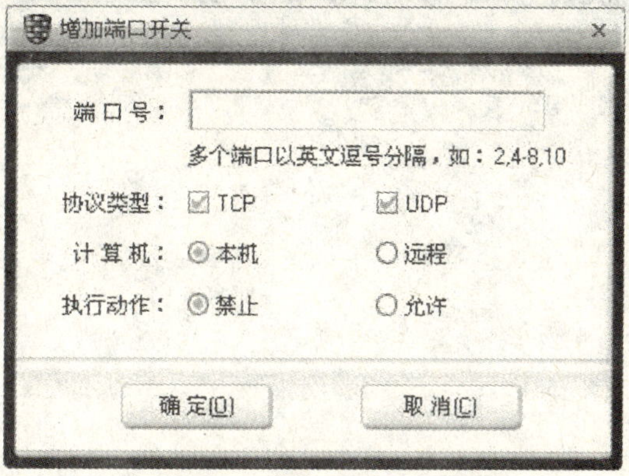

图 7.20　“增加端口开关”对话框

例如，“冲击波”病毒是利用 Windows 系统的 RPC 服务漏洞以及开放的 69、135、139、445、4444 端口入侵的，所以可以增加端口开关来禁用这些端口。读者可以搜集一些木马或病毒攻击的端口，手动进行设置。

④ 选择“规则设置”下的“可信区”选项，打开的界面如图 7.21 所示。

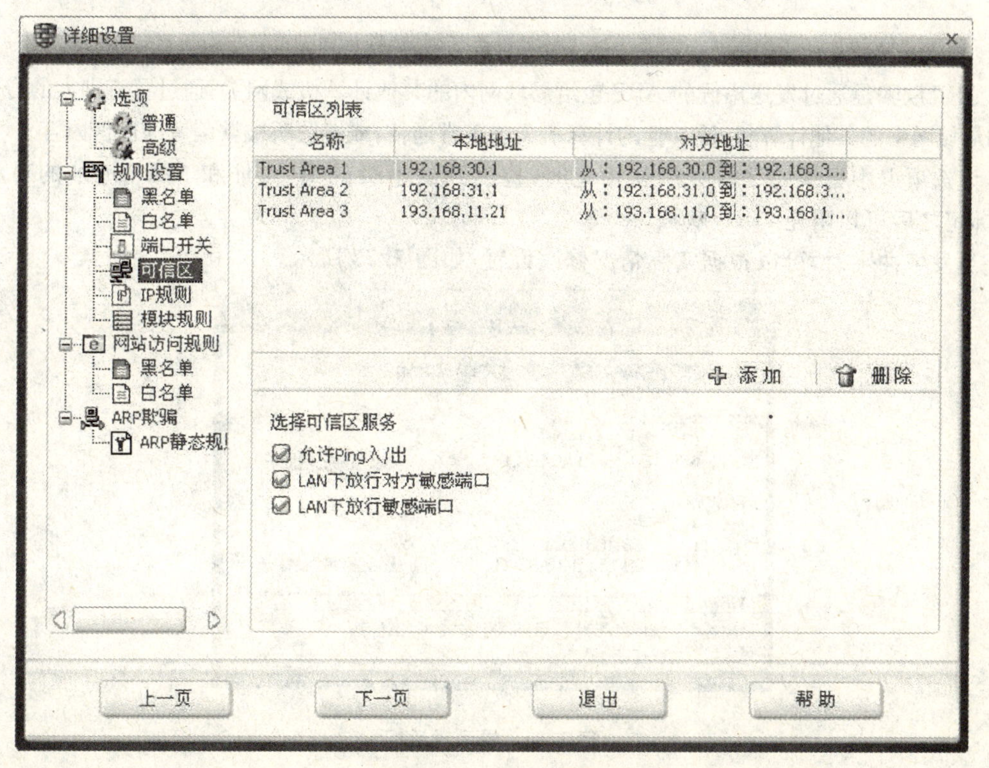

图 7.21　“可信区”选项界面

通过可信区的设置，可以把局域网和互联网区分对待。可以对可信区列表和可信区服务进行设置。在可信区内指定局域网计算机的 IP 地址，默认对方计算机不在此区域。

如果用户的计算机是直接连接到互联网的（例如拨号上网），则不要把 IP 加入可信区。

⑤ 打开“详细设置”对话框中的“ARP 静态规则”选项界面，如图 7.22 所示。

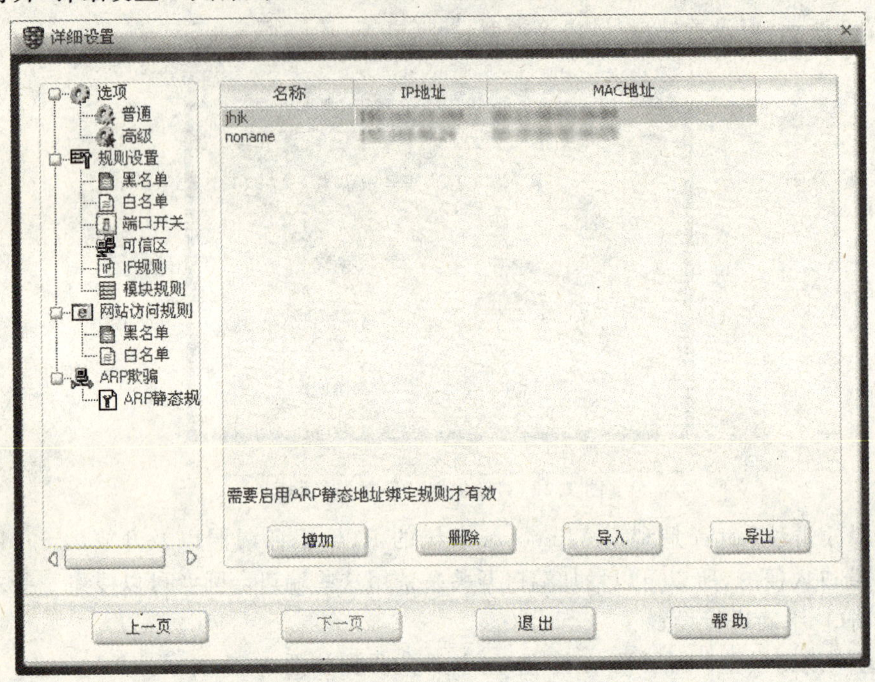

图 7.22 “ARP 静态规则”选项界面

ARP 欺骗是通过发送虚假的 ARP 包给局域网内的其他计算机或网关，通过冒充别人的身份来欺骗局域网中的其他计算机，使其他的计算机无法正常通信，或者监听被欺骗者的通信内容。

该选项卡中记录的是防火墙初始化时，检测到的本机的 IP 地址和 MAC 地址的对应关系，绑定之后可以阻止 ARP 欺骗。

当发生冲突时，可以根据实际情况修改设置，如图 7.23 所示。

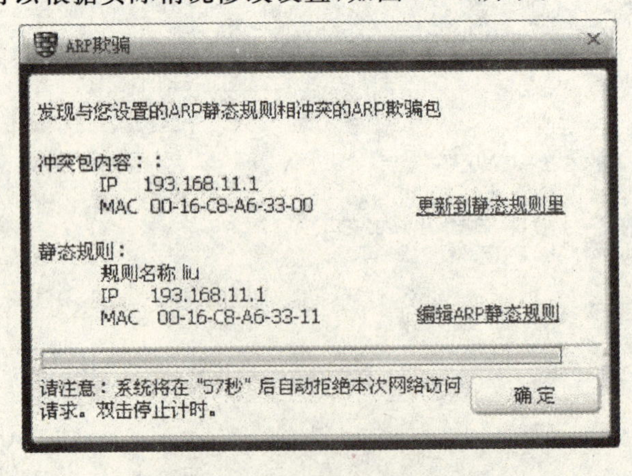

图 7.23 提示对话框

下面介绍"访问规则"选项卡,如图 7.24 所示。

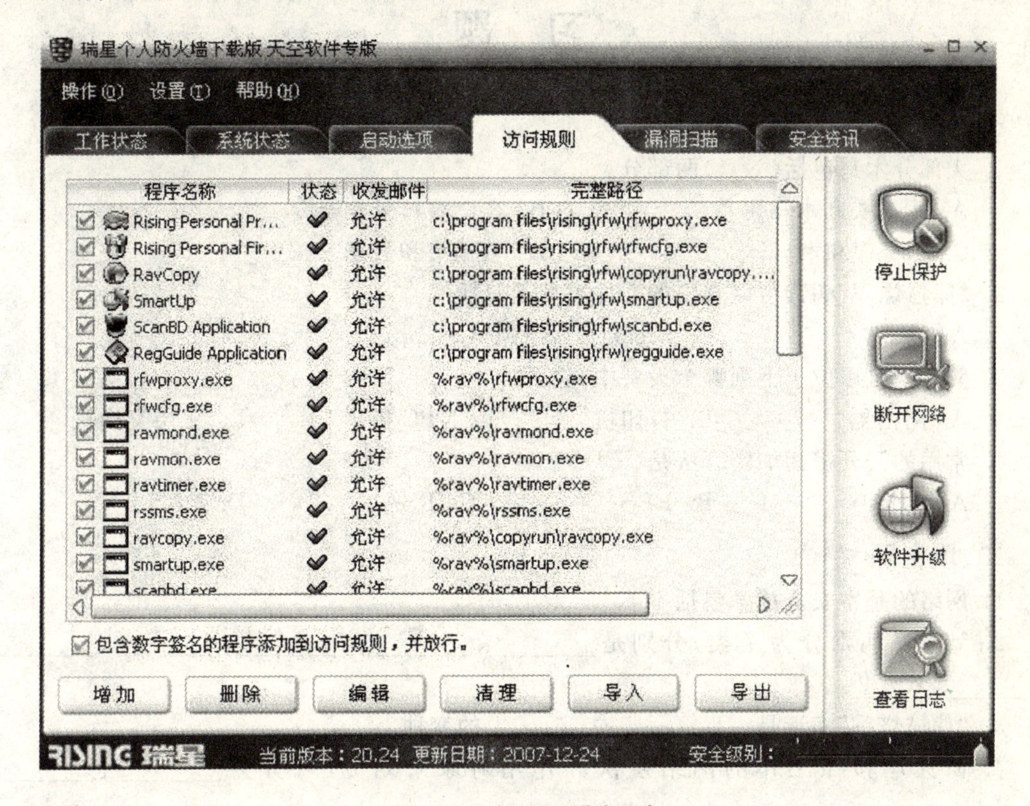

图 7.24　"访问规则"选项卡

在该选项卡中可以对本机中的各种 exe 文件进行网络访问控制。在默认情况下,像 QQ 这种带有数字签名的程序,可以通过瑞星的自行验证访问网络,而不需要对用户进行询问,如图 7.25 所示。

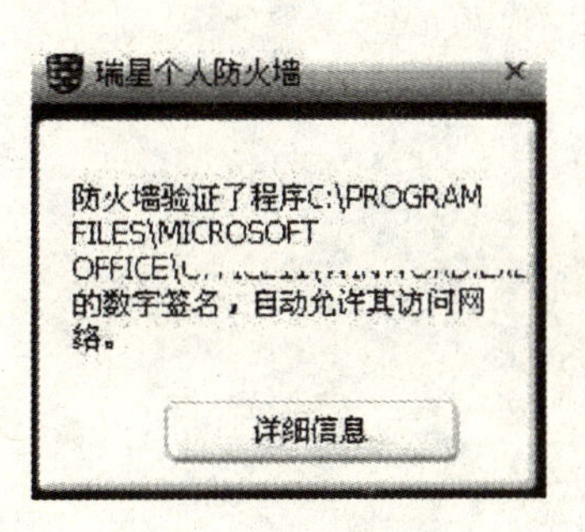

图 7.25　询问对话框

这里只介绍了部分较为有用的瑞星个人防火墙设置,其他的内容可参考《瑞星个人防火墙设置使用指南》。网址为 http://fw.rising.com.cn/use/2008/index.htm。

习　题

一、选择题

1. 大部分木马包括(　　)两部分。

A. 木马头和木马尾　　B. 客户端和服务器端

C. 源程序和木马体　　D. 数据头和数据

2. “熊猫烧香”病毒可以感染的文件类型不包括(　　)。

A. .exe　　B. .com　　C. .ppt　　D. .scr

3. 防火墙可以位于下列哪个设备中,除了(　　)。

A. 路由器　　B. 打印机　　C. PC 机　　D. 三层交换机

4. 常用的公开密钥加密算法是(　　)。

A. DES　　B. EDS　　C. RSA　　D. RAS

二、填空题

1. 网络的基本安全技术包括________、________、________、________。

2. 计算机病毒分为 7 类,分别是________、________、________、________、________、________、________。

3. “熊猫烧香”病毒是____________________的变种。

4. 防火墙按照工作的网络层次和作用对象来划分,可分为________、________、________、________。

三、简答题

1. 网络攻击分为哪两种,具体含义是什么?

2. 简述“熊猫烧香”病毒的攻击过程。

3. 简述 NAT 技术。

第8章 Internet 接入技术

【学习目标】

- 了解 Internet 接入基本知识
- 了解几种 Internet 接入技术

接入 Internet 的用户可以分为两大部分：占绝大多数的是最终用户，他们使用 Internet 上提供的各类信息服务，如浏览 WWW、用 E-mail 进行电子邮件的收发、用 FTP 进行文件的传输等；另一部分是 Internet 服务提供商(ISP)，他们通过租用高速通信线路建立服务器和路由器等设备，向用户提供 Internet 连接服务。

从接入 Internet 的技术方面，有拨号网络入网和专线入网两种基本方式，目前国内的最终用户使用得最多的是拨号网络入网。通常还可以从上网速度(即带宽)方面分为窄带接入和宽带接入。拨号上网经济实惠，适合业务量小的单位和个人使用。一般网速低于 128 Kb/s，属于窄带。拨号用户需要具备：一台计算机或笔记本电脑、一个 Modem 和一条电话线。

拨号网络入网有三种业务可以选择。

① 使用公用账号信息连接。如电信使用账号名、密码、拨出电话号码均为 16300；网通均为 169，联通均为 165。上网的电话费与使用费计入用户上网时所使用电话的话单，不用单独交费。

② 注册用户。使用注册用户业务，单位用户需要携带单位证明及公章，个人用户需要携带身份证原件或护照到营业厅办理注册手续，注册完成后用户获得一个上网专用账号和密码，拨打网络的接入电话号码，输入专用账号和密码就能上网了。

③ 上网卡。用户可购买上网卡，通过上网卡提供的账号和密码进行拨号上网。费用会从上网卡上直接扣除。宽带接入方式相对较多。目前宽带接入主要有 ADSL、LAN 和 HFC 三种方式。

选择接入方式时主要考虑的因素有：

① 用户对网络接入速度的要求。

② 接入计算机或计算机网络与互联网之间的距离。

③ 接入后网间的通信量。

④ 用户希望运行的应用类型。

⑤ 用户所能承受的接入费用和代价。

8.1 窄带接入 Internet

单机拨号入网，可以采用 PPP/SLIP 连接 Internet，如图 8.1 所示。

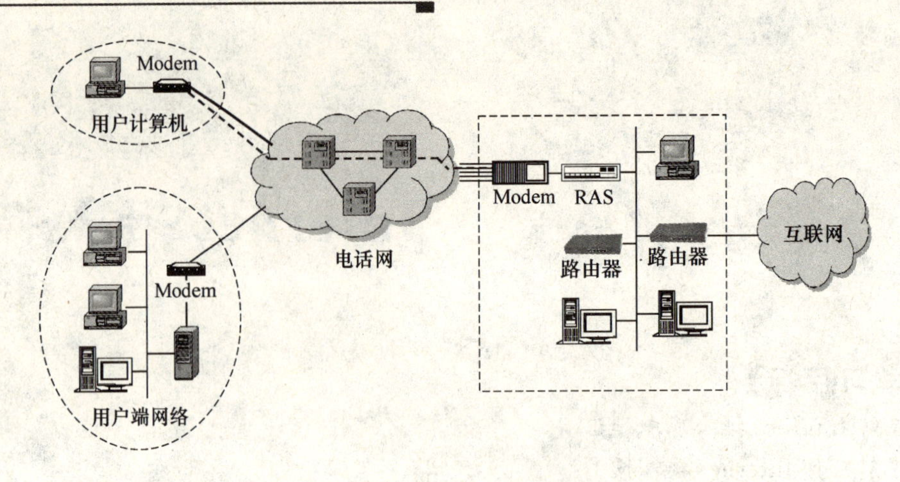

图 8.1　采用 PPP/SLIP 连接 Internet

采用 ISDN 设备连接示意图如图 8.2 所示。

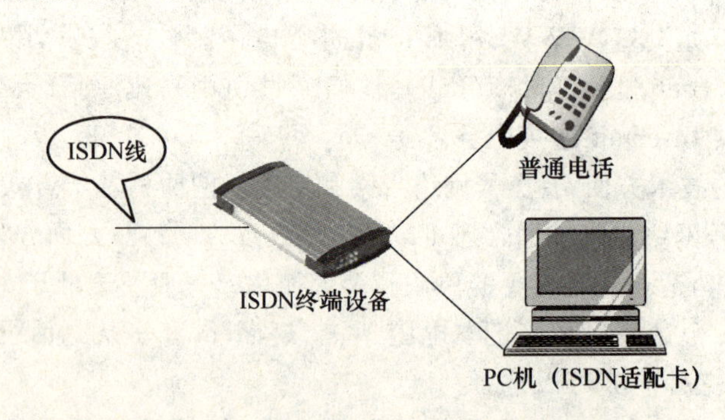

图 8.2　ISDN 设备连接示意图(ISDN 线即为普通电话线)

局域网通过 Modem 连接 Internet 如图 8.3 所示拨号入网。

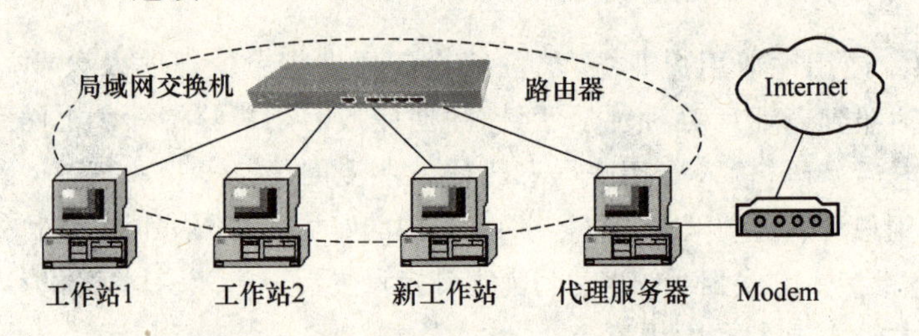

图 8.3　局域网通过 Modem 连接 Internet

8.2　拨号上网的实施

8.2.1　ISP 的服务与收费

以中国电信为例的 ISP 的服务与收费如表 8.1 所示。

表 8.1　ISP 简介(以中国电信为例)

ISP	上网方式	电话号码、用户名和密码	费　用
中国电信	注册账号	电话号码为 16300 注册用户与上网卡用户的用户名与密码在相应的注册信息或卡上	客户到电信公司申请注册开户，注册账号的费用为 100 元，上网通信费：8:00～23:00(3 元/小时)；23:00～8:00 及节假日、双休日(1.5 元/小时)
	公开拨号		非注册用户无须到营业厅注册或购卡，在计算机上设置上网电话号码 16300、账号 16300、密码 16300，便可轻松地进入互联网，上网通信费：0.07 元/分钟
	上网卡		上网卡。客户到电信公司购卡后，在计算机拨号器中设置拨叫号码 16300，输入卡上的用户名、密码，便可轻松地进入互联网，上网通信费从卡中实时扣除，上网通信费：8：00～23：00(0.05 元/分钟)；23：00～8：00 及节假日、双休日(0.025 元/分钟)
注：以上提供的 ISP 收费情况仅供参考，因为上网通信费总是在不断下调。表中各 ISP 上网费用是指上网通信费，用户支付的费用应包括两部分，即电话费和上网通信费，电话费一般为 0.02 元/分钟。在上网通信费享受半价的时候，电话费也为半价。包月上网服务可以直接在 ISP 的 WWW 上定制。公开拨号上网是先使用、后付费的上网服务，用户每月所支付的上网通信费将随同固定电话费一同收取。ISDN 如果使用双通道上网(即 2B)，则上网通信费与电话费均为双倍。			

8.2.2　软硬件环境与 Modem 的安装

1. 硬件的准备

调制解调器是一种计算机硬件，它能把计算机的数字信号翻译成可沿普通电话线传送的脉冲信号，而这些脉冲信号又可被线路另一端的另一个调制解调器接收，并译成计算机可读懂的语言。

调制解调器的速率多为 56 Kb/s，更低速的目前已不多见了。其他则只需要考虑用内置或外置式及兼容性能。

内置和外置式调制解调器分别如图 8.4 和图 8.5 所示。

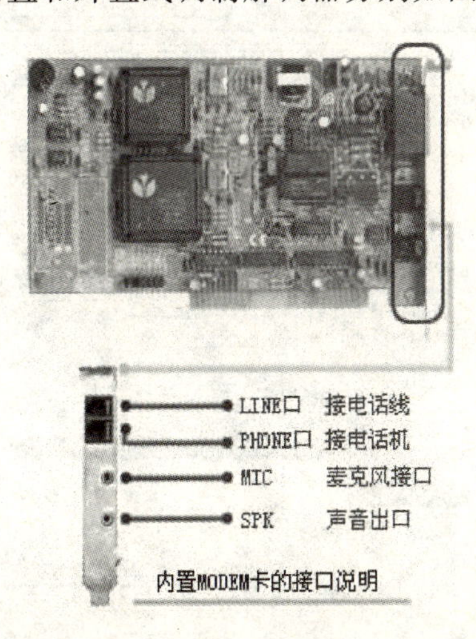

图 8.4　内置调制解调器

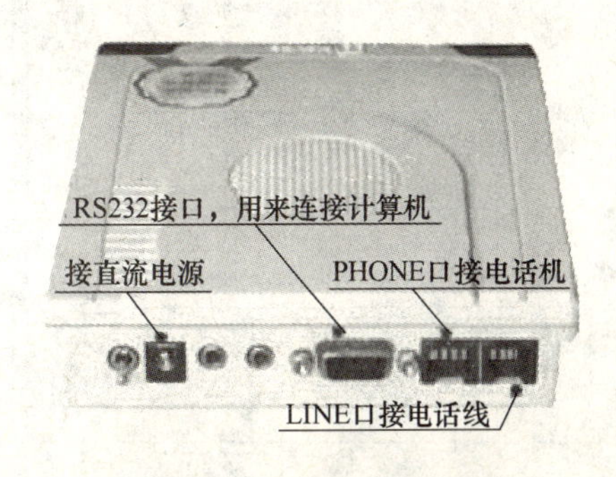

图 8.5　外置调制解调器

2. 硬件的连接

连接 Modem 的示意图如图 8.6 所示。

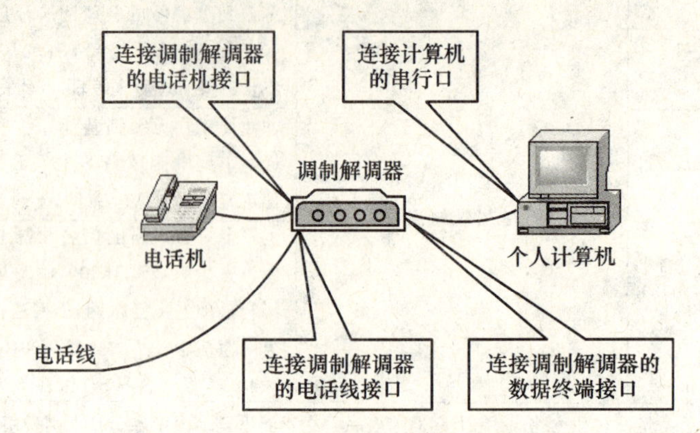

图 8.6　连接 Modem 的示意图

3. 安装与配置调制解调器

安装与配置调制解调器的过程如图 8.7～图 8.10 所示。

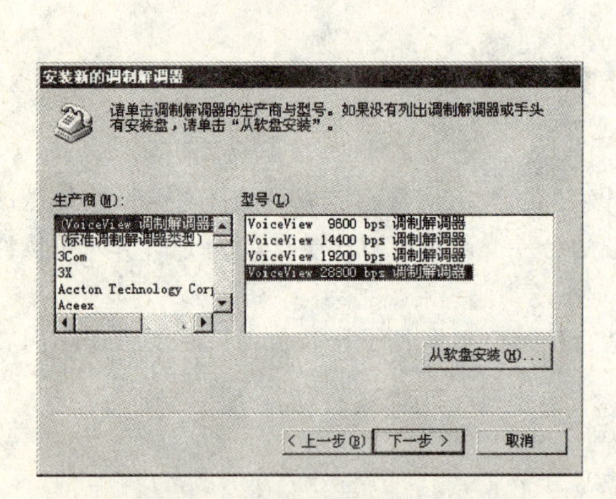

图 8.7　选择调制解调器类型

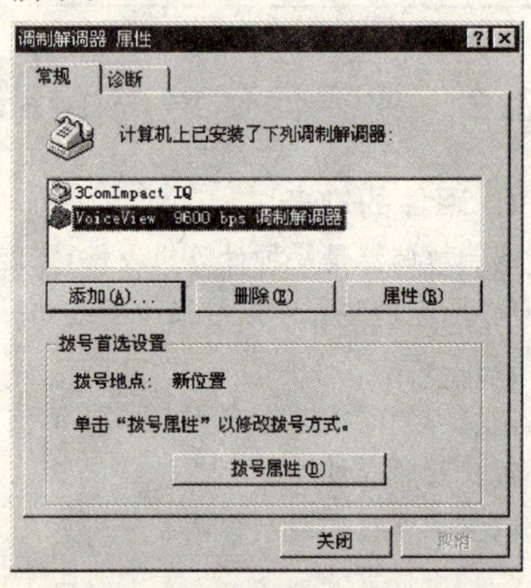

图 8.8　“调制解调器属性”对话框

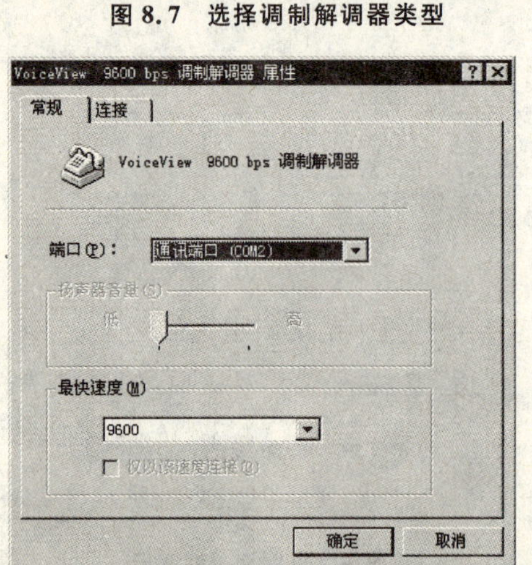

图 8.9　设置调制解调器属性

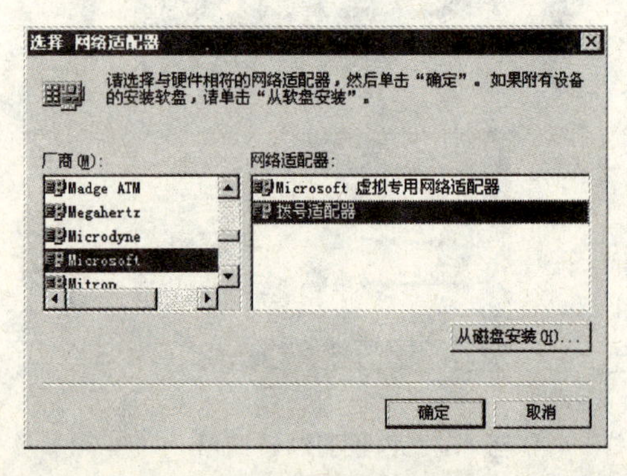

图 8.10　“选择网络适配器”对话框

8.2.3　创建与配置拨号网络连接

1. 创建拨号网络

创建拨号网络的过程如图 8.11 和图 8.12 所示。

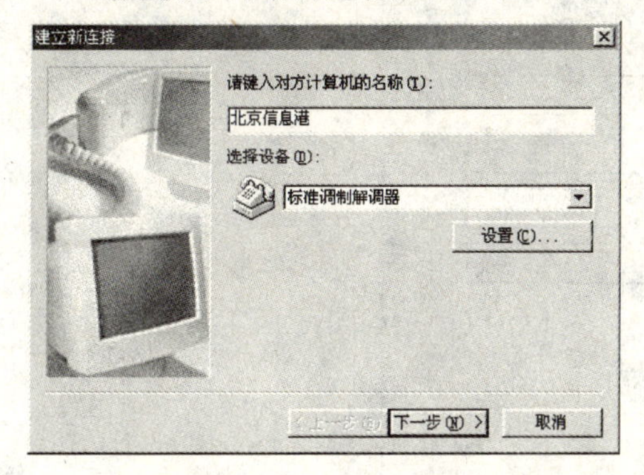

图 8.11　输入 Internet 账号连接信息

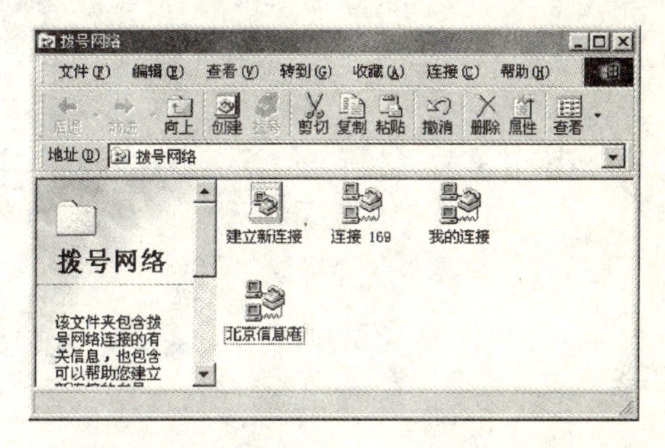

图 8.12　在“拨号网络”窗口中显示已创建的连接

2. 配置拨号网络

配置拨号网络的过程如图 8.13～图 8.15 所示。

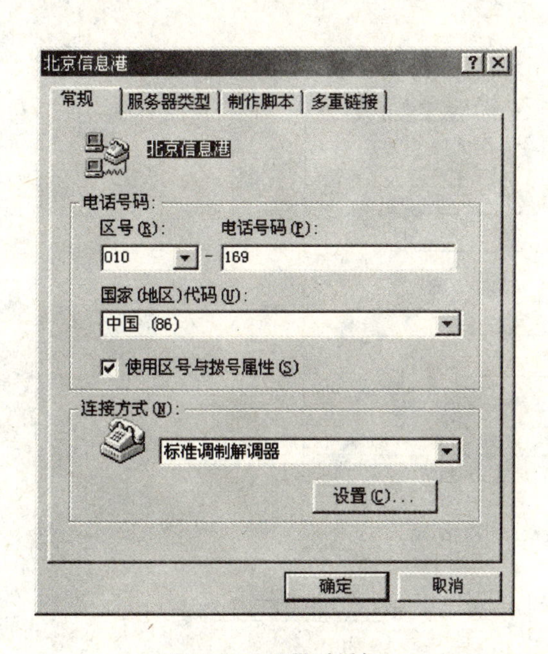

图 8.13　配置对话框

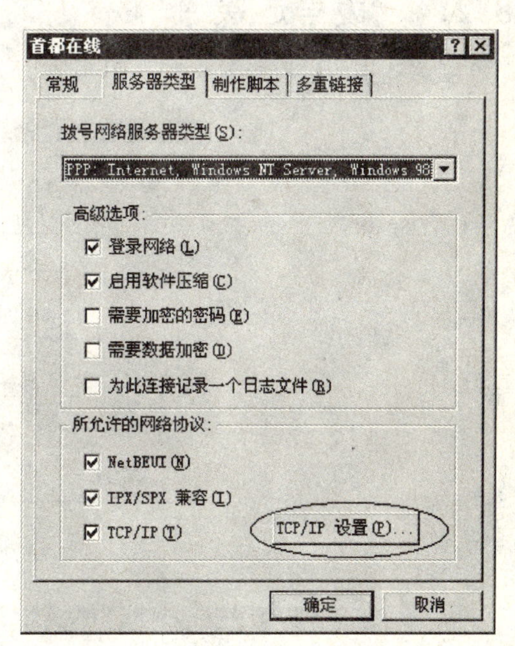

图 8.14　选中 TCP/IP 复选框

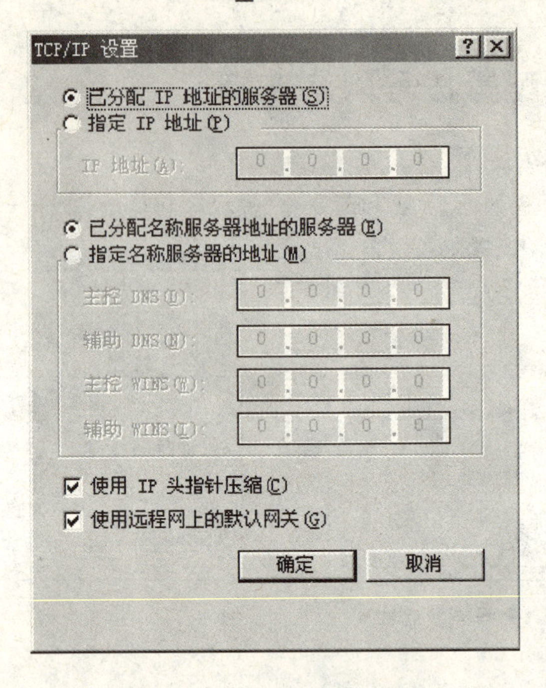

图 8.15　配置 TCP/IP 协议

8.2.4　拨号连接

拨号连接的过程如图 8.16～图 8.18 所示。

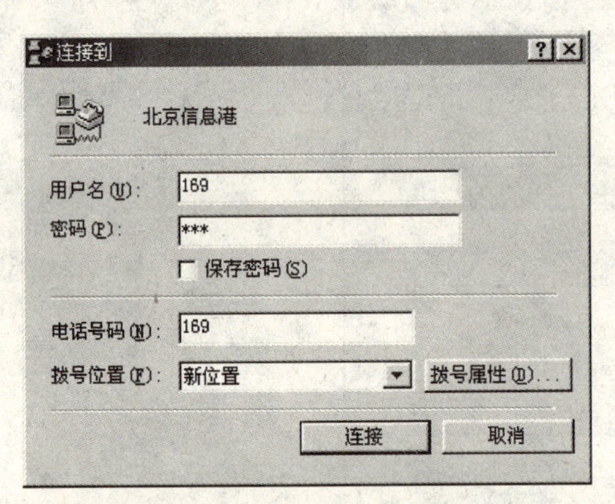

图 8.16　“连接到”对话框

图 8.17　正在拨号连接

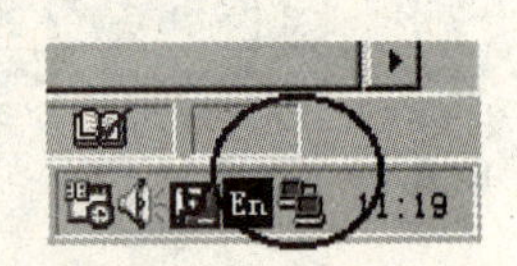

图 8.18　接入后的状态

8.2.5　创建 ISDN 拨号网络

创建 ISDN 拨号网络的过程如图 8.19～图 8.27 所示。

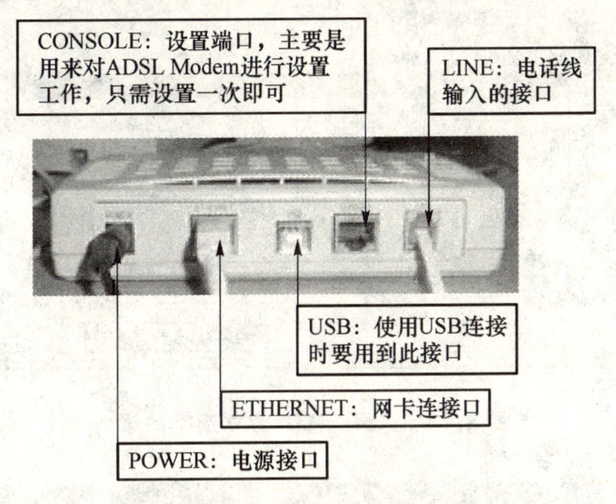

图 8.19　Modem 连接

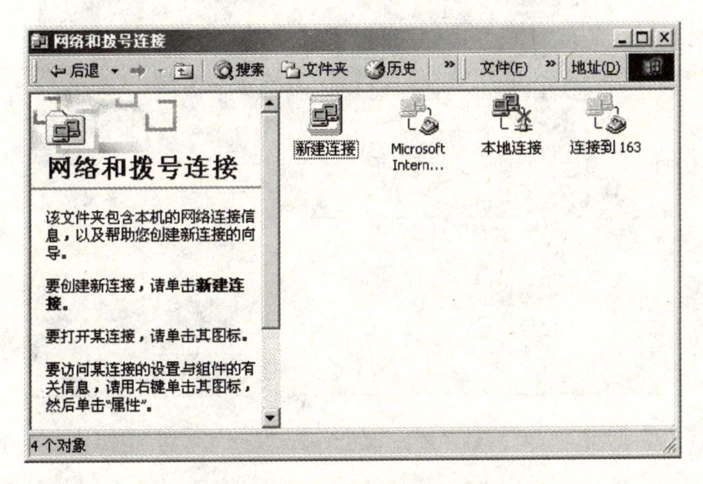

图 8.20　“网络和拨号连接”窗口

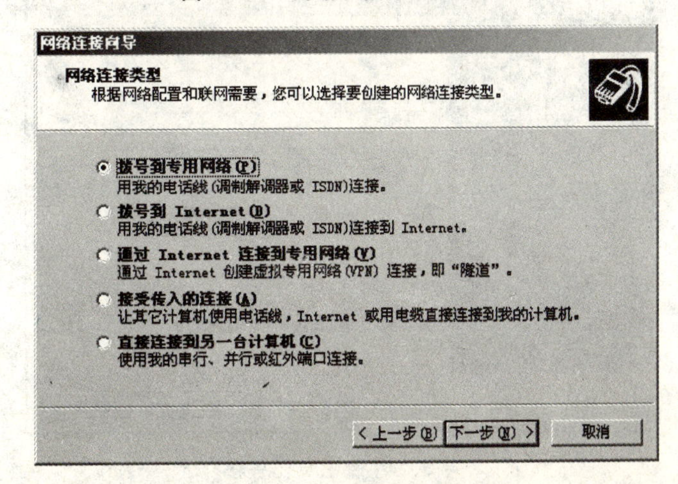

图 8.21　选择网络连接类型

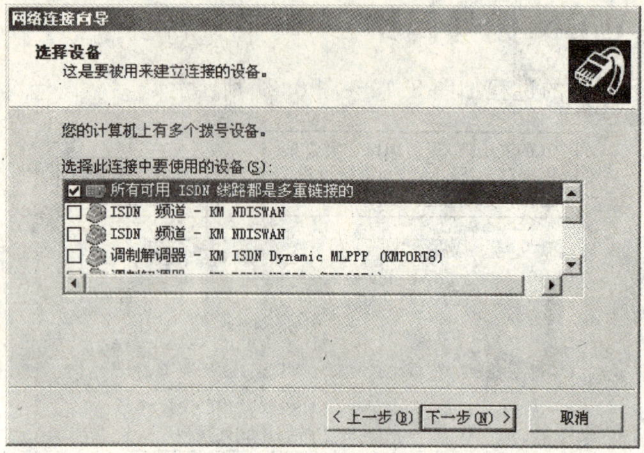

网络连接向导
选择设备
这是要被用来建立连接的设备。
您的计算机上有多个拨号设备。
选择此连接中要使用的设备(S):
所有可用 ISDN 线路都是多重链接的
ISDN 频道 - KM NDISWAN
ISDN 频道 - KM NDISWAN
调制解调器 - KM ISDN Dynamic MLPPP (KMPORT8)
< 上一步(B) 下一步(N) > 取消

图 8.22 选择与 ISP 建立连接的设备

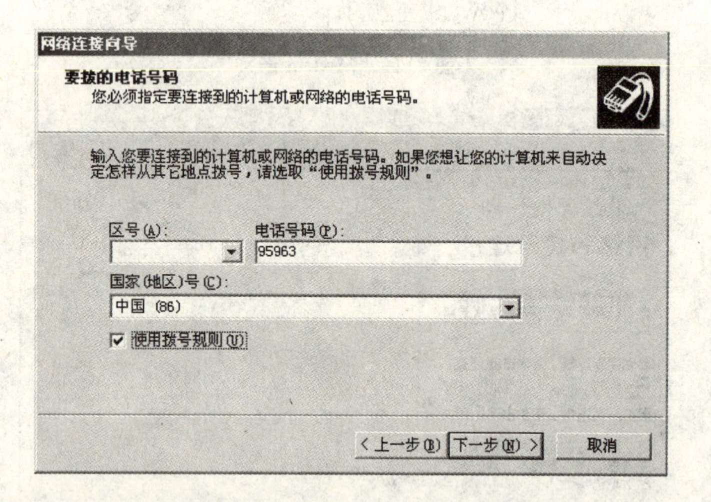

图 8.23 输入 ISP 方的拨入电话号码

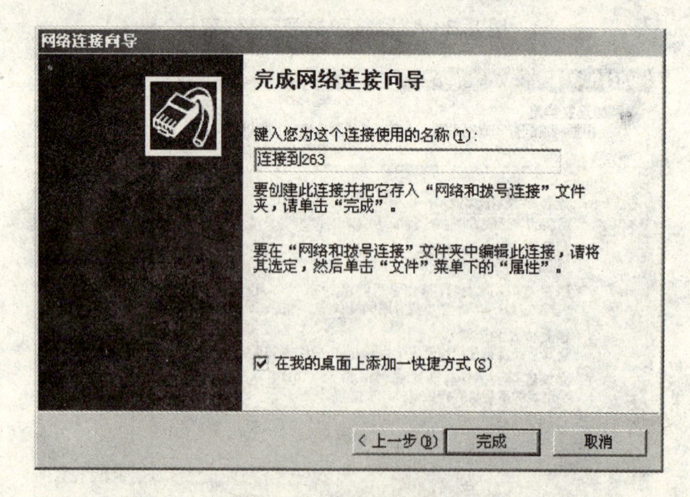

图 8.24 命名网络连接

图 8.25　拨号对话框

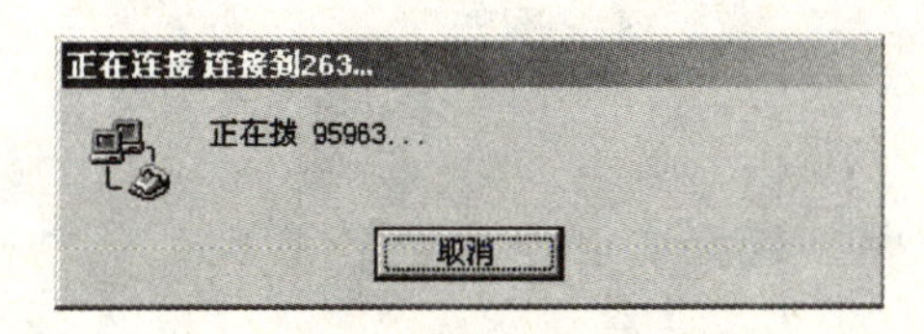

图 8.26　正在拨号

图 8.27　接入网络后的图标

8.3　局域网入网的实施

8.3.1　安装网卡

安装网卡的过程如图 8.28～图 8.31 所示。

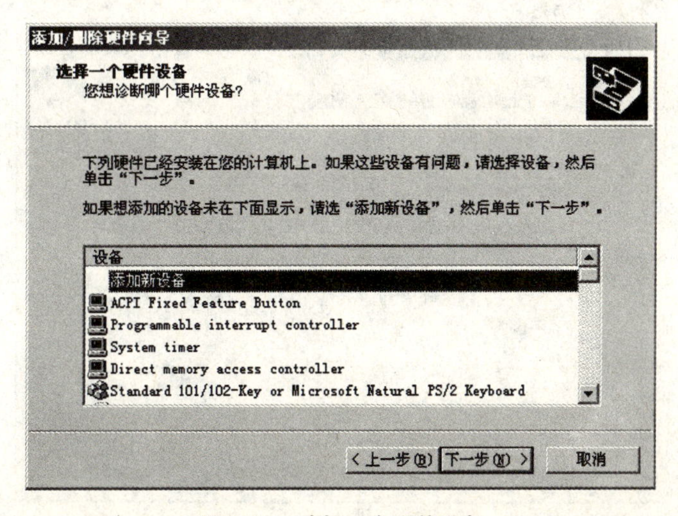

图 8.28　选择一个硬件设备

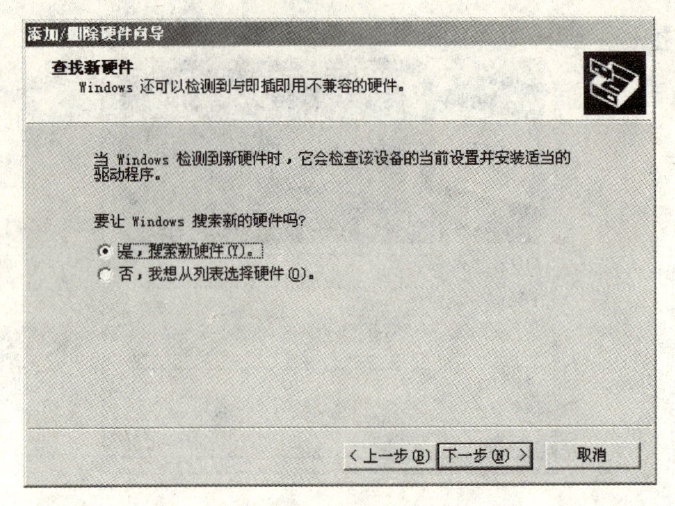

图 8.29　查找新硬件

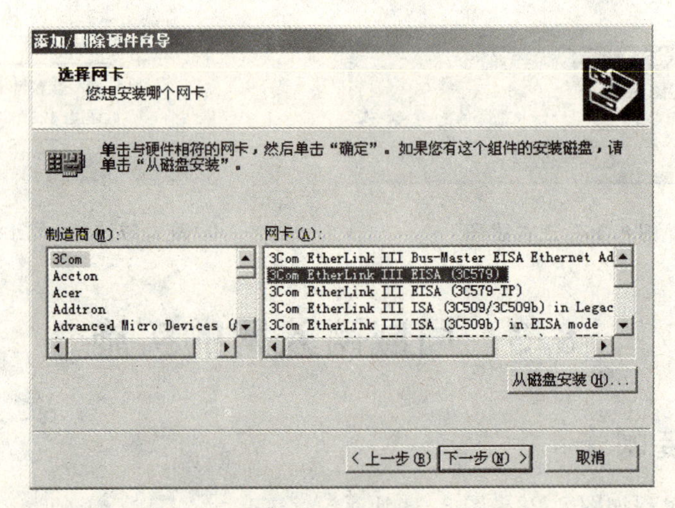

图 8.30　选择网卡

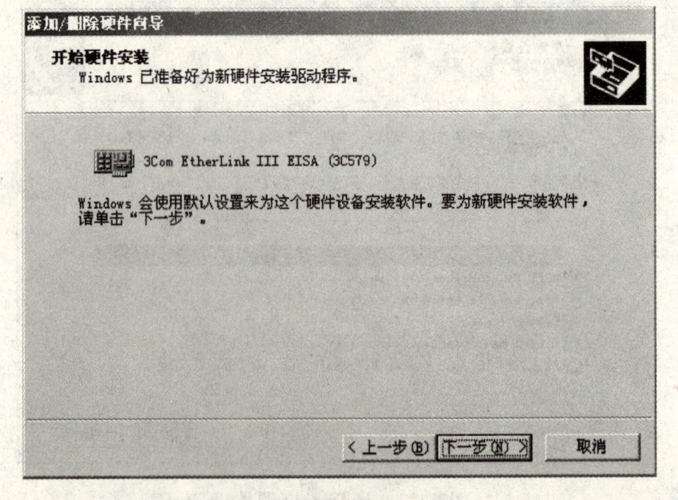

图 8.31　开始硬件安装

8.3.2　安装与配置TCP/IP协议

安装与配置TCP/IP协议的过程如图8.32和图8.33所示。

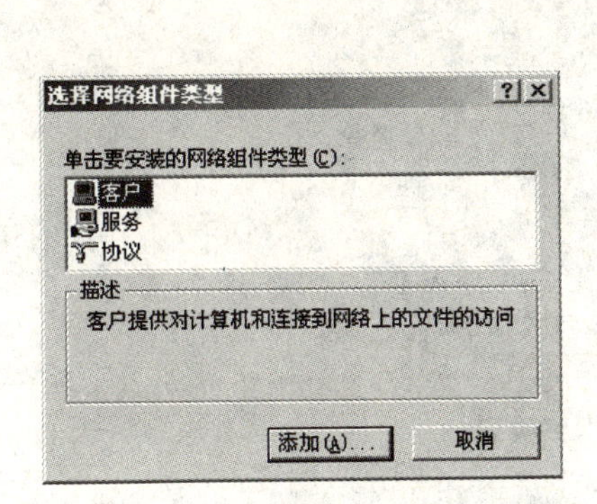

图8.32　"选择网络组件类型"对话框

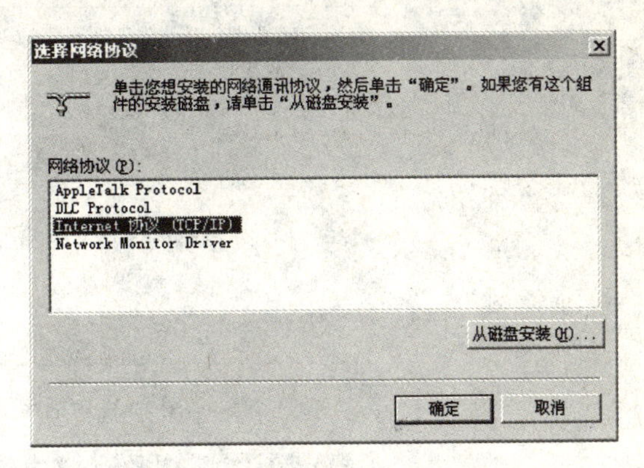

图8.33　选择要安装的网络协议

8.3.3　将计算机加入局域网

将计算机加入局域网的过程如图8.34～图8.39所示。

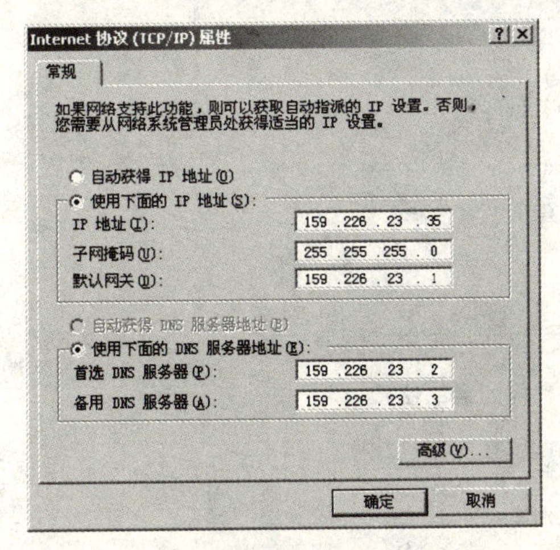

图8.34　配置IP地址

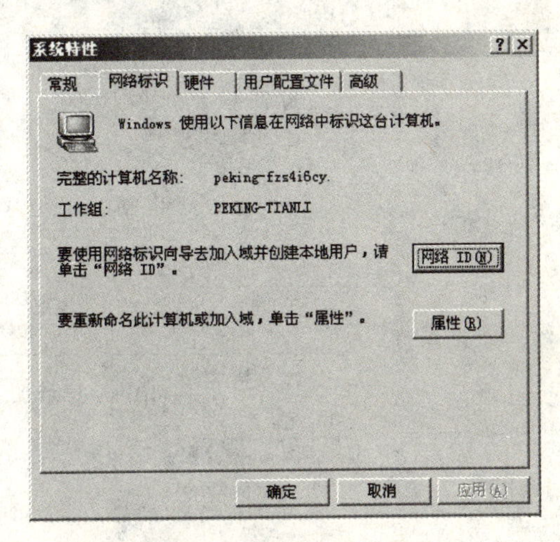

图8.35　"网络标识"选项卡

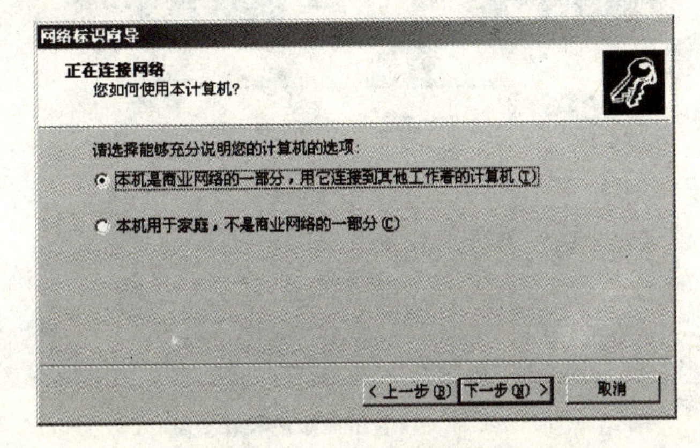

图8.36　选择连接对象

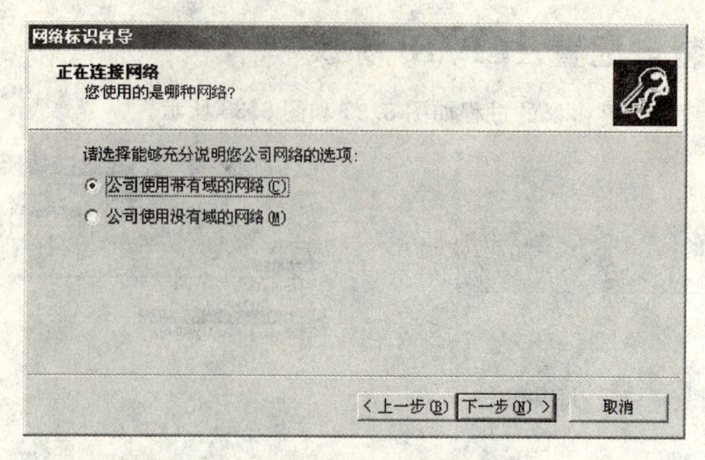

网络标识向导
正在连接网络
您使用的是哪种网络?
请选择能够充分说明您公司网络的选项:
公司使用带有域的网络(C)
公司使用没有域的网络(M)
< 上一步(B)
下一步(N) >
取消

图 8.37 指定要加入的网络类型

网络标识向导
网络信息
收集域和帐户信息后才能继续。
要将您的计算机连接到 Windows 网络，需要下列信息:
· 用户名
· 密码
· 用户帐户域
您可能还需要:
· 计算机名
· 计算机的域
如果您没有该信息，请与网络管理员联系，然后继续。
< 上一步(B)
下一步(N) >
取消

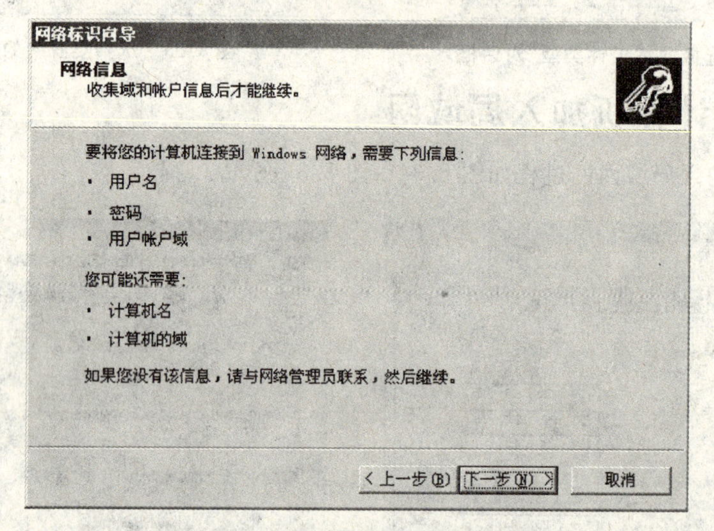

图 8.38 显示加入网络所需的信息

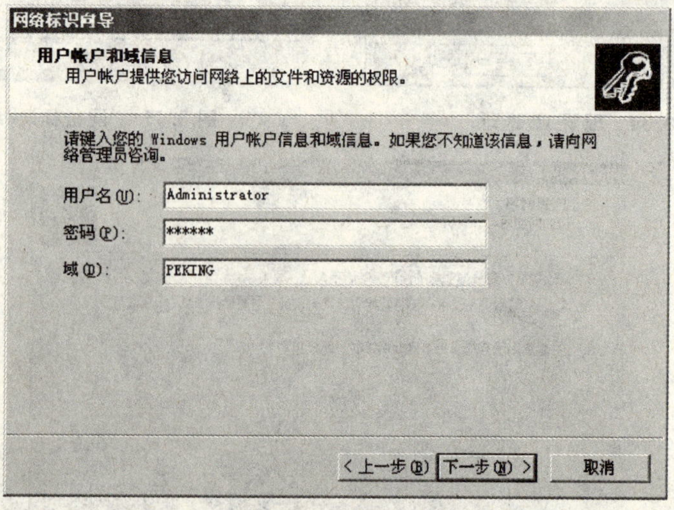

网络标识向导
用户帐户和域信息
用户帐户提供您访问网络上的文件和资源的权限。
请键入您的 Windows 用户帐户信息和域信息。如果您不知道该信息，请向网络管理员咨询。
用户名(U): Administrator
密码(P): ******
域(D): PEKING
< 上一步(B)
下一步(N) >
取消

图 8.39 输入用户账户和域信息

8.4 宽带接入技术

目前,用户的宽带接入方式主要有 ADSL、LAN、HFC 和 PLC 4 种,而由于拥有网络的限制,任何一家宽带接入服务商为用户提供的接入方式只能是其中的一种或两种。

从实际来看,这几种方案在网络接入方式、用户负担成本及可以提供的服务内容等方面不尽相同,所适用的范围也大不一样。用户在选择宽带接入服务商时,首先考虑的是哪一种接入方式更适合自己的需求,然后再确定服务商。因此,接入市场之争,首先就是接入方式之争。

下面就比较一下这几种方案的特点、应用场合和利弊。

8.4.1 ADSL 接入方式

1. 概　述

用户利用 ADSL(Asymmetrical Digital Subscriber Line,非对称数字用户环路)技术上网,不影响电话的正常使用,也不需要支付电话费用。

ADSL 支持上行速率 640 Kb/s～1 Mb/s(是普通 56K Modem 的 140 倍),下行速率 1 Mb/s～8 Mb/s。这种带宽能否满足用户的需求呢?目前宽带用户占用带宽最大的需求是在线观看视频,网上的一般流媒体都是以 128 Kb/s、256 Kb/s 或 500 Kb/s 的速率播放,而 ADSL 实际的下行传输速率一般为 512 Kb/s,理论上可以满足各种在线播放需求,基本适合接入用户的需求。

ADSL 有效的传输距离在 3～5 千米范围以内,而且距离愈远,速度愈慢,所以这种接入方式在城镇范围相当普及。经测试,在有些靠近市区的乡村也可以接入。

2. 系统模型

ADSL 接入模型如图 8.40 所示。

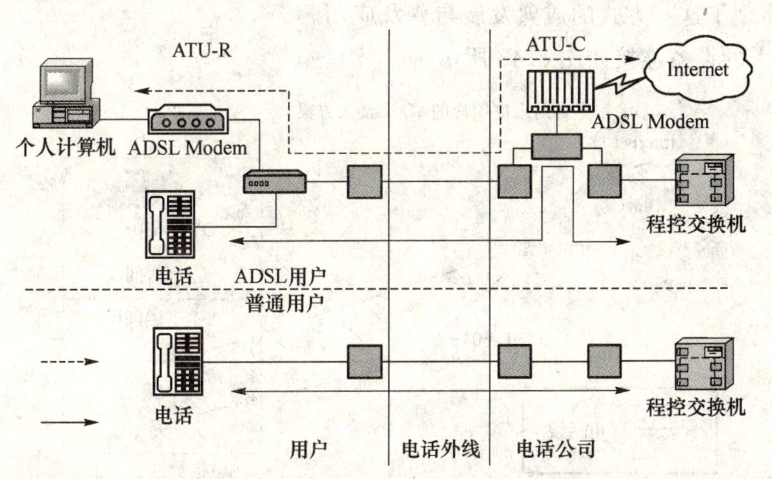

图 8.40　ADSL 接入模型

3. ADSL 的安装

ADSL 安装包括局端线路调整和用户端设备安装。在局端方面，由服务商将现有的电话线中串接入 ADSL 局端设备，只需 2～3 min；用户端需要安装一个线路分离器和一个 ADSL Modem，用户计算机上需要安装一块普通的 10 M 网卡。用户端的 ADSL 安装也非常简易方便，只要将电话线连上滤波器，滤波器与 ADSL Modem 之间用一条两芯电话线连接，ADSL Modem 与计算机的网卡之间用一条交叉网线连接即可完成硬件的安装，再将 TCP/IP 协议中的 IP、DNS 和网关参数项设置好便完成了安装工作。

ADSL Modem 的前面板与后面的接口如图 8.41 和图 8.42 所示。

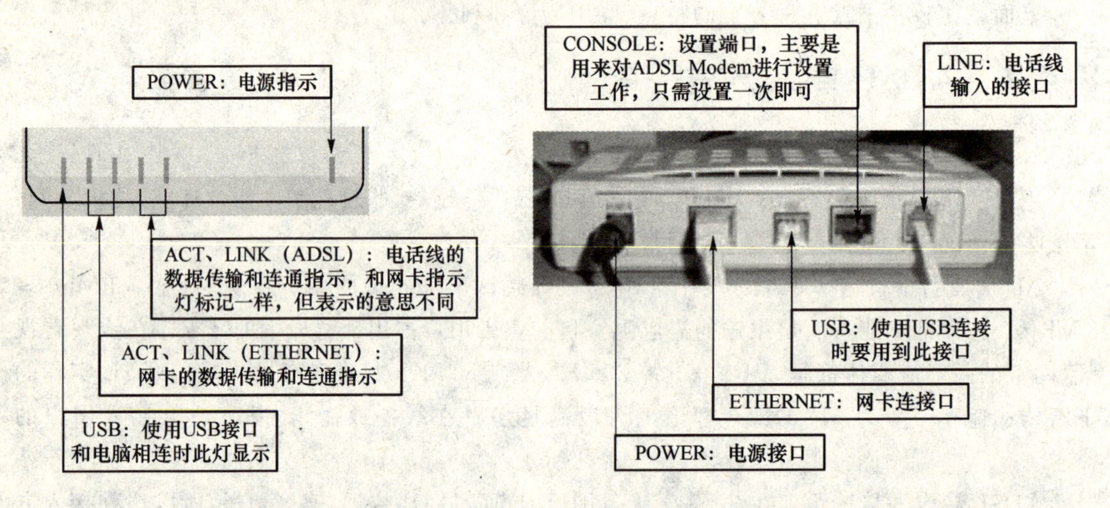

图 8.41　ADSL Modem 的前面板　　　　图 8.42　ADSL Modem 后面的接口

现阶段中国电信主推的“我的 e 家”业务（含 e6 和 e8 两种组合套餐），实现了向家庭用户提供有线与无线捆绑的语音解决方案，以及话音、互联网及增值应用与视频业务的综合信息应用解决方案，体现了这一方式的成熟发展与普及应用。

ADSL 接入的设备连接如图 8.43 所示。

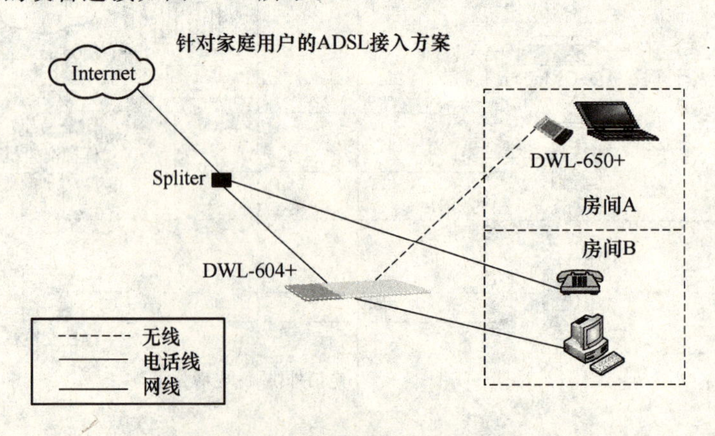

图 8.43　ADSL 接入的设备连接

在一些小型公司和办公场所，通过一个 ADSL 设备实现局域网接入 Internet 也是一种很

常见的做法，如图 8.44 所示。

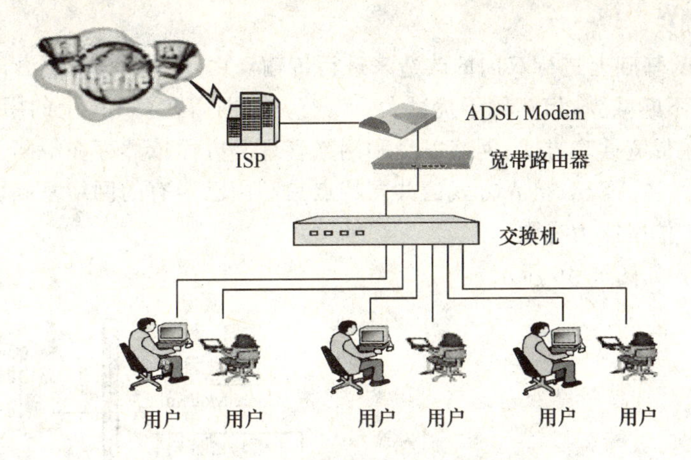

图 8.44　通过 ADSL 设备实现的局域网接入

8.4.2　LAN 接入方式

LAN 方式采用光缆＋双绞线的方式进行综合布线，双绞线总长度一般不超过 100 米，线路距离短，因而线路质量得到了更好的保障。采用 LAN 方式的宽带服务一般是吉比特光纤进小区，百兆光纤到楼，10/100 M 到户的模式，这比拨号上网速度快 180 多倍，在传输速率上也基本可以满足用户的各种需求。

由于采用光纤接入，在抗干扰方面，LAN 方式较普通电话线上传输数据的 ADSL 方式更优异。同时由于 LAN 接入的上下行速率是相同的，所以不会产生由于上行速率的限制导致干扰的情况。LAN 采用以太网技术的接入方式，因而在地域上受到一定限制，只有已经铺设了 LAN 的小区才能够使用这种接入方式。

局域网通过 DDN 专线连接 Internet 的方式如图 8.45 所示。

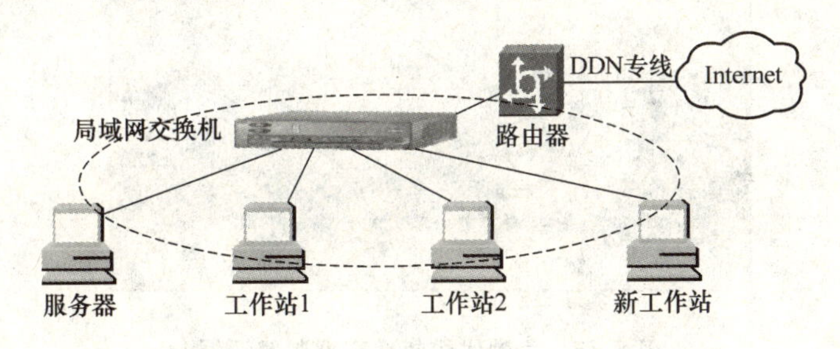

图 8.45　局域网通过 DDN 专线连接 Internet

8.4.3　HFC 接入方式

HFC 接入方式是基于有线电视网络提供的，由于其天然的行业垄断性，目前这种宽带接入方式仅能由广电的相关企业提供。HFC 有线电视网的网络结构的光纤部分多数采用星形网，电缆部分则采用树形分配网。这种网络结构对于有线电视网来说是相当优越的，但对于宽带高速综合业务网来说就不是很合理，主要原因是有线电视网和综合信息网对可靠性的要求不同，综合信息网要求网络具有很高的可靠性。有线电视网出了故障，造成的后果只是部分用户在某段时间无法收看电视节目；而综合信息网一旦出了故障不能及时修复时，可能会给用户造成不可弥补的损失。

HFC 在单向的基础上进行双向的改造来进行传输。由于共享一条信道，在用户量增加的时候，它的带宽会不断减少，相互的干扰过大。没有一个网络在 Cable 上的用户超过 5 000 个。目前有线电视网在带宽共享方式、网络安全和网络管理等方面依然存在缺陷。

HFC 接入方式和 ADSL 接入方式的共同特点是利用已经有的网络基础设施，它们共同的缺点是带宽进一步扩展能力有限。

HFC 接入方式如图 8.46 所示。

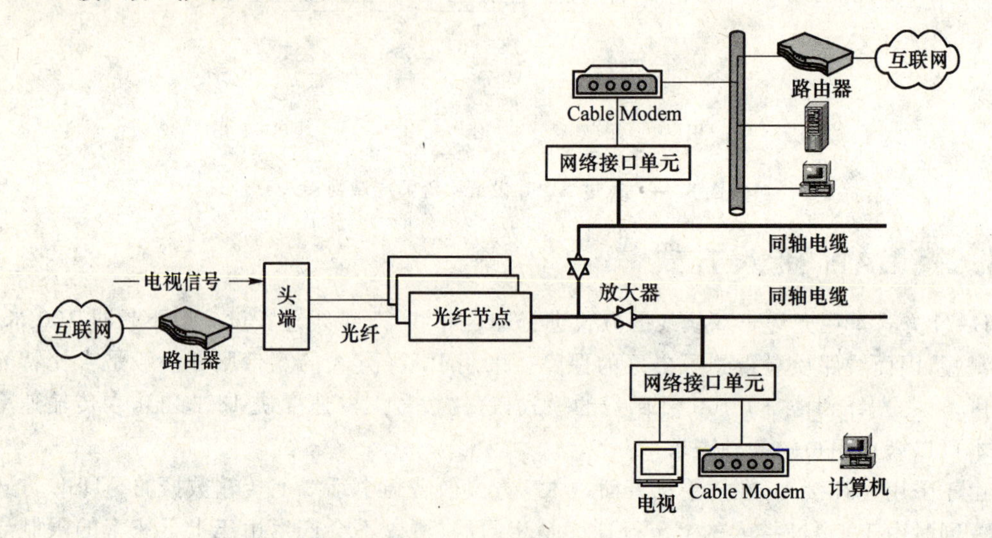

图 8.46 使用 HFC 接入

同轴线缆超宽带调制解调器如图 8.47 所示。

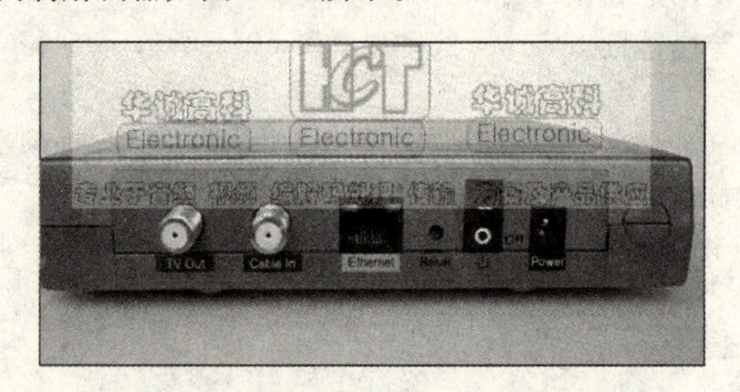

图 8.47 同轴线缆超宽带调制解调器

8.4.4 其他接入方式

1. PLC 接入方式

电力线通信技术（PLC，Power Line Communication），是指利用电力线传输数据和话音信号的一种通信方式。该技术是把载有信息的高频加载于电流，然后用电线传输，接受信息的调制解调器再把高频从电流中分离出来，并传送到计算机或电话上，以实现信息传递。该技术在不需要重新布线的基础上，在现有电线上实现数据、语音和视频等多业务的承载，也就是实现

四网合一，如图 8.48 所示。

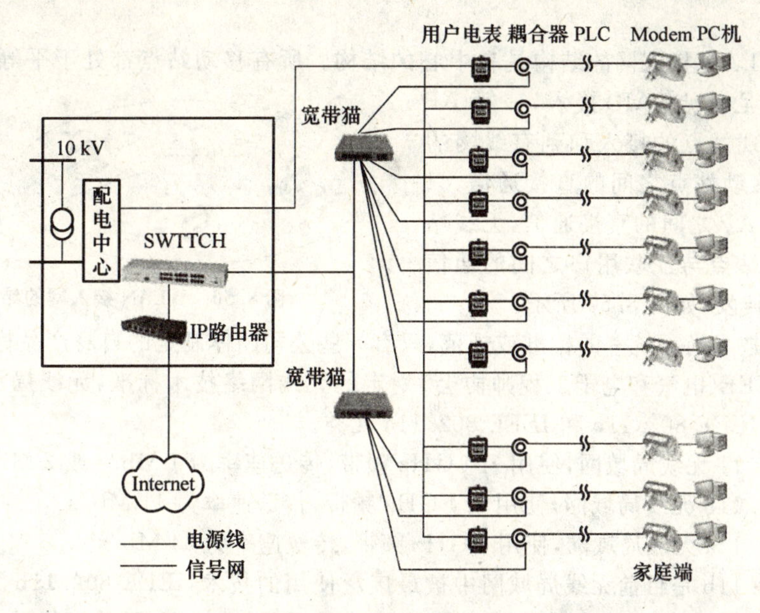

图 8.48　PLC 接入方式

终端用户只要插上电源插头，就可以实现 Internet 接入了。

PLC 利用 1.6～30 M 频带范围传输信号。在发送时，利用 GMSK 或 OFDM 调制技术将用户数据进行调制，然后在电力线上进行传输；在接收端，先经过滤波器将调制信号滤出，再经过解调，就可得到原通信信号了。目前可达到的通信速率依具体设备不同在 4.5～45 M。PLC 设备分为局端和调制解调器，局端负责与内部 PLC 调制解调器的通信及与外部网络的连接。在通信时，来自用户的数据经过调制解调器调制后，通过用户的配电线路传输到局端设备，局端将信号解调出来，再转到外部的 Internet 上。

自 2001 年沈阳开通了我国第一个电力线上网小区以来，到目前为止，我国仅有 300 个左右的小区采用了电力线上网，用户也只有一万多户。对于未来的发展，电力线上网技术将面临技术和市场的双重考验，由于电压变化所带来的干扰会影响上网质量、用电高峰时期数率波动大、PLC 芯片主要来自欧美以及国家法律法规不明确等因素都严重制约着电力线上网技术的良性发展。

PLC 方式调制解调器如图 8.49 所示。

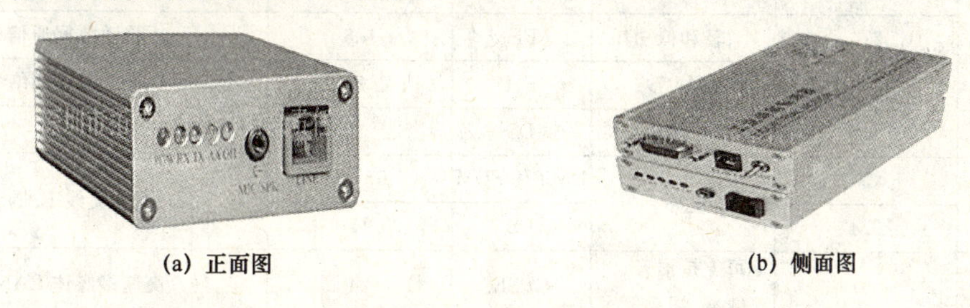

(a) 正面图　　(b) 侧面图

图 8.49　PLC 方式调制解调器

2. 无线接入方式

无线接入方式指通过无线局域网的接入口连接到互联网的形式。无线接入则是指从交换节点到用户终端之间部分或全部采用了无线手段。

典型的无线接入系统主要由控制器、操作维护中心、基站、固定用户单元和移动终端等几个部分组成。

适合作 WLAN 接入网的结构是有中心的结构。所有移动站点都处于平等地位，所有移动站点通过中心站点（AP）接入，一般 AP 位置不动。实现站点的接入和到有线网的桥接，不考虑移动站点之间的直接通信，只考虑各站点与 AP 之间的直接通信，无线站点之间及无线站点与互联用户之间的通信都需通过 AP 转发，如图 8.50 所示。

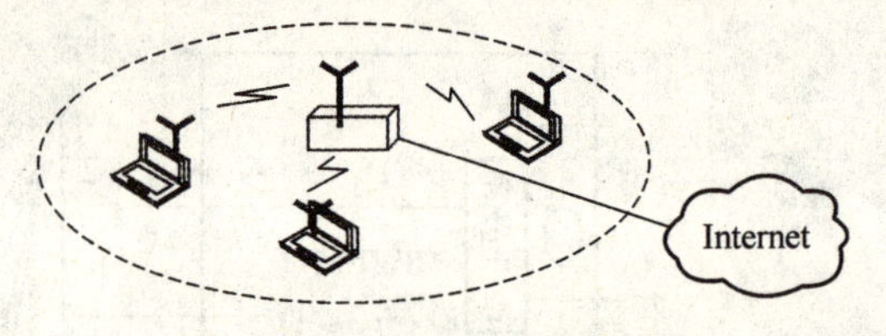

图 8.50 WLAN 接入网的结构

无线网络技术尚无统一的标准或规范，只有一些公司团体制定的自身产品标准。

按目前 IEEE（电气和电子工程师协会）划定的无线网络技术标准，无线局域网络主要有 IEEE 802.11、IEEE 802.11b 和 IEEE 802.11a 几类。

IEEE 802.11 无线局域网，使用 2.4 GHz 频带，传送速率为 1 Mb/s 或 2 Mb/s。

IEEE 802.11b 无线局域网，使用 2.4 GHz 频带，传送速率为 11 Mb/s。

IEEE 802.11a 无线局域网，使用 5 GHz 频带，传送速率为 54 Mb/s。

IEEE 802.11b 是目前无线局域网中被最广泛使用的技术，IEEE 802.11b 无线网络的架设容易而且费用不高。它的缺点是：在实际应用中，IEEE 802.11b 无线网络的传送速率很难达到 11 Mb/s 的速度，平均带宽通常处在 7 Mb/s～8 Mb/s。另外，IEEE 802.11b 无线网络工作在 2.4 GHz 的频带，因此容易受到来自微波炉、无绳电话和其他无线通信装置的干扰。这些干扰减少了数据传送的带宽，有时甚至可能中断连接。

IEEE 802.11a 很好地解决了 IEEE 802.11b 存在的上述问题。IEEE 802.11a 提供更高的带宽，而且工作在一个干扰较少的频带里。IEEE 802.11a 的产品刚刚在市场上推出，因此价位较高。

人们有时也用 Wi-Fi 来称呼 IEEE 802.11b 无线网络。Wi-Fi 其实是指 WECA（无线网络兼容联盟）对 IEEE 802.11b 无线网络产品进行的兼容性认证。贴有 Wi-Fi 标识的不同品牌的 IEEE 802.11b 产品，可以毫无问题地配合使用。

当前几种主要的无线网络技术如表 8.2 所列。

表 8.2 当前几种主要的无线网络技术

技术名称	使用频段/GHz	特点	调制技术	最大通信速率/(Mb·s^{-1})	主要应用
OpenAir	2.4	小、轻和低功耗	FH	1.6	移动数据通信
802.11FH	2.4	可加密	FH	2	无线数据网络
802.11DS	2.4		DS	2	
高速 802.11	5	宽带	DMT/OFDM	6～54	高速无线 LANS
	2.4		DS	11	
BRAN (HiperLANs)	5	可支持语音、数据、视频等	GPSK	24	高速多媒体 LANS
DECT	1.88～1.90	语音和数据	GFSK	1.152	小型办公场所、家庭的语音和数据通信
SWAP	2.4	低成本	FH	2	小型办公场所和家庭的无线通信

有线网络的传输速率较快，一般为100 Mb/s、1 000 Mb/s，而且也比较稳定，而无线网络的速率相对来说稍慢一些，一般为11 Mb/s、54 Mb/s或108 Mb/s，衰减现象比较严重。但无线接入方式为用户提供了移动上网、组网灵活和维护方便等很大的便利。

经由移动通信网络的接入技术也发展得很迅速，如GSM接入技术、CDMA接入技术、GPRS接入技术以及3G通信技术。有些行业部门还使用卫星接入技术以实现远程教育等应用。

下面以手机接入上网方式简介相关技术情况。

手机与计算机连接上网的基本原理就是使计算机将手机视为一个GSM(GPRS)的Modem从而实现上网。通过手机连接计算机接入互联网就是利用手机的上网服务，通过数据传输线、红外线等方式连接计算机，从而实现拨号上网、移动办公等应用。运用手机本身具有的GPRS或者WAP上网功能，开通上网或数据服务，再配合台式计算机或者笔记本电脑，就可以使用多种无线上网的服务，如收发E-mail、浏览网站、到论坛灌水、QQ聊天、上聊天室及下载电子图书、MP3甚至FTP文档等资料。

用手机连接计算机通常有三种连接方式。

(1) 数据线连接

这种连接方式最简单，一般通过串口或者USB接口连接，而且数据线也是目前市场上很多种高端手机的标准配置。即使单独购买，价钱也不是很贵，一般都在200元以内。这种连接方式的优点是成本低、技术成熟、安全性高，但是缺点也很明显，那就是携带不方便，不是真正的无线上网，而且外购的数据线往往会有兼容性的问题。

(2) 红外线连接

目前新型的笔记本电脑和手机都配备了红外线接口，因此无须再配置任何硬件，只要把手机的红外线接口对准笔记本电脑的红外线接口就可以实现无线上网了，不过，它的通信距离最远大约为1米，最高速度为115.2 Kb/s，而且还有方向性的限制，也就是说只能将两个设备的红外线接口互相对准，不能有较大的偏移，然后点对点地进行直线数据传输，否则传送就会失败。

对于没有红外线接口的台式机来说，也可以用MA-600或者其他的红外套件代替，非常方便。这种连接方式的优点是成本低、技术成熟、支持的设备多，而且安全性较高，缺点是要受一定限制，因为它要求手机的红外线接口对准笔记本电脑或台式机的红外线接口，有稍大的偏移也不行，而且通信距离较短。

(3) 蓝牙连接

蓝牙是爱立信公司最先开发的一种短距离无线连接技术，它可以将两台以上带有蓝牙芯片或适配器的设备进行无线连接，通信距离最长大约为10米，无方向性，可实时进行数据和语音的传输，传输速率可以达到1 Mb/s，不过由于受各种不同的电磁干扰，它的实际传输速度只能达到50～100 Kb/s左右。通过蓝牙上网最大的优点是手机与计算机的对接无方向性限制，这是通过红外线上网所不能做到的；另外它的通信距离长，可达10米；它的传输速度也要比红外线快很多。

它最大的缺点是数据的保密性和安全性差。这是因为它传输数据的无方向性而且通信距离长达 10 米，这样别人同样可以用另一台带蓝牙芯片的笔记本电脑或 PDA 在距离你 10 米的范围内复制你笔记本电脑上的数据并共享你的上网服务。

目前市场上支持 GPRS 或者 WAP 功能的手机型号很多，在与计算机连接时会有不同的设置方法，但原理都是一样的。

8.4.5 宽带接入方式讨论

尽管每一个宽带服务商都强调自己的宽带接入方式最先进、最便捷，但是应该看到，由于受宽带接入服务商的网络规模大小、技术水平高低及从业时间长短等因素的影响，各种接入方式理论上所能达到的数值和用户的实际使用效果存在很大差距。例如 LAN 方式，尽管理论上用户的上网速率可以达到 10 Mb/s，而实际上，当前每个接入用户的上网速率也就达到几百 Kb/s。

ADSL、LAN 和 HFC 三种主流宽带接入方式只能说各具特色，优劣势也十分明显。

对于新建的智能小区来说，以太网方式肯定是理想的选择，LAN 技术成熟、成本低、结构简单、连接稳定、可扩充性好并且便于网络升级，对于用户来说，上网速度较快，更重要的是符合大的技术走向，适应未来城域网把以太网作为基础的发展方向。

但是，LAN 在地域上受到极大限制，只有已经铺设了 LAN 的小区才能够使用这种接入方式，而且在接入用户室内时，还要架设网线，会破坏用户室内的装潢。此外，LAN 方式也面临着高端设备相对缺乏、IP 地址资源要求数量大及运营管理水平要求较高等问题。

对于特别分散的用户来说 ADSL 则是唯一的选择。ADSL 方式不用对网络进行大规模改造，只需在现有铜绞线的两端分别加上一个调制解调器，即可使传输速率增加几十倍。利用 ADSL 技术开展宽带接入业务的优势非常明显，首先可以充分利用电信网现有的铜缆资源，减少资金投入并充分发挥铜线的潜力。其次，用户随时可以上网，无须每次重新建立连接，而且不会影响电话的使用，每个用户都可以独享高速通道，没有阻塞的问题。此外，ADSL 接入保密性好、安全可靠。因此，ADSL 成为了电信运营企业的首推宽带接入服务。但是，ADSL 线路上能够提供的最高速率对距离和铜线的质量十分敏感，距离增加时，串音尤其是远端串音会增加，将使线路品质劣化。

对于采用 HFC 宽带的上网方式来说，最大的优势是有线电视网相当普及，已经有了庞大的基础设施，无须额外的布线工程(但也需要进行单向改双向的改造，即在头端增加 Cable 猫终结系统)。用户室内大多数都已接入了电力线及有线电视线，因此，用户无须在室内穿孔架线，故不会改动室内原有设施。

因而对于较老的小区用户以及比较分散的上网人群来说，HFC 的 Cable 接入是最优选择。但作为一种接入方式，它推广的时间较短，技术上还不完善，并且受干扰的因素较多，使用过程中往往会出现种种缺陷。另外，有线电视电缆属于共享线路方式，如果用户非常集中，则每一个 Cable 用户的加入都会增加噪声、占用频道、减少可靠性以及影响线路上已有的用户服务质量，最终导致宽带不宽的局面。而交换式以太网和 ADSL 则不会发生这种情况。

总之，目前的宽带接入方式并没有哪一种是最好的，用户真正需要选择的只是最适合自己的方式。

8.5　网络连接测试

安装网络硬件和网络协议之后，一般要进行 TCP/IP 协议的测试工作。全面的测试应包括局域网和互联网两个方面。

在实际工作中利用命令行测试 TCP/IP 配置的步骤如下所述。

① 单击“开始”→“运行”命令，输入“CMD”按回车键，打开命令提示符窗口。

② 首先检查 IP 地址、子网掩码、默认网关及 DNS 服务器地址是否正确，输入命令“ipconfig-all”按回车键。此时显示了你的网络配置以观察是否正确。

③ 输入“ping 127.0.0.1”，观察网卡是否能转发数据，如果出现 Request timed out，表明配置出错或网络有问题。

④ ping 一个互联网地址，如 ping 202.102.128.68 看是否有数据包传回，以验证与互联网的连接性。

⑤ ping 一个局域网地址，观察与它的连通性。

⑥ 用 nslookup 命令测试 DNS 解析是否正确，如输入“nslookup www.51cto.com”，查看是否能解析。

如果计算机通过了全部的测试，则说明网络正常，否则网络可能存在不同程度的问题。在此不展开详述。不过，要注意，在使用 ping 命令时，有些公司会在其主机设置中丢弃 ICMY 数据包，造成 ping 命令无法正常返回数据包，此时不妨换个网站试试。

实验九　宽带接入实训

实验环境

硬件：计算机为联想 F40；蓝牙适配器一只，开通 GPRS 包月的手机(此处为索爱 W800C)一部；

软件：IVT 蓝牙驱动 BlueSoleil(买适配器的时候带的光盘里有)。

实验步骤

① 安装好 IVT 蓝牙驱动后，打开 BlueSoleil 程序，双击中间的橘色小球，搜索到手机，进行配对。

② 双击手机图标，打开蓝牙拨号网络服务。

③ 打开动感大挪移软件并启动服务。

④ 在 BlueSoleil 程序中选择蓝牙拨号网络服务直接拨号(不需要手动输入任何数据直接拨号)。

⑤ 成功后屏幕右下角会有提示信息。

⑥ 用 IE 时则用下面的注册表文件导入系统，也可以用火狐，直接修改代理服务器为：127.0.0.1，端口：6000 就可以登录网络了。

⑦ QQ 或者其他软件同样修改代理服务器即可。

目前流行的宽带接入方式比较如表 8.3 所列。

表 8.3　目前流行的宽带接入方式比较

项目	ADSL	LAN	HFC	PLC	WLAN
上行频带	640 K～1 M	10 M(独享)	10 M(2 000～3 000 用户共享)	4.5～45 M	11 Mb/s
下行频带	1～8 M	10 M(独享)	38 M(2 000～3 000 用户共享)	4.5～45 M	11 Mb/s
理论最高速率	—	1 000 M 以上	300 M	45 M	11 Mb/s
方式	普通电话双绞线	光纤到楼网线到户	光纤到小区 同轴线到户	电力线到户	电磁波
技术	非对称数字技术	数字宽带技术	模拟宽带技术	电力线通信技术	无线网
稳定性	稳定	稳定	随电视节目多少而波动	受电线电流影响	比较稳定
移动上网	否	否	否	否	是
价格	较高	较高	较高	较高	较高

习　题

一、填空题

1. ADSL 的"非对称"性是指＿＿＿＿＿＿＿＿＿＿＿＿＿＿＿＿。
2. HFC 中的上行信号是指＿＿＿＿＿＿＿＿，下行信号是指＿＿＿＿＿＿＿＿。

二、选择题

1. 选择互联网接入方式时可以不考虑(　　)。
   A. 用户对网络接入速度的要求
   B. 用户所能承受的接入费用和代价
   C. 接入计算机或计算机网络与互联网之间的距离
   D. 互联网上主机运行的操作系统类型
2. ADSL 通常使用(　　)。
   A. 电话线路进行信号传输　　B. ATM 网进行信号传输
   C. DDN 网进行信号传输　　D. 有线电视网进行信号传输
3. 目前，Modem 的传输速率最高为(　　)。
   A. 33.6 Kb/s　　B. 33.6 Mb/s
   C. 56 Kb/s　　D. 56 Mb/s

三、简　答

1. 计算机用户有哪些方法可以实现与 Internet 的接入，各有什么特点？
2. 在局域网接入的情况下，PC 上如何进行互联网络的配置，在电话拨号接入时，又应如何配置？
3. 分别说明局域网接入用户与拨号接入用户使用 Internet 时网络环境结构的差别。

四、实践题

1. 练习利用 Internet 检索专业文献、学习专业知识。

通过网络查找有关“Internet 接入技术”主题的科技文献，提交一份学习报告，报告内容要求：列出主要网站地址和文献出处；总结查询文献的方法；论述“Internet 接入技术”的研究现状。

2. 设计一个 ADSL 接入系统，使某单位 8 台 PC 机通过一条双绞线同时上网。以传统或当前的 ADSL 网络方式，画出方案示意图(自业务提供网络到用户终端)。并简要说明 ADSL 用户端设备的安装过程。

第9章 无线局域网组网技术

【学习目标】

- 了解无线网络的发展
- 了解无线网络技术
- 能独立配置无线网络

9.1 无线网络概述

无线局域网是指以无线通信介质作传输媒介的计算机局域网(WLAN,Wireless Local Area Network),无线网络是有线联网方式的重要补充和延伸,并逐渐成为计算机网络中一个至关重要的组成部分,随着笔记本电脑性能的大幅提升和普及,特别是迅驰技术的普及,对于无线网络的需求也在日益增长。

无线网络发展基于有线网络的基础,它的显著特点是使网上的PC机具有可移动性,能够快速方便地解决有线方式难以实现的网络信道的联通问题。因而广泛适用于需要可移动数据处理或无法进行物理传输介质布线的领域。随着IEEE 802.11无线网络标准的制定与发展,使无线网络技术更加成熟与完善。能够给用户提供更加安全、可靠、移动、高效及远距离的网络互联方案,并已成功地广泛应用于众多行业如:金融证券、教育、学校、大型企业、工矿港口、政府机关、酒店、机场、军队及外企等。

无线局域网一般分为室内移动办公和室外远距离主干互联,有效地解决了有线的布线、改线工程量大,线路容易损坏,网中各站点不可移动的问题,特别是相隔数十千米的两局域网相连可解决通过电话线传输的速率低、误码率高、线路可靠性差以及每月高昂的租金问题。无线网络的强大加密技术、低于手机三分之一的辐射以及可以自由架设的2.4 G自由频段使各种行业的用户无后顾之忧。

随着无线网络的应用与需求的快速增加,众多的国际著名网络厂商纷纷加大研发力度,近几年不断出现新的技术和高性价比的产品,为用户的使用提供了更多的选择和更好的服务。伴随着计算机互联网络的飞速发展,无线局域网络技术将会有更广阔的发展空间。

9.2 IEEE 802.11b无线网络概述

1999年9月,电子和电气工程师协会(IEEE)批准了IEEE 802.11b规范,这个规范也称为Wi-Fi。IEEE 802.11b定义了用于在共享的无线局域网(WLAN)进行通信的物理层和媒

体访问控制(MAC)子层。在物理层,IEEE 802.11b采用2.45 GHz的无线频率,最大的位速率达11 Mb/s,使用直接序列扩频(DSSS)传输技术。在数据链路层的MAC子层,IEEE 802.11b使用载波侦听多点接入/冲突避免(CSMA/CA)媒体访问控制(MAC)协议。需要传输帧的无线工作站首先侦听无线媒体,以确定当前是否有另一个工作站正在传输(属于CSMA/CA的载波侦听的范畴)。如果媒体正在使用中,该无线工作站将计算一个随机的补偿延时。只有在随机补偿延时过期后,该无线工作站才会再次侦听是否有其他正在执行传输的工作站。通过补偿延时的引入,等待传输的多个工作站最终不会尝试在同一时刻进行传输(属于CSMA/CA的冲突避免范畴)。冲突可能会发生,并且和以太网不同,传输节点可能没有检测到它们。因此,IEEE 802.11b使用带确认(Acknowledgment,ACK)信号的请求发送(Request to Send,RTS)/清除发送(Clear to Send,CTS)协议,以确保成功地传输和接收帧。

9.3　IEEE 802.11标准中的物理层

在IEEE 802.11标准中规定了三种方法实现物理层:

① 跳频扩频FHSS。

② 直接序列扩频DSSS。

③ 红外技术IR。

第一种技术和第二种技术都是利用无线电波来实现数据的传输,通常使用的是2.4 GHz,它具有穿透性强、传输距离远等特点,是目前使用最广泛的一种无线传输介质。红外技术应用相对要少一些,主要因为它本身的局限性造成的,它的特点是发送端和接收端必须相对,中间不能有障碍物,另外传输距离十分有限、速率不高。一般只用于小距离的传输,例如现在有不少手机都集成了红外技术,可以在1 m左右实现20 Kb左右的数据传输率。

除了以上所说的以外,现在可以看到的无线传输介质还有蓝牙技术。蓝牙(Bluetooth)是由东芝、爱立信、IBM、Intel和诺基亚公司于1998年5月共同提出的近距离无线数字通信的技术标准。其目标是实现最高数据传输速度1 Mb/s有效传输速度为721 Kb/s,最大传输距离为10米,用户不必经过申请便可利用2.4 GHz的ISM(工业、科学、医学)频带,在其上设立79个带宽为1 MHz的信道,用每秒钟切换1 600次的频率、滚齿方式的频谱扩散技术来实现电波的收发。

9.4　无线局域网的优势

通常计算机组网的传输介质主要依赖铜缆或者光缆构成有线局域网。不过有线网络在某些场合要受到布线的限制,布线、改线工程量大,线路容易损坏,而且各节点不可移动。特别是当要把相离较远的节点联系起来时,专用通信线路的布线施工难度之大、费用之高、耗费时间之长,实在难以想像,对正在迅速扩大的互联网需求形成了严重的瓶颈,WLAN的出现就可以很好地解决有线网络存在的问题。

1. 技术优势

WLAN利用电磁波在空气中发送和接收数据,而无须线缆介质,现在最高速的IEEE 802.11a和IEEE 802.11g的传输速率已经达到了54 Mb/s,完全可以满足视频、多媒体及办公的需求。不过从某种意义上来说，它是对目前有线联网方式的一种补充和扩展（带宽仍旧有限），使联网的计算机具有移动性，能快速、方便地解决有线网络的连通问题。

与漫长的网络布线施工工程相比，WLAN则简单许多，仅需要安装一个或者多个接入点（Access Point）设备，就可以建立覆盖整栋建筑物的局域网络，施工周期大大减少，费用的节省及效率的提高是显而易见的。

WLAN一旦建成，在无线信号覆盖的任何一个区域位置都可以接入网络。此外，无线局域网的抗干扰性强、网络保密性好。对于有线局域网中存在的诸多安全问题，在无线局域网中基本上可以避免，而且相对于有线网络来说，无线局域网的组建、配置和维护较为容易，一般计算机工作人员都可以胜任网络的管理工作。

我们都知道，无线电波在传播过程中是不断衰减的，因此AP的通信范围也只能被限制在一定的范围之内，这个范围就是微单元。

另外，在网络中存在多个AP的时候，这些微单元之间会有一定的范围内重合，因此无线用户就能够在整个WLAN覆盖的区域移动，无线网卡会自动监测附近信号强度最大的AP，并通过这个AP收发数据，保持不间断的网络连接，这就是无线漫游，与手机的无线漫游类似，可漫游在不同的基站之间，只是暂时没有足够的AP可以在全球范围内移动，但是通常在一个单位里，特别是在校园里，如果建成无线网络则基本可以在校园中的任何一个地方实现无线接入。

2. 扩频技术

WAPI要强制实施的原因是国家称它更加安全，但是无线网络却具有比有线网络更安全的特性，且使用了军用技术，例如扩频。扩频技术原先是军事通信领域中使用的宽带无线通信技术，使用该技术能够使数据在无线传输中更完整可靠，且确保在不同频段中传输的数据不会相互干扰。

3. 直序扩频

使用高码率的扩频序列，在发射端扩展信号的频谱，而在接收端则使用相同的扩频序列进行解扩，把展开的扩频信号还原成原来的信号。

4. 跳频扩频

跳频技术与直序扩频技术完全不同，它是另外一种扩频技术。跳频的载频受一个伪随机码的控制，在其工作带宽范围内，其频率按随机规律不断改变。接收端的频率也按随机规律变化，并与发射端保持一致。

9.5 无线网络组件

IEEE 802.11b无线网络包含以下组件。

(1) 工作站

工作站（Station，STA）是一个配备了无线网络设备的网络节点。具有无线网卡的个人PC机称为无线客户端。无线客户端能够直接相互通信或通过无线访问点（Access Point，AP）进行通信。由于无线客户端采用了无线连接，因此具有可移动的功能。

(2) 无线 AP(无线接入点)

在典型的 WLAN 环境中，主要有发送和接收数据的设备，称为接入点/热点/网络桥接器(Access Point，AP)。无线 AP 是在工作站和有线网络之间充当桥梁的无线网络节点，它的作用相当于原来的交换机或者是集线器，无线 AP 本身可以连接到其他的无线 AP，但是最终还要有一个无线设备接入有线网来实现互联网的接入。

无线 AP 类似于移动电话网络的基站。无线客户端通过无线 AP 同时与有线网络和其他无线客户端通信。无线 AP 是不可移动的，只用于充当扩展有线网络的外围桥梁。

9.6　IEEE 802.11 安全

IEEE 802.11 标准为无线安全定义了以下机制：

① 通过开放系统和共享密钥身份验证类型实现的身份验证。

② 通过有线等效隐私(Wired Equivalent Privacy，WEP)实现的数据保密性。

操作系统对 IEEE 802.11b 的支持：

Windows XP 操作系统提供了对 IEEE 802.11b 的内置支持。已安装的无线适配器会扫描可用的无线网络，并将该信息传递给 Windows XP 操作系统。接着，Windows XP 无线零配置(Wireless Zero Configuration)服务将配置无线连接，无须用户进行配置或干预。如果没有找到无线 AP，Windows XP 操作系统将把无线适配器配置为使用特殊模式。Windows XP 无线零配置服务与对 IEEE 802.1X 进行身份验证的支持集成在一起。

9.7　无线接入实例

无线路由器共享网络。下面就以 TP-LINK 541G54 M 无线多功能宽带 SOHO 路由器为例说明设置方法。无线路由器如图 9.1 所示。

1. 服务器端配置

① 将线路连接好，WAN 口接外网(即 ADSL 或别的宽带)，LAN 口接内网即计算机网卡。

首先要正确连接无线路由器。配置无线路由器之前，必须将 PC 与无线路由器用网线连接起来，网线的另一端要连接到无线路由器的 LAN 口上，然后将经 Modem 引出来的一端连接到无线路由器的 WAN 口，这样就可以了。无线路由器的连接如图 9.2 所示。

图 9.1　无线路由器

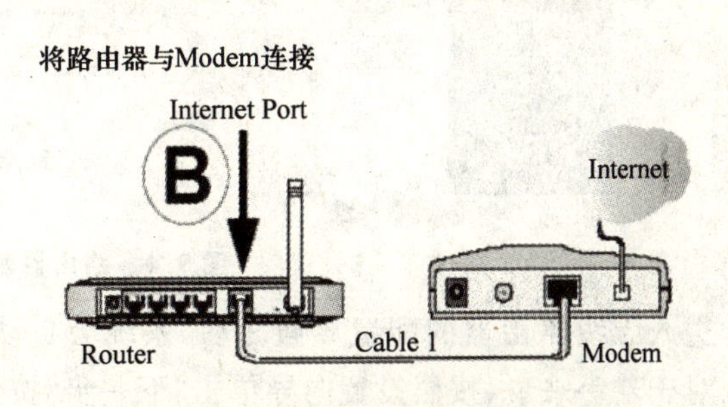

图 9.2　无线路由器的连接

② 每个路由器都有默认的 IP 地址登录到无线路由器管理界面。在与无线路由器相连的计算机的浏览器栏中输入"192.168.0.1",多数的无线路由器默认的管理 IP 地址是 192.168.1.1,用户名和密码都是 admin,具体的是哪款无线路由器可以参考相关的说明书,说明书上都注明了登录无线路由器管理界面的用户名和密码。

如果输入"192.168.0.1"之后打不开地址,那就是 PC 机的网络设置问题了,打开连接属性,将 IP 地址设置为 192.168.0.x(x 为 2~255 之间的数),其他的默认及网关可以不设置,或者选择自动分配 IP 地址。管理员界面如图 9.3 所示。

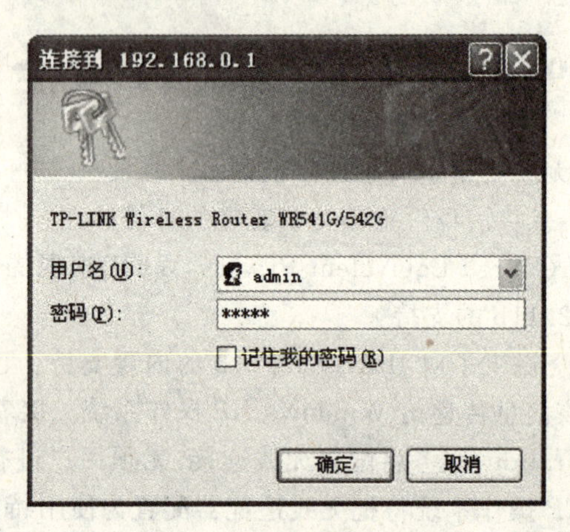

图 9.3 管理员界面

③ 将自己的计算机 IP 地址配置为 192.168.0.x,网关和 DNS 指向路由器,即为192.168.0.1。

④ 打开计算机上的 Internet Explorer,输入"http://192.168.1.1/",进入路由器的配置界面,如图 9.4 所示。

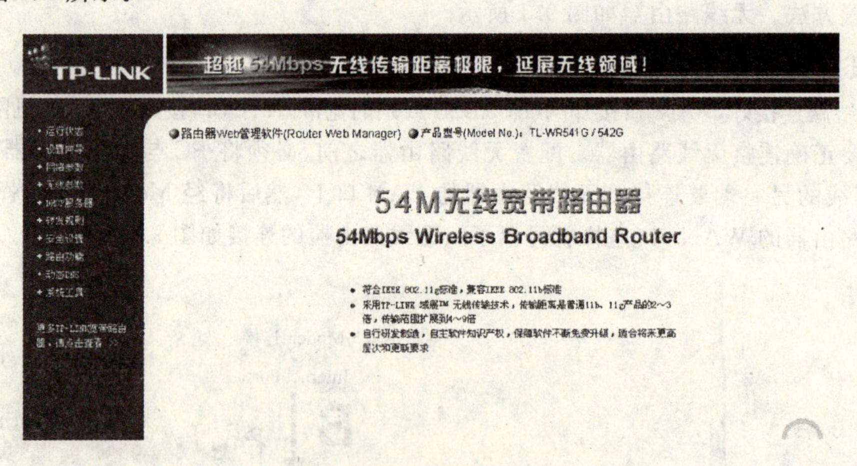

图 9.4 路由器配置界面

进入无线路由器的配置界面之后,系统会自动弹出一个"设置向导"对话框,如图 9.5 所示。对于新手来说,按照设置向导单击"下一步"按钮进行。其实,"设置向导"对话框中的内容跟自己手动设置的项目是一样的。

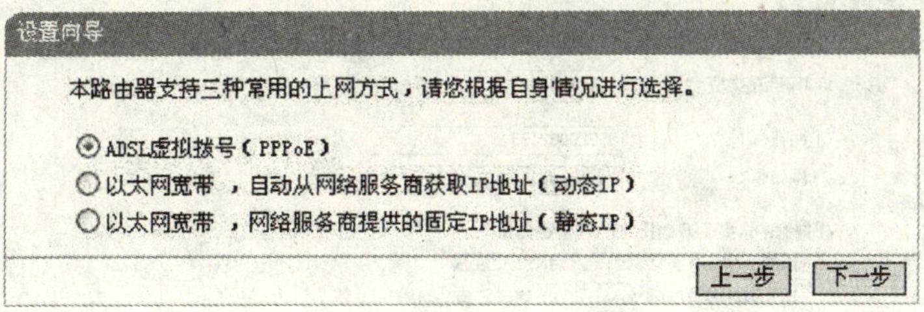

设置向导

本路由器支持三种常用的上网方式，请您根据自身情况进行选择。

◉ ADSL虚拟拨号（PPPoE）
○ 以太网宽带　，自动从网络服务商获取IP地址（动态IP）
○ 以太网宽带　，网络服务商提供的固定IP地址（静态IP）

上一步　下一步

图 9.5　“设置向导”对话框

在无线路由器的网络参数设置中，必须对 LAN 口、WAN 口两个接口的参数进行设置。在实际应用中，很多用户只对 WAN 口进行了设置，LAN 口的设置则保持无线路由器的默认状态。

如 WAN 口接出设备是动态分配 IP 地址，那应该选择动态 IP 用户，不过这种情况很少遇到，一般家庭都是采用 PPPoE 模式或者静态 IP 的模式。用无线路由器拨号的用户，应该选择 PPPoE 模式，并输入相应的 ADSL 用户名和用户密码，如图 9.6 所示。

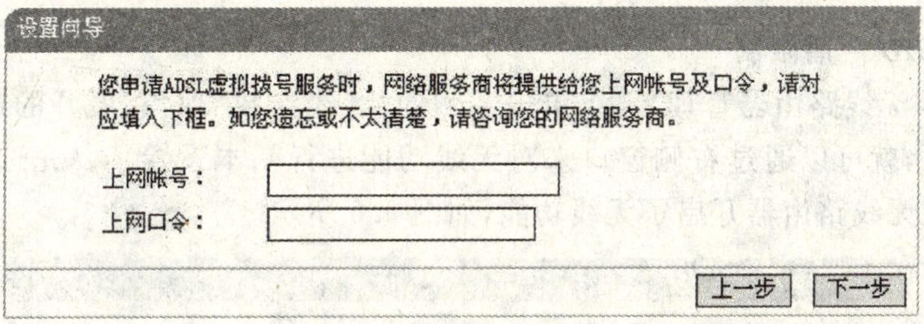

设置向导

您申请ADSL虚拟拨号服务时，网络服务商将提供给您上网帐号及口令，请对应填入下框。如您遗忘或不太清楚，请咨询您的网络服务商。

上网帐号：
上网口令：

上一步　下一步

图 9.6　选择 PPPoE 模式的登录界面

LAN 口的配置如图 9.7 所示。

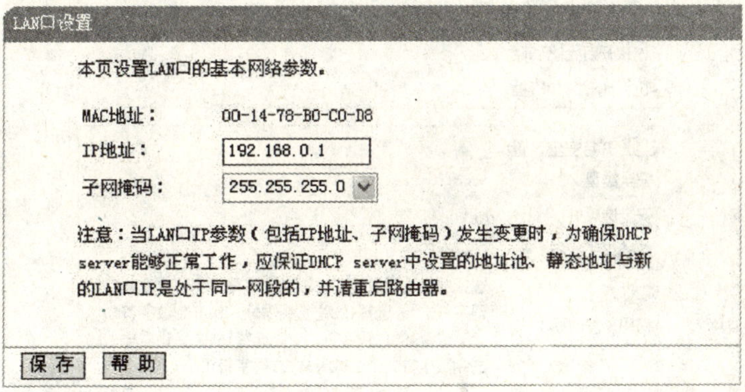

LAN口设置

本页设置LAN口的基本网络参数。

MAC地址：　00-14-78-B0-C0-D8
IP地址：　192.168.0.1
子网掩码：　255.255.255.0

注意：当LAN口IP参数（包括IP地址、子网掩码）发生变更时，为确保DHCP server能够正常工作，应保证DHCP server中设置的地址池、静态地址与新的LAN口IP是处于同一网段的，并请重启路由器。

保 存　帮 助

图 9.7　LAN 口配置界面

WAN 口的配置如图 9.8 所示。

完成之后，下面来配置无线参数。在配置无线路由器时，严格来说没有步骤，建议用户按照无线路由器配置页面中的次序进行配置。

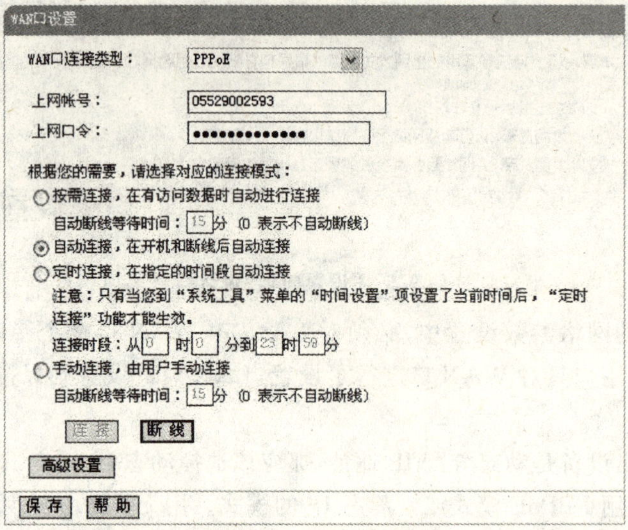

WAN口设置

WAN口连接类型： PPPoE

上网帐号： 05529002593

上网口令： ●●●●●●●●●●●●●●

根据您的需要，请选择对应的连接模式：

○按需连接，在有访问数据时自动进行连接

自动断线等待时间：15 分 (0 表示不自动断线)

⊙自动连接，在开机和断线后自动连接

○定时连接，在指定的时间段自动连接

注意：只有当您到“系统工具”菜单的“时间设置”项设置了当前时间后，“定时连接”功能才能生效。

连接时段：从 0 时 0 分到 23 时 59 分

○手动连接，由用户手动连接

自动断线等待时间：15 分 (0 表示不自动断线)

连接 断线

高级设置

保存 帮助

图 9.8 WAN 口配置界面

(1) 设置 SSID 广播限制

步骤 1:进入无线路由器管理界面,单击左侧的“无线参数”项,在展开的选项列表中选择“基本设置”选项,就可以通过右侧窗口来对无线功能进行基本设置了。先选中“开启无线功能”复选框,保障无线路由器开启了无线功能,如图 9.9 所示。

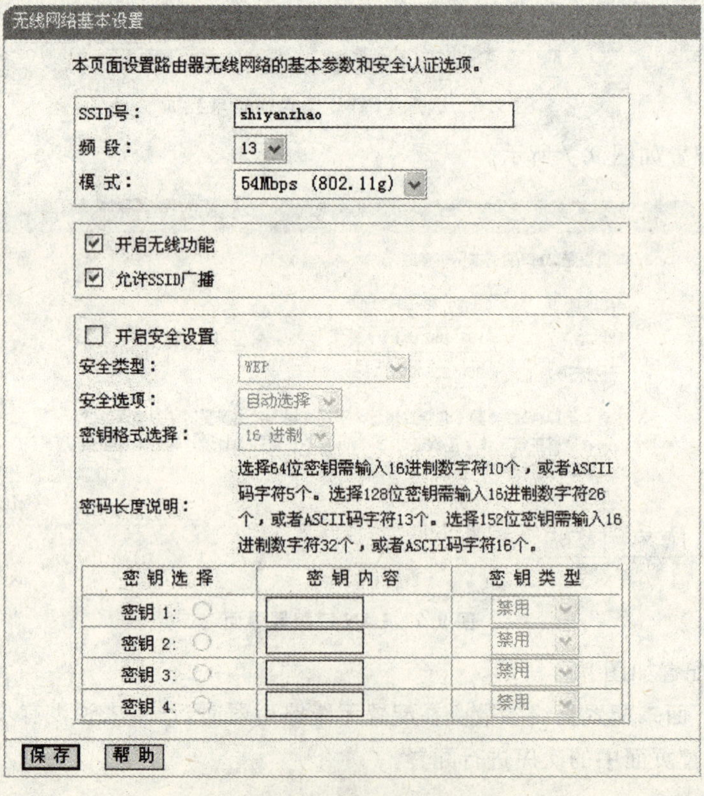

无线网络基本设置

本页面设置路由器无线网络的基本参数和安全认证选项。

SSID号： shiyanzhao

频 段： 13

模 式： 54Mbps (802.11g)

☑ 开启无线功能

☑ 允许SSID广播

☐ 开启安全设置

安全类型： WEP

安全选项： 自动选择

密钥格式选择： 16 进制

密码长度说明： 选择64位密钥需输入16进制数字符10个，或者ASCII码字符5个。选择128位密钥需输入16进制数字符26个，或者ASCII码字符13个。选择152位密钥需输入16进制数字符32个，或者ASCII码字符16个。

密钥选择	密钥内容	密钥类型
密钥 1: ○		禁用
密钥 2: ○		禁用
密钥 3: ○		禁用
密钥 4: ○		禁用

保存 帮助

图 9.9 无线网络基本设置界面

步骤 2:在默认情况下,无线路由中的允许 SSID 广播功能是有效的,这样无线路由的信号就会以广播形式散射出去。当有无线网卡处于无线路由器的覆盖范围之内时,便可通过操作系统自带的扫描功能查找到当前区域内的 SSID,以此方便快速地连接网络。

不过这一功能的开启,往往也会使其他非法的无线网卡搜索到 SSID,并带来无线路由器被盗用的危险。所以,在此可取消无线路由器的 SSID 广播功能,以此降低被盗用的几率。

SSID 最多由 32 个字符组成,它的功能在于可区分不同的网络,而无线网卡则根据不同的 SSID 进入不同的无线网络。

(2) 为无线路由器加密

取消 SSID 广播,可保证无线路由器不被其他无线网卡搜索到,但其他人要连接无线网络时,就必须手动输入 SSID 信息,从而使得操作变得繁琐了。可以为无线路由器加密来保护网络不受外人的干扰。

加密的方法很简单,只要在无线路由器的基本设置页面中,选中"开启安全设置"复选框,然后选择安全类型为 WEP,再输入相应的访问密码,最后单击"保存"按钮就可以了。

(3) 在该路由中可以设置 DHCP 服务器

DHCP 服务配置界面如图 9.10 所示。

DHCP服务

本路由器内建DHCP服务器,它能自动替您配置局域网中各计算机的TCP/IP协议。

DHCP服务器: ⊙不启用 ○启用
地址池开始地址: 192.168.1.100
地址池结束地址: 192.168.1.199
地址租期: 120 分钟(1～2880分钟,缺省为120分钟)
网关: (可选)
缺省域名: (可选)
主DNS服务器: (可选)
备用DNS服务器: (可选)

保存　帮助

图 9.10　DHCP 服务配置界面

一般可以选择不开启。如果开启的话,在客户端设置 IP 的时候需要注意要在地址池中。以上就是服务器端设置。

这些步骤完成后下面要设置要访问的客户机。

首先,客户机选择的无线网络设备主要有三类。

(1) 台式机 PCI 无线网卡

PCI 是由 Intel 公司于 1991 年推出的一种局部总线,它定义了 32 位数据总线,且可扩展为 64 位。PCI 总线是一种不依附于某个具体处理器的局部总线。从结构上看,PCI 是在 CPU 和原来的系统总线之间插入的一级总线,具体由一个桥接电路实现对这一层的管理,并实现了上下之间的接口以协调数据的传送。图 9.11 所示为台式机 PCI 无线网卡。

管理器提供了信号缓冲,使之能支持 10 种外设,并能在高时钟频率下保持高性能,它为显

卡、声卡、网卡及 Modem 等设备提供了连接接口，它的工作频率为 33 MHz/66 MHz。32 位 PCI 总线主板插槽的体积比原 ISA 总线插槽还小，其功能与 VESA、ISA 相比有了极大的改善，支持突发读写操作，最大传输速率可达 132 Mb/s，并可同时支持多组外围设备。

目前采用 IEEE 802.11b 标准的无线网卡传输速度在 11 Mb/s，其实际传输速度只有 500 Kb/s左右；采用 IEEE 802.11g 标准的无线网卡传输速度为 54 Mb/s，其实际传输速度不可能超过 4 Mb/s；虽然采用 IEEE 802.11g+、Super-G 及 Prism Nitro 等标准的无线网卡的传输速度可以达到 108 Mb/s 甚至更高，但在实际应用中其实际传输速度也没能超过 4～6 Mb/s。

所以，目前的 PCI 接口已基本能满足 IEEE 802.11b/g 这样主流标准的无线网卡的需求了。虽然 PCI-E 已成为主流标准，但现有的 PCI 设备，如声卡、电视卡及无线网卡等暂时都没有必要向 PCI-E 接口过渡。

(2) 笔记本的无线接入设备

① PCMCIA 无线网卡。一种用于笔记本电脑的快速无线网卡。符合无线数据传输的 IEEE 802.11 标准。使用这种无线网卡能轻松高速地收发数据。

这款无线网卡能在完全不用任何网线的情况下保持局域网的连续连接。它能与连接在局域网中的其他 PC 实现资源共享，例如，硬盘驱动器、DVD 驱动器、CD 驱动器、打印机和其他资源。此无线网卡即插即用，并且封装了一个多角度增益天线，增加了数据传输的可靠性和距离。如图 9.12 所示为 PCMCIA 无线网卡。

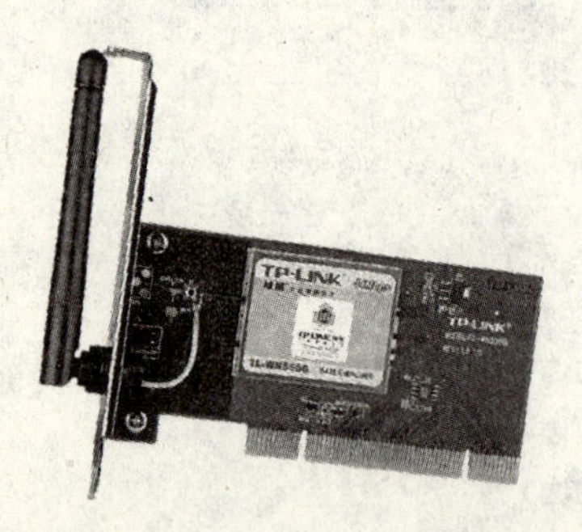

图 9.11　台式机 PCI 无线网卡

图 9.12　PCMCIA 无线网卡

② MiniPCI 无线网卡。MiniPCI 无线网卡类似于 SODIMM 内存卡，小巧灵活，被广泛用于笔记本 Modem、网卡及无线网卡等设备上，其中无线网卡是其应用的最大主流。MiniPCI 接口是在台式机 PCI 接口的基础上扩展出的适用于笔记本电脑的接口标准。而 MiniPCI 无线网卡本身不集成天线，靠预置在笔记本电脑机身中的天线来获取信号，所以笔记本电脑中只要有 MiniPCI 插槽和预置天线或预置天线的位置就可轻松地将网卡升级为无线网卡。图 9.13所示为 MiniPCI 无线网卡。

③ USB 无线接入设备。支持 PCI 接口的无线网卡只能用在台式机上，PCMCIA 接口的无线网卡只能用在笔记本电脑上，而 USB 接口的无线网卡则可以用在任何带有 USB 接口的计算机上，这是它的主要优点。如今，USB 接口主要使用两大标准：USB 1.1 和 USB 2.0。前者传输数据的最高速度为 12 Mb/s，而后者可高达 480 Mb/s。由于无线传输协议也有最高速度的限制，所以为了避免形成瓶颈，市场上凡是使用 IEEE 802.11b 协议的产品都使用了 USB 1.1 标准，而使用了 IEEE 802.11g 协议的产品都使用 USB 2.0 标准。所以用户在选购的时候，不必

担心由于标准不同所带来的速度瓶颈。此外，目前USB网卡的连接类型主要分为两类：一类可以直接插在计算机上的USB接口上，这种网卡的优点是便于携带、使用方便，缺点是容易碰伤网卡；另一类是通过一根USB数据线连接网卡和计算机，这种网卡的优点是容易保护网卡、外形美观，缺点是多了一根数据线，造成了线缆的干扰。用户可根据自己的需要来选择合适的网卡类型。图9.14所示为USB网卡。

图9.13　MiniPCI无线网卡

图9.14　USB网卡

2. 客户端的配置

无线客户端接入无线AP或无线路由的配置与服务器端的配置基本相同，通常情况下，只需选择无线网络，设置SSID和加密方式即可。

以Windows 2003客户端配置为例来介绍。

当无线网卡驱动程序支持Windows 2003操作系统的无线自动配置时，可以通过以下操作配置Windows 2003操作系统的无线网络。

① 在Windows 2003操作系统中安装无线网络适配器。这个过程包括为无线网络适配器安装正确的驱动程序，以便它在网络连接中作为一个无线连接出现。

② 当计算机在家庭或小型企业的无线AP范围内时，Windows 2003操作系统应该能检测到它，并在任务栏的通知区域显示检测到无线网络提示信息。

③ 在网络连接中右击无线网络适配器，然后在弹出的快捷菜单中选择"查看可用的无线连接"命令，也可弹出该对话框，如图9.15所示。

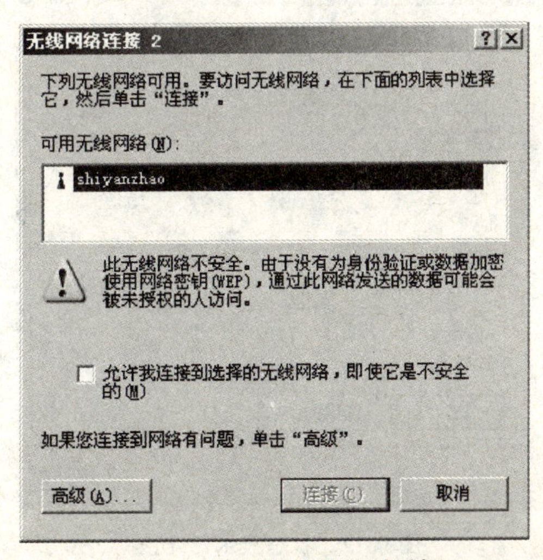

图9.15　无线网络连接对话框

④ 选择连接后，Windows 2003 操作系统将尝试连接到该无线网络。

⑤ 由于 Windows 2003 操作系统还没有配置用于该无线网络的 WEP 加密密钥，连接尝试将会失败，如果有 WEP 加密密钥请在“网络密钥”和“确认网络密钥”文本框中输入 WEP 密钥，然后单击“连接”按钮。

⑥ 配置客户端的 IP 和 DNS。配置界面如图 9.16 所示。

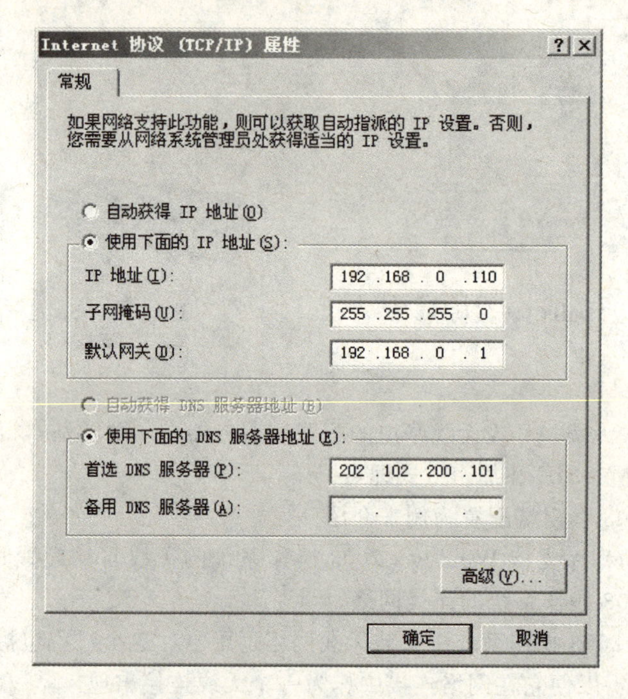

图 9.16 IP、DNS 配置界面

⑦ 如果在无线网络连接对话框中无线网络的状态消息是已连接，如图 9.17 所示，那么连接就成功了。

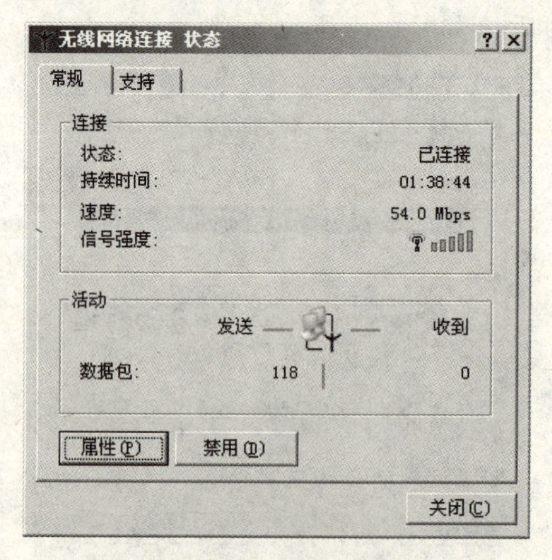

图 9.17 状态显示已连接

第10章 网络故障

【学习目标】

- 了解网络故障基本知识
- 了解网络故障的排除方法

网络建成运行后，网络故障诊断是网络管理的重要技术工作。搞好网络的运行管理和故障诊断工作，提高故障诊断水平需要注意以下几方面的问题：认真学习有关的网络技术理论；清楚网络的结构设计，包括网络拓扑、设备连接、系统参数设置及软件使用；了解网络的正常运行状况、注意收集网络正常运行时的各种状态和报告输出参数；熟悉常用的诊断工具，可以准确地描述故障现象。更重要的是要建立一个系统化的故障处理方法并合理应用于实际中，以将一个复杂的问题隔离、分解或缩减排错范围，从而及时修复网络故障。

10.1 网络故障成因

当今的网络互联环境是复杂的，计算机网络是由计算机集合和通信设施组成的系统，利用各种通信手段，把地理上分散的计算机连在一起，达到相互通信而且共享软件、硬件和数据等资源的系统。计算机网络的发展，导致网络之间出现了各种连接形式。采用统一的协议实现不同网络的互联，使互联网络很容易扩展。Internet 就是用这种方式完成网络之间互联的网络。Internet 采用 TCP/IP 协议作为通信协议，将世界范围内的计算机网络连接在一起，成为当今世界上最大的和最流行的国际性网络。因其复杂性还在日益增长，故随之而来的网络发生故障的几率也越来越高，主要原因如下：

① 现代的因特网络要求支持更广泛的应用，包括数据、语音、视频及它们的集成传输。

② 新业务的发展使网络带宽的需求不断增长，这就要求新技术不断出现。例如：十兆以太网向百兆、千兆以太网的演进；MPLS 技术的出现；提供 QoS 的能力等。

③ 新技术的应用同时还要兼顾传统的技术。例如，传统的 SNA 体系结构在某些场合仍在使用，DLSw 作为通过 TCP/IP 协议承载 SNA 的一种技术而被应用。

④ 对网络协议和技术有着深入的理解，能够正确地维护网络尽量不出现故障，并确保出现故障之后能够迅速、准确地定位问题并排除故障的网络维护和管理人才缺乏。

10.2 网络故障分类

在现行的网络管理体制中，由于网络故障的多样性和复杂性，网络故障的分类方法也不尽相同。根据网络故障的性质可以分为物理故障与逻辑故障，也可以根据网络故障的对象分为线路故障，路由器故障和主机故障。

1. 按网络故障的性质划分

(1) 物理故障

是指设备或线路损坏、插头松动或线路受到严重电磁干扰等情况。例如，网络中某条线路突然中断，如已安装了网络监控软件就能够从监控界面上发现该线路流量突然下降或系统弹出报警界面，更直接的反映就是处于该线路端口上的无线电管理信息系统无法使用。可用DOS命令集中的ping命令检查线路与网络管理中心服务器端口是否已连通，如果未连通，则检查端口插头是否松动，如果松动则插紧，然后再用ping命令检查；如果已连通则故障解决了。也有可能是线路远离网络管理中心端插头松动，需要检查终端设备的连接状况。如果插口没有问题，则可利用网线测试设备进行通路测试，发现问题应重新更换一条网线。

另一种常见的物理故障就是网络插头的误接。这种情况经常是因没有搞清网络插头规范或没有弄清网络拓扑结构而导致的。要熟练掌握网络插头规范，如T568A和T568B，搞清网线中每根线的颜色和意义，作出符合规范的插头。还有一种情况，例如两个路由器直接连接，这时应该让一个路由器的出口连接另一路由器的入口，而这个路由器的入口连接另一个路由器的出口，这时制作的网线就应该满足这一特性，否则也会导致网络误接。不过这种网络连接故障很隐蔽，要诊断这种故障没有什么特别好的工具，只有依靠网络管理的经验来解决。

(2) 逻辑故障

一种常见情况就是配置错误，是指因为网络设备的配置原因而导致的网络异常或故障。配置错误可能是路由器端口参数设定有误、路由器路由配置错误或者网络掩码设置错误以致路由循环或找不到远端地址等。例如，同样是网络中某条线路故障，发现该线路没有流量，但又可以ping通线路两端的端口，这时很可能就是路由配置错误而导致的循环了。

逻辑故障中另一类故障就是一些重要进程或端口关闭，以及系统的负载过高。例如，路由器的SNMP进程意外关闭或“死掉”，这时网络管理系统将不能从路由器中采集到任何数据，因此网络管理系统便失去了对该路由器的控制。还有一种情况，也是线路中断，没有流量，这时用ping命令发现线路近端的端口ping不通。检查发现该端口处于down的状态，就是说该端口已经关闭，因此导致故障发生。这时重新启动该端口就可以恢复线路的连通了。此外，还有一种常见情况是路由器的负载过高，表现为路由器CPU温度太高、CPU利用率太高以及内存余量太小等，虽然这种故障不会直接影响网络的连通，但却会影响到网络提供服务的质量，而且也容易导致硬件设备的损坏。

2. 按网络故障的对象划分

(1) 线路故障

最常见的情况就是线路不通，诊断这种故障可用ping命令检查线路远端的路由器端口是否能响应，或检测该线路上的流量是否存在。一旦发现远端路由器端口不通，或该线路没有流量，则该线路可能出现了故障。这时有几种处理方法。首先是ping线路两端路由器的端口，检查两端的端口是否关闭了。如果其中一端端口没有响应则可能是路由器的端口故障；如果是近端端口关闭，则可检查端口插头是否松动，路由器端口是否处于down的状态；如果是远端端口关闭，则要通知对方进行线路检查。进行这些故障处理之后，线路往往就通畅了。

如果线路仍然不通，一种可能就是线路本身的问题，看是否是线路中间被切断；另一种可能就是路由器配置出错了，例如路由循环就是远端端口路由又指向了线路的近端，这样与线路

远端连接的网络用户就不通了，这种故障可以用 traceroute 命令来诊断。解决路由循环的方法就是重新配置路由器端口的静态路由或动态路由。

(2) 路由器故障

事实上，线路故障中的很多情况都涉及路由器，因此也可以把一些线路故障归结为路由器故障。但线路涉及两端的路由器，因此在考虑线路故障时要涉及多个路由器。有些路由器故障仅仅涉及它本身，这些故障比较典型的就是路由器 CPU 温度过高、CPU 利用率过高或路由器内存余量太小。其中最危险的是路由器 CPU 温度过高，因为这可能导致路由器的烧毁。而路由器 CPU 利用率过高和路由器内存余量太小都将直接影响到网络服务的质量，例如路由器的丢包率会随内存余量的下降而上升。检测这种类型的故障，需要利用 MIB 变量浏览器，从路由器 MIB 变量中读出有关的数据，通常情况下网络管理系统有专门的管理进程不断地检测路由器的关键数据，并及时给出警报。要解决这种故障，只有对路由器进行升级、扩充内存，或重新规划网络的拓扑结构。

另一种路由器故障就是自身的配置错误。例如配置的协议类型不对、端口不对等。这种故障比较少见，在使用初期配置好路由器基本上就不会出现这种情况了。

(3) 主机故障

常见的现象就是主机的配置不当。例如，主机配置的 IP 地址与其他主机冲突，或 IP 地址根本就不在子网范围内，都将导致该主机不能连通。例如某无线电管理处的网段范围是 172.16.19.1～172.16.19.253，所以主机 IP 地址只有设置在此段区间内才有效。还有一些服务设置的故障。例如 E-mail 服务器设置不当导致不能收发 E-mail，或者域名服务器设置不当导致不能解析域名等。主机故障的另一种原因可能是主机的安全故障。例如，主机没有控制其上的 finger、rpc 及 rlogin 等多余服务，而恶意攻击者可以通过这些多余进程的正常服务或 bug 攻击该主机，甚至得到该主机的超级用户权限等。

另外，还有一些主机的其他故障，例如共享本机硬盘等，将导致恶意攻击者非法利用该主机的资源。发现主机故障是一件困难的事情，特别是恶意攻击导致的故障。一般可以通过监视主机的流量、扫描主机端口和服务来防止可能的漏洞。当发现主机受到攻击之后，应立即分析可能的漏洞，并加以预防，同时通知网络管理人员注意。现在，很多城市都安装了防火墙，如果防火墙的地址权限设置不当，也会造成网络的连接故障。只要在设置防火墙时加以注意，这种故障就能解决。

3. 按照网络故障的表现划分

(1) 连通性表现

网络的连通性是故障发生后首先应当考虑的原因。连通性的问题通常涉及网卡、跳线、信息插座、网线、交换机和 Modem 等设备及通信介质。其中任何一个设备的损坏，都会导致网络连接的中断。连通性通常可以采用软件和硬件工具进行测试验证。

排除了由于计算机网络协议配置不当而导致故障的可能后，接下来要做的事情就复杂了。查看网卡和 Hub 的指示灯是否正常，测量网线是否畅通。

如果主机的配置文件和配置选项设置不当，同样会导致网络故障。如服务器的权限设置不当，会导致资源无法共享；计算机网卡配置不当，会导致无法连接网络。当网络内所有的服务都无法实现时，应当检查交换机。如果没有网络协议，则网络内的网络设备和计算机之间就无法通信，所有的硬件只不过是各自为政的单机，不可能实现资源共享。网络协议的配置并非一两句话能说得明白，需要长期的知识积累与总结。

连通性问题一般的可能原因有三种。

① 硬件、媒介、电源故障。

② 配置错误。

③ 不正确的相互作用。

(2) 性能表现

① 网络拥塞。

② 到目的地不是最佳路由。

③ 供电不足。

④ 路由环路。

⑤ 网络错误。

10.3 网络故障的排除方法

1. 总体原则

故障处理系统化是合理地、一步一步找出故障原因并解决的总体原则。它的基本思想是将故障可能的原因所构成的一个大集合缩减(或隔离)成几个小的子集,从而使问题的复杂度降低。

在网络故障的检查与排除中,掌握合理的分析步骤及排查原则是极其重要的,这一方面能够使我们快速地定位网络故障,找到引发相应故障的成因,从而解决问题;另一方面也会让我们在工作中事半功倍、提高效率并降低网络维护的繁杂程度,最大限度地保持网络的不间断运行。

2. 网络故障解决的处理流程

在开始动手排除故障之前,最好先准备一支笔和一个记事本,然后,将故障现象认真仔细地记录下来。在观察和记录时不要忽视细节,很多时候正是一些小的细节使得整个问题变得明朗化。排除大型网络故障如此,排除十几台计算机的小型网络的故障也是如此。图 10.1 所示为网络故障解决的处理流程图。

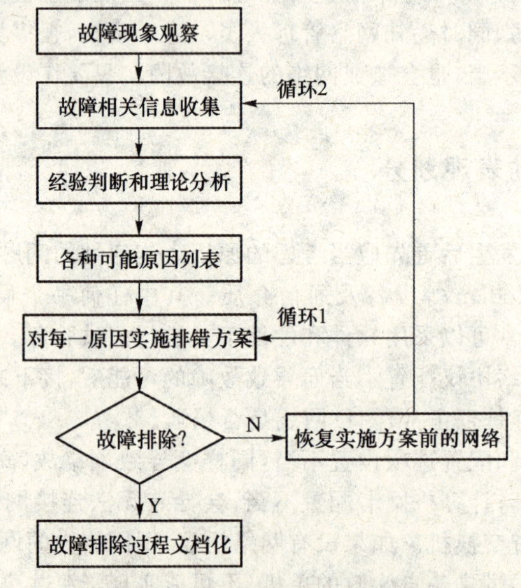

图 10.1 网络故障解决的处理流程图

3. 网络故障的确认与定位

确认及识别网络故障是网络维护的基础。在排除故障之前，必须清楚地知道网络上到底出了什么问题，究竟是不能共享资源，还是连接中断等。知道出了什么问题并能够及时确认、定位，是成功排除故障的最重要的步骤。要确认网络故障，首先需要清楚网络系统正常情况下的工作状态，并以此作参照，才能确认网络故障的现象，否则，对故障进行确认及定位将无从谈起。

(1) 识别故障现象

在确认故障之前，应首先清楚如下几个问题：

① 当被记录的故障现象发生时，正在运行什么进程(即用户正对计算机进行什么操作)。

② 这个进程之前是否曾经运行过。

③ 以前这个进程的运行是否正常。

④ 这个进程最后一次成功运行是什么时候。

⑤ 自该进程最后一次成功运行之后，系统做了哪些改变。这包括很多方面，如是否更换了网卡、网线及系统是否新安装了某些新的应用程序等。在弄清楚这些问题的基础上，才能对可能存在的网络故障有个整体的把握，才能对症下药排除故障。

(2) 确认网络故障

在处理由用户报告的问题时，对故障现象的详细描述尤为重要，特别是在目前大部分网络用户缺乏相关知识的应用环境下，事实上很多用户报告的故障现象甚至不能称为故障。如果仅凭他们的描述便下最终的结论很多时候显得很草率。这时就需要网络管理员亲自操作一下刚才出错的程序，并注意出错信息。

通过这些具体的信息才能最终确认是否存在相应的网络故障，这在某种程度上也是一个对网络故障现象进行具体化的必要阶段。

① 收集有关故障现象的信息。

② 对问题和故障现象进行详细的描述。

③ 注意细节。

④ 把所有的问题都记录下来。

⑤ 不要匆忙下结论。

(3) 分析可能导致错误的原因

作为网络管理员应当全面地考虑问题，分析导致网络故障的各种可能，如网卡硬件故障、网络连接故障、网络设备(Hub)故障及 TCP/IP 协议设置不当等，不要着急下结论，可以根据出错的可能性把这些原因按优先级别进行排序，然后一个个排除。

(4) 定位网络故障

对所有列出的可能导致错误的原因逐一进行测试。很多人在这方面容易犯的错误是，往往根据一次测试就断定某一区域的网络运行正常或不正常，或者在认为已经确定了的第一个错误上停下来，而忽视其他故障，因为网络故障很多时候并不是由一个因素导致的，往往是多个因素综合作用而造成的，故单纯地头痛医头脚痛医脚的最大可能便是同一故障再三出现，这样会大大增加网络维护的工作量。

除了测试之外，网络管理员还要注意：千万不要忘记去看一看网卡、Hub、Modem 及路由器面板上的 LED 指示灯。通常情况下，绿灯表示连接正常(Modem 需要几个绿灯和红灯都要亮),红灯表示连接故障,不亮表示无连接或线路不通,长亮表示广播风暴,指示灯有规律地闪烁才是网络正常运行的标志。同时不要忘记记录所有观察及测试的手段和结果。

(5) 隔离错误部位

经过测试后,基本上已经知道了故障的部位,对于计算机的故障,可以开始检查该计算机网卡是否安装好、TCP/IP 协议是否安装并设置正确及 Web 浏览器的连接设置是否得当等一切与已知故障现象有关的内容。需注意的是,在打开机箱时,不要忘记静电对计算机芯片的危害,并且正确拆卸计算机部件。

(6) 故障分析

处理完问题后,作为网络管理员,还必须搞清楚故障是如何发生的,是什么原因导致了故障的发生,以后如何避免类似故障的发生,拟定相应的对策,采取必要的措施并制定严格的规章制度。例如,某一故障是由于用户安装了某款垃圾软件造成的,那么就应该相应地通知用户日后对该类软件敬而远之,或者规定不准在局域网内使用。

虽然网络故障的原因千变万化,但总的来讲也就是硬件问题和软件问题,或者更准确地说就是网络连接性的问题、配置文件选项的问题及网络协议的问题。

10.4 网络故障的示例

1. 局域网故障实例

某单位一台品牌机(其配置为:Intel 赛扬 600、10 M RealtekRTL8029(AS) Ethernet NICPCI 网卡等设备),通过内部局域网上网时,发现突然连接不上了,不能正常登录,但计算机能正常启动。

解决方法:根据故障现象,首先怀疑是计算机病毒作怪。进行杀毒处理后,未发现任何病毒,据此分析系统网络部分是否存在故障。双击“控制面板”窗口中的“网络连接”图标,查看各项参数的设置是否正确,均设置正确;再双击桌面“网上邻居”图标查找整个网络系统,发现只有本机编号。执行 Ping192.168.0.1 命令和“查找”命令,也找不到局域网中的主机及网内其他计算机设备,在主机上查找该计算机也未找到,于是检查该计算机的硬件设备:网卡和网络双绞线。在排除网线故障后,只需对网卡故障作进一步地分析判断。依次单击“控制面板”→“系统”→“设备管理器”命令,查看网卡属性,若是此设备当前工作正常,则开机进入 MS-DOS 方式,用 Seanreg/restore 命令恢复备份注册表。结果注册表编辑器 RegistryCheeker 显示:System restore failed(系统恢复失败)。

由此说明,当前系统中的设备资源状态存在冲突。但检查系统文件的完整性和其他各项功能后,除不能上网外,其他一切功能均正常。据此看来可能还是网卡故障。最后断开计算机电源,换用一块同型号的网卡,重新开机后恢复注册表,系统很快显示:You have restored a good registry(你已经恢复了一个好的注册表),然后依提示重新启动计算机,双击“网上邻居”图标,局域网内各计算机便一览无遗了,最后打开浏览器,输入正确的网址,确定故障排除。

2. ADSL 上网故障示例

ADSL 技术简介:ADSL 是一种通过现有普通电话线为家庭、办公室提供宽带数据传输服务的技术。ADSL 即非对称数字信号传送,它能够在现有的铜双绞线,即普通电话线上提供高

达10 Mb/s的高速下行速率，远高于ISDN的速率；而上行速率有1 Mb/s，传输距离达3～5 km。ADSL技术的主要特点是可以充分利用现有的铜缆网络（电话线网络），在线路两端加装ADSL设备即可为用户提供高宽带服务。ADSL的另外一个优点是它可以与普通电话共用一条电话线，在一条普通电话线上接听、拨打电话的同时进行ADSL传输而又互不影响。用户通过ADSL接入宽带多媒体信息网与Internet时，可以在收看影视节目的同时举行一个视频会议，可以很高的速率下载文件，还可以在同一条电话线上使用电话而又不影响以上所说的其他活动。

使用ADSL，用户可以免交昂贵的电话费和上网费，轻松自在地享用资源。用户接入网（从本地电话局到用户之间的部分）是通信网的重要组成部分，是通信网的窗口，也是信息高速公路的“最后一英里”（the last mile）。为实现用户接入网的数字化、宽带化，用光纤作为用户线是用户网今后的必然发展方向，但由于光纤用户网的成本过高，在今后的十几年甚至几十年内大多数用户网仍将继续使用现有的铜线环路，近年来人们提出了多项过渡性的宽带接入网技术，其中ADSL（不对称数字用户环路）和HFC（光纤同轴混合网）是最具有竞争力的两种。如图10.2所示为ADSL的局端线路调整和用户端设备安装。

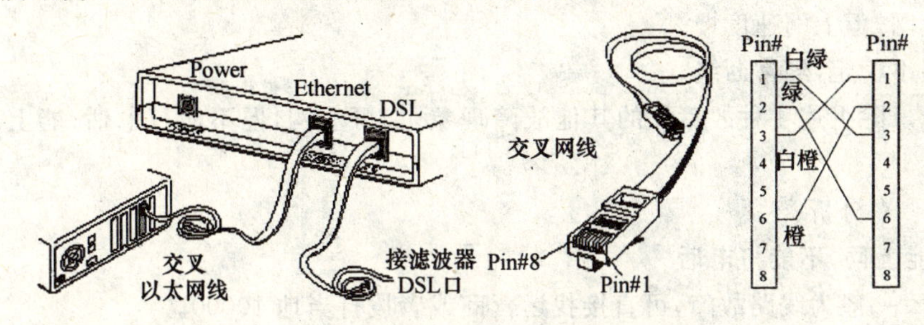

图10.2　ADSL的局端线路调整和用户端设备安装

ADSL技术能利用现有的市话铜线进行信号传输，其最高速率：下行信号（从端局到用户）为9 Mb/s，上行信号（从用户到端局）为1 Mb/s。现有的市话铜线网的用户数目十分庞大，而ADSL能对现有的市话铜线进行充分的利用，如图10.3所示。

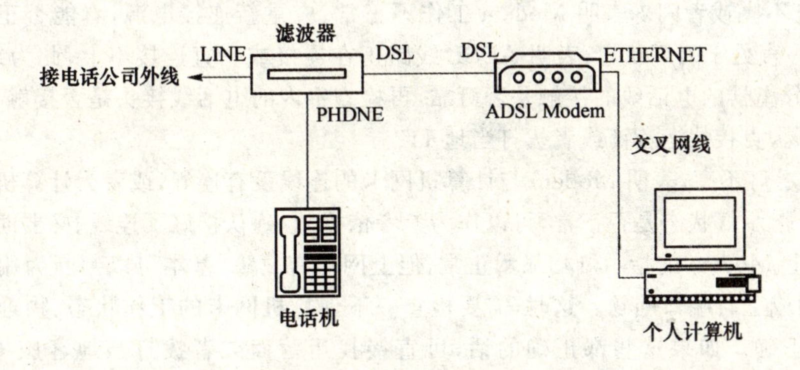

图10.3　使用市话铜线连接

ADSL出现故障是在所难免的，有些是电信局端的问题，这样的问题对于用户来说，只能给运营商打电话来解决。而有些问题则是用户端自己的问题，这些是可以通过自己的分析排除的。

首先，当遇到不能上网的情况时，第一件要做的事就是：观察一下ADSL Modem指示灯的状态，虽然不同型号的 Modem 指示灯并不相同，但设计思路是一样的。下面以伊泰克 TD-20018 ADSL 路由器为例进行说明，如图 10.4 所示。

伊泰克 TD-2018 路由器上面，有 6 个指示灯，分别为：PWR、ALM、WLK、WAC、LLK 和 LAC。其中，PWR 是电源灯，接通电源后就应该常亮。ALM 是警告灯，当出现问题或者建立链路时都可能亮。WLK 是广域网链路灯，当局端线路正常时，应该常亮；如果闪烁或者不亮，则表示连接到电信局的线路有问题。LLK 是局域网链路灯，当连接网卡的链路正常时，应该常亮；如果闪烁或者不亮，则表示连接到网卡的线路有问题。WAC、LAC 分别是链路活动指示灯，当有数据通过时都是闪烁状态。可以看出来 WLK 和 LLK 两个指示灯非常重要。

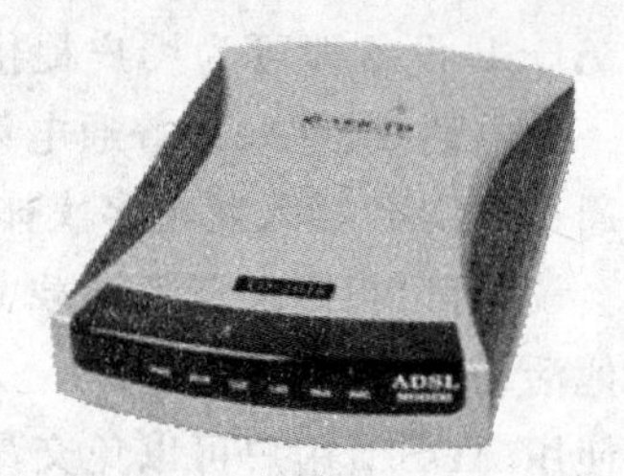

图 10.4　伊泰克 TD－20018 ADSL 路由器

常见的 ADSL 故障，基本可以分为以下 5 类故障。

① 不能上网，不能打电话。

② 能打电话，不能上网。

③ 能上网，但上网速度慢。

④ 上网不稳定，经常断线。

⑤ 其他。除上述 4 种故障外的其他故障现象，如可上网，但不能打电话；能上网，但电话有杂音等。

下面逐一来分析：

(1) 不能上网，不能打电话

此类故障一般为线路故障，可直接找运营商或者拨打当地 10000。

(2) 能打电话，不能上网

此类为比较典型的故障。故障原因和宽带网络结构中的所有设备或环节都可能有关系。首先查看 Modem 指示灯的状态是否正常。

PWR 灯不正常的话，大多是 Modem 电源松了或者彻底坏了。

WLK 灯不亮或者闪烁表明 Modem 工作不正常；应重新连接电源，看能否正常工作。如果 WLK 灯一直处于闪烁状态，表明 ADSL 线路正在连接或一直连接不上，此为线路问题，应先检查连至分离器的电话线的接触是否可靠，再检查室内的电话线接头是否接触不良，如果仍不能解决问题，直接找运营商或者拨打当地 112。

LLK 指示灯不亮，表明 Modem 与计算机网卡的连线没有连好，或者为计算机网卡的故障(网卡的两个指示灯状态是否正常，可以作为参考依据)。确认接好了连线、必要时更换网卡。

如果以上 Modem 的指示灯均显示正常，但上网仍有故障，基本可以判断为用户端设备问题、使用问题或上行端口问题。这时，需要检查一下计算机网卡的工作状态、物理连接以及网络配置是否正确。如果这些都正确的话，可直接找运营商或者拨打当地客服电话，如电信的 10000。

(3) 能上网，但上网速度慢

造成这个问题的原因是多方面的，大致包括以下几种。

① 所浏览网站的访问速度本身比较慢，例如浏览一些国外的网站。

② 网卡上绑定的协议太多了(例如一块网卡既用来 ADSL 拨号又用来连接局域网)。

③ 由于ADSL技术对电话线路的质量要求比较高，如果用户的线路受到了干扰，ADSL便会自动调整用户的访问速度。当线路质量恢复时，访问速度也会恢复。所以一定要注意保持良好的线路质量。

④ 住宅离局端设备过远。

⑤ 用户太多，局端上连端口产生了瓶颈。

(4) 上网不稳定，经常断线

这种问题一般是线路质量不好或线路过长，线路噪声过大及线路接触不好等导致高频衰减过大造成的。除此之外，可能的原因还有Modem前端安装其他语音设备；分离器安装不正确；电气设备有干扰；电话线插头接触不良，局端设备问题等。

(5) 能拨号上网但打不开网页

问题可能出在软件及操作系统上。解决办法：重装拨号软件（例如：北京宽带通或RASPPOE）；检查计算机操作系统与拨号软件是否匹配及是否用了代理服务器软件，必要情况下，找运营商或者重新安装操作系统。

(6) ADSL数据流量一大就死机

一般认为这是网卡的品质或者兼容性不好，特别是老的ISA总线的10 M网卡，由于PPPOE是比较新的技术，这类网卡的兼容性可能会有问题，并且速度比较慢，容易造成冲突最终线路死锁甚至死机。

3. 局域网无线网络故障分析

无线通信是人们梦寐以求的技术，有了它，我们在进行数据交换时就不会受时间和空间的限制，可以随时随地浏览Internet，再也不用为网络布线而苦恼。但是，现在相关的无线网络技术有很多，主要介绍以下几种。

(1) 窄带广域网

窄带广域网包括三种。

① HSCSD（高速线路交换数据）是为无线用户提供38.3 Kb/s速率传输的无线数据传输方式，它的速度比GSM通信标准的标准数据速率快4倍，可以和使用固定电话调制解调器的速率相比。

② GPRS（多时隙通用分组无线业务）是一种很容易与IP接口的分组交换业务，其速率可达9.6～14 Kb/s，甚至能达到115 Kb/s，并且能够传送语音和数据。该技术是当前提高Internet接入速度的热门技术，而且还有可能被应用在广域网中。

③ CDPD（蜂窝数字分组数据）采用分组数据方式，是目前公认的最佳无线公共网络数据通信规程。它是建立在TCP/IP协议基础上的一种开放系统结构，将开放式接口、高传输速度、用户单元确定、空中链路加密、空中数据加密、压缩数据纠错及重发与世界标准的IP寻址模式的无线接入有机地结合在了一起，可提供同层网络的无缝连接、多协议网络服务。

(2) 宽带广域网

宽带广域网包括三种。

① LMDS（本地多点分配业务）是一种微波的宽带业务，工作在28 GHz频段附近，在较近的距离可双向传输语音、数据和图像等信息。LMDS采用一种类似蜂窝的服务区结构，将一个需要提供业务的地区划分为若干个服务区，每个服务区内设基站，基站设备经点到多点的无线链路与服务区内的用户端通信。每个服务区覆盖范围为几千米至十几千米，并可相互重叠。

LMDS属于无线固定接入，它最大的特点在于宽带特性，可用频谱往往达1 GHz以上，一般通信速度可以达到2 Mb/s。

② SCDMA。无线用户环路系统是国际上第一套同时应用智能天线(smart antenna)技术，采用SWAP空间信令，利用软件无线电(software radio)实现的同步CDMA(Synchronous CDMA)无线通信系统。系统由基站控制器、无线基站、用户终端(多用户固定台、少用户固定台、单用户固定台及手持机)和网络管理设备等组成。单基站工作在一个给定的载波频率，占用0.5 MHz带宽，主要功能是完成与基站控制器或交换机的有线连接以及与用户终端的无线连接。基站和基站控制器通过E1接口2 Mb/s以R2或V5接口信号接入PSTN网。基站与用户终端的空中接口使用SWAP信令，以无线方式为用户提供语音、传真和低速数据业务。多用户终端还具有内部交换功能(即同一多用户固定台的用户彼此呼叫不占用空中码道)。网络管理具有系统的配置管理、故障管理、数据维护及安全管理等功能。

③ WCDMA(宽带分码多工存取)全名是Wideband CDMA，它可支持384～2 Mb/s不等的数据传输速率，在高速移动的状态下，可提供384 Kb/s的传输速率，在低速移动或是室内环境下，则可提供高达2 Mb/s的传输速率。此外，在同一传输通道中，它还可以提供电路交换和分包交换的服务，因此，用户可以利用交换方式接听电话，同时以分包交换方式访问Internet。这种技术可以提高移动电话的使用效率，使得我们可以超越在同一时间只能进行语音或数据传输的服务限制。

(3) 局域网

1) 蓝牙Bluetooth。系统使用扩频(spread spectrum)技术，在携带型装置和区域网络之间提供一个快速而安全的短距离无线电连接。它提供的服务包括网际网络(Internet)、电子邮件、影像和数据传输以及语音应用，延伸容纳于3个并行传输的64 Kb/s的PCM通道中，提供1 Mb/s的流量。这一观念已被2 000多个不同的用户组织所采用，并获得了许多主要半导体制造厂家的支持。

2) IEEE 802.11。IEEE 802.11是1999年最新版本的无线网络标准。IEEE 802.11无线网络标准于1997年颁布，当时规定了一些诸如介质接入控制层功能、漫游功能、自动速率选择功能、电源消耗管理功能及保密功能等。1999年无线网络国际标准的更新及完善，进一步规范了不同频点的产品及更高网络速率产品的开发和应用，除原IEEE 802.11标准的内容之外，增加了基于SNMP(简单网络管理协议)协议的管理信息库(MIB)，以取代原OSI协议的管理信息库，另外还增加了高速网络的内容。IEEE 802.11标准分为IEEE 802.11a和IEEE 802.11b两部分。

① IEEE 802.11a工作在5 GHz频段上，使用OFDM调制技术可支持54 Mb/s的传输速率。IEEE 802.11a与IEEE 802.11b两个标准都存在着各自的优缺点，IEEE 802.11b的优势在于价格低廉，但速率较低(最高11 Mb/s)；而IEEE 802.11的优势在于传输速率快(最高54 Mb/s)且受干扰少，但价格相对较高。另外，IEEE 802.11a与IEEE 802.11b工作在不同的频段上，故不能工作在同一AP的网络里，因此IEEE 802.11a与IEEE 802.11b互不兼容。

② IEEE 802.11b。1999年9月正式通过的IEEE 802.11b标准是IEEE 802.11协议标准的扩展。它可以支持最高11 Mb/s的数据速率，运行在2.4 GHz的ISM频段上，采用CCK调制技术。但是随着用户对数据速率的要求不断增长，CCK调制方式就不再是一种合适的方法了。因为对于直接序列扩频技术来说，为了取得较高的数据速率，并达到扩频的目的，选取的码片的速率就要求更高，这对于现有的码片来说比较困难；对于接收端的RAKE接收机来

说，在高速数据速率的情况下，为了达到良好的时间分集效果，要求 RAKE 接收机有更复杂的结构，在硬件上不易实现。如图 10.5 所示 IEEE 标准的标志。

图 10.5　IEEE 标准的标志

③ IEEE 802.11g。为了解决上述问题，进一步推动无线局域网的发展，2003 年 7 月 IEEE 802.11 工作组批准了 IEEE 802.11g 标准，新的标准终于浮出水面成为人们对无线局域网关注的焦点。IEEE 802.11 工作组开始定义新的物理层标准 IEEE 802.11g。该草案与以前的 IEEE 802.11 协议标准相比有以下两个特点：其在 2.4 GHz 频段使用 OFDM 调制技术，使数据传输速率提高到了 20 Mb/s 以上；IEEE 802.11g 标准能够与 IEEE 802.11b 的 WIFI 系统互相连通，共存在同一 AP 的网络里，保障了后向兼容性。这样原有的 WLAN 系统可以平滑地向高速无线局域网过渡，延长了 IEEE 802.11b 产品的使用寿命，因此降低了用户的投资。

④ IEEE 802.11n。IEEE 已经成立 IEEE 802.11n 工作小组，以制定一项新的高速无线局域网标准 IEEE 802.11n。IEEE 802.11n 工作小组是由高吞吐量研究小组发展而来的，由 IEEE 802.11g 工作小组主席 Matthew B. Shoemaker 担任主席一职。该工作小组计划在 2003 年 9 月召开首次会议。

IEEE 802.11n 计划将 WLAN 的传输速率从 IEEE 802.11a 和 IEEE 802.11g 的 54 Mb/s 增加至 108 Mb/s 以上，最高速率可达 320 Mb/s，成为 IEEE 802.11b、IEEE 802.11a 和 IEEE 802.11g 之后的另一场重头戏。和以往的 IEEE 802.11 标准不同，IEEE 802.11n 协议为双频工作模式（包含 2.4 GHz 和 5 GHz 两个工作频段）。这样 IEEE 802.11n 保障了与以往的 IEEE 802.11a、IEEE 802.11b 及 IEEE 802.11g 标准兼容。IEEE 802.11n 计划采用 MIMO 与 OFDM 相结合的技术，使传输速率成倍提高。另外，天线技术及传输技术使得无线局域网的传输距离大大增加，可以达到几千米（并且能够保障 100 Mb/s 的传输速率）。IEEE 802.11n标准全面改进了 IEEE 802.11 标准，不仅涉及物理层标准，同时采用新的高性能无线传输技术提升 MAC 层的性能，优化数据帧结构，提高网络的吞吐性能。

3) IrDA 是一制定红外线传输标准的组织。IrDA 传输标准的特点为：传输速率每秒 115 Kb/s，传输角度为 30 度，点对点半双工传输。Serial Port 须用 16550 UART 标准芯片，最大传输距离 1 m。

4) 几种协议的比较。不难看出，只有 IEEE 802.11 协议适合组建无线局域网，因为它的传输速率要远高于 Bluetooth。不过 IrDA 有被 Bluetooth 代替的可能，因为 IrDA 只能点对点进行传输，而 Bluetooth 可一点对多点，并且传输速度远高于 IrDA。所以我们讨论的网络故障都是以 IEEE 802.11 为基础网络进行的。

大规模 WLAN 和宽带的普及也使得相关的故障时有发生，下面我们就来看一下常见的无线局域网故障有哪些。

(1) 故障现象:无法登录无线路由器进行设置

分析及解决方法:

硬件故障大多数是接头松动、网线断、集线器损坏和计算机系统故障等方面的问题。一般都可以通过观察指示灯来帮助定位。此外,电压不正常、温度过高及雷击等也容易造成故障。

① 检查路由器上面的数据信号指示灯,电源灯间歇性闪烁为正常,如不正常首先检查接入的宽带线路,可以更换不同的网线重新插好。在计算机中检查网络连接,重新设置 IP 地址,如果在自动获取 IP 地址不成功的情况下,手动设置 IP 并禁用系统所用的网络防火墙功能。

② 在系统 IE 的连接设置中选中"从不进行拨号连接复选框",单击"确定"按钮。进入局域网设置界面后清空所有选项。再打开 IE 浏览器输入路由器地址进行连接。

③ 将路由器恢复出厂设置,重新安装驱动、登录账号及密码。

如果上述办法仍未解决,请联系厂商并检查硬件之间的冲突问题。

(2) 故障现象:能上 MSN 但无法打开网页

分析及解决方法:

路由器是地址转换设备,当用户或与该用户进行通信的人位于防火墙或路由器之外时,阻止双方直接连接到 Internet 上。此时要求双方所使用的网络地址转换设备支持 UPnP 技术。关于路由器对该技术的支持情况可以看所用的路由器说明书,并咨询厂商寻求技术支持。

① 个别路由器需要在 LAN 设置中将 UPnP 设置为 Enable。

② 有可能是病毒所致。可以打开资源管理器查看资源占用和 CPU 的使用情况,如果占用率很高,很有可能是感染了病毒,用杀毒软件进行查杀即可。

③ IE 文件损坏。下载新的 IE 程序进行安装或配合操作系统进行修复即可。

(3) 故障现象:联网时断时续

分析及解决方法:

一般的无线路由器都会提供三种或三种以上的连接方式,大多无线路由器会默认设置成按需连接,在有访问数据时自动进行连接,也就是说每隔一定时间它会检测有没有线路空载,一旦连接后没有数据交互,就会自动断开连接。

① 进入无线路由器设置界面,将连接方式设为自动连接,在开机和断线后进行自动连接即可。

② 检查网络是否有网络病毒攻击,很有可能是 ARP 网络攻击。进入网卡属性手动设置 IP,更换新的 IP 地址,如果还掉线,可以使用专业的抗攻击软件进行防御。

(4) 故障现象:网速过慢

分析及解决方法:

首先有可能是 Web 服务器繁忙所致,其次有可能是无线信号微弱所致。

① 如果是 Web 服务器繁忙所致则不是我们所能够解决的,可以过一段时间再试一次。

② 在企业和 SOHO 族使用无线局域网中,无线路由器的位置摆放经常被人们所忽略。无线路由器的位置摆放不当是造成信号微弱的直接原因。

解决办法很简单:

① 放置在相对较高的位置上。

② 摆放的放置与接收端不应间隔较多水泥墙壁。

③ 尽量放置在使用端的中心位置。

(5) 故障现象:状态显示为可以发送数据包,却接收不到数据

分析及解决办法:

首先确保物理连接正确。登录路由器，用路由器 ping 接入提供商的 DNS 地址。如果能 ping 通，说明路由器到 Internet 的连接是畅通的，否则请检查路由器的配置。然后用内部网络中的任意一台 PC 机 ping 网关(即路由器内部接口地址)，如果能 ping 通，则说明内部网络连接是畅通的，检查路由器配置和 PC 机配置是否正确以及是否相符合。如果上面两步均能 ping 通，但是还是上不了网的话，就按照以下步骤排查。

① 检查内部 PC 的网关和 DNS 的配置是否正确，确定无误后进行下一步。

② 检查路由器关于 NAT 方面的设置，看看配置是否正常。如果路由器配置检查不出错误，最好查看一下 NAT 的地址转换表(部分路由器可能不支持此功能)。

看看内部网络的地址转译是否有相应条目。如果没有证明 NAT 的配置一定有错误，将其改正即可。

4. 网络故障排除方法总结

(1) 故障现象描述

要想对网络故障作出准确的分析，首先应该了解故障表现出来的各种现象。

(2) 收集相关信息

搜集有助于查找故障原因的详细信息：

① 向受影响的用户、网络人员或其他关键人员提出问题。

② 根据故障描述性质，使用各种工具搜集情况，如网络管理系统、协议分析仪、相关的 ping 和 debug 命令等。

③ 测试性能与网络正常情况下的记录并进行比较。

④ 可以向用户提问或自行收集下列相关信息：

- 网络结构或配置最近是否修改过，即出现的问题是否与网络变化有关？
- 是否有用户访问受影响的服务器时没有问题？

(3) 经验判断和理论分析

利用前两个步骤收集到的数据，并根据自己以往的故障处理经验和所掌握的知识，确定一个排错范围。通过范围的划分，只需注意某一故障或与故障情况相关的那一部分产品、介质和主机。

(4) 各种可能原因列表

该步骤列出根据经验判断和理论分析后总结的各种可能的原因。

(5) 对每一原因实施排错方案

根据所列出的可能原因制定故障排查计划，分析最有可能的原因，一次只对一个变量进行操作，这种方法使你能够重现某一故障的解决办法。因为如果有多个变量同时被改变，而问题得以解决，那么将无法判断哪个变量导致了故障发生。

(6) 观察故障排查结果

当我们对某一原因执行了排错方案后，需要对结果进行分析，判断问题是否解决了，是否引入了新的问题。如果问题解决了，那么就可以直接进入文档化过程；如果没有解决问题，那么就需要再次循环进行故障排查过程。

第11章 组网方案实例

——某大学校园网组网方案

【学习目标】

- 了解组网方案的编写
- 了解校园的建设过程

11.1 方案的目的与需求

整个网络必须要能满足以下要求。

1. 稳　定

网络必须能保证相对连续、稳定的工作。

2. 安　全

整个网络有较高的安全性，能够杜绝非法入侵，并且能够方便地监控网络的状态。

3. 灵　活

当需求有所变化时，网络能够比较容易拓展。

4. 足够的带宽

能满足多媒体教学和高速访问 Internet 的需要，主干线 1 000 Mb/s 与 Internet 连接，100 Mb/s与服务器连接及 10/100 Mb/s 与应用终端连接。

5. 易于管理和维护

无线网络一旦投入使用，应尽可能简化网络的管理和维护工作。

6. 在教学楼中部分地区实现无线上网

11.2 组网方案

11.2.1 需求分析

1. 现状概述

学校所有的建筑物都已接入整个校园局域网，学校下设五个系分别为计算机科学系、电子

工程系、信息工程系和经济管理系，其中软件学院归属于计算机系管理。信息节点的分布比较分散，将涉及图书馆、实验楼、教学楼、宿舍楼和办公楼等。网络的管理由网络中心统一管理，服务器位于网络中心，位置设在教学楼，其中图书馆、实验楼和教学楼为信息点密集区；老师和学生宿舍为网络利用率较高的区域。

2. 需求分析

千兆专线接入 Internet，开通 WWW、FTP、E-mail、图书服务器和课程资源服务器 5 种服务。对外开通学校网站、FTP 服务器以及远程教育视频点播多媒体教学系统，对内开通课程资源服务器供教师使用，E-mail 服务器供全校师生使用，教师可使用校园网访问 Internet，同时提供 PPP 拨号服务，使得学生和部分零散用户可以通过电话拨号接入网络，同时针对笔记本电脑在有线网络的基础上构建无线校园网络。

11.2.2　系统设计

1. 设计要求

校园网必须是一个集计算机网络技术、多项信息管理、办公自动化和信息发布等功能于一体的综合信息平台，并能够有效地促进现有的管理体制和管理方法，提高学校办公质量和效率，以促进学校整体教学水平的提高。

因此设计方案应遵循先进性、实用性、开放性和标准化的原则，在保证先进性的前提下尽量采用成熟、稳定、标准、实用的技术和产品，并努力使系统具有良好的可管理性、可维护性以及扩展性，同时要考虑投资的安全性及效益。

高校校园内的笔记本电脑的普及率非常高，针对大量的移动终端来讲，灵活的接入网络需求很强烈。通过无线网络利用教育科研信息网和互联网上的各种信息，可以实现资源共享，同时能为移动终端提供高效率的连接方式。

2. 技术选择

目前在规划校园一级的有线主干网络建设中，主要选用的技术有：

① FDDI(光纤分布数据接口)。

② ATM(异步传输模式)。

③ 交换式快速以太网及千兆以太网。

光纤分布数据接口(FDDI)是目前成熟的 LAN 技术中传输速率最高的一种。这种传输速率高达 100 Mb/s 的网络技术所依据的标准是 ANSIX3T9.5。该网络具有定时令牌协议的特性，支持多种拓扑结构，传输媒体为光纤。使用光纤作为传输媒体具有多种优点，可防止传输过程中被分接偷听，也杜绝了辐射波的窃听，因而是最安全的传输媒体。FDDI 使用双环架构，两个环上的流量在相反方向上传输。双环由主环和备用环组成。在正常情况下，主环用于数据传输，备用环闲置，使用双环的用意是能够提供较高的可靠性和健壮性，是一种比较成熟的技术，但它也是一种共享介质的技术，随着联网设备的增加，网络效率会很快下降，100 Mb/s的带宽会被所有用户平均分担，因此它不能满足网络中对于高带宽的需求，因此它不具备先进性。而且 FDDI 采用光纤，成本太高、耗资巨大、管理困难，而且网络扩展性差，为以后的升级带来了困难，所以不采用此方案。

ATM(Asynchronous Transfer Mode)异步传输模式，是一项数据传输技术，通常提供

155 Mb/s的带宽。它适用于局域网和广域网，它具有高速数据传输率，支持许多种类型如声音、数据、传真、实时视频、CD质量音频和图像的通信，ATM采用了虚连接技术，将逻辑子网和物理子网分离。类似于电路交换，ATM首先选择路径，在两个通信实体之间建立虚通路，将路由选择与数据转发分开，使传输中间的控制较为简单，解决了路由选择的瓶颈问题。设立了虚通路和虚通道两级寻址，虚通道是由两节点间复用的一组虚通路组成的，网络的主要管理和交换功能集中在虚通道一级，降低了网管和网控的复杂性。在一条链路上可以建立多个虚通路。在一条通路上传输的数据单元均在相同的物理线路上传输，且保持其先后顺序，因此克服了分组交换中无序接收的缺点，保证了数据的连续性，更适合于多媒体数据的传输。因此对于校园网中的语音和视频点播多媒体系统来说比较适合。但是目前不同厂家的ATM产品互联还存在一些问题，而且ATM的技术不是很成熟，用于桌面级的应用成本太高，管理困难。从实用性、安全性及经济性等多个方面综合考虑，整体方案不采用ATM。不过可以考虑部分多媒体方面的应用系统使用ATM。

交换式快速以太网及千兆以太网是最近几年发展起来的先进的网络技术，随着工作站和服务器处理能力的迅速增强，缺乏足够带宽的应用数目不断增加，局域网络呈爆炸性发展，许多网络管理员正面临着一种对更大带宽和更高工作组效率的急迫需求。对更大带宽的需求是一个普遍的问题，无论该工作组是一个拥有数百个使用电子邮件和办公室日常处理应用的大型发展中的LAN，还是一个需要为电视会议、教学应用和万维网接入提供所需带宽的中等规模的LAN，或者是一组使用CAD和图形应用的用户，甚至是一群分布在很广范围内的和一个或几个中心节点共享数据的远程办公室的集合。千兆以太网是建立在标准的以太网基础之上的一种带宽扩容解决方案。它与标准以太网及快速以太网技术一样，都使用以太网所规定的技术规范，千兆以太网还具备易于购买、易于安装、易于使用、易于管理与维护、易于升级、易于与已有网络以及已有应用进行集成等优点，不过其设备投入也比较大。

11.2.3 系统实施

1. 网络规划

整个有线网络采用高速以太交换网体系结构、可扩展的星形拓扑结构、300米以内的建筑物采用多模光缆布线结构；300米以外的建筑物采用单模/多模混装光缆的布线结构，保障向千兆以太网技术迁移的可能性，每条光缆有50%的冗余度。光缆敷设采用地下管道直埋式，主管道保障50%的冗余度；主建筑物与网络中心之间采用单点对单点的无中继管理模式。

整个网络的接入口采用防火墙+路由器的方式进行过滤，以保证安全；整个网络的中心设备为核心交换机，每个汇聚层交换机都必须接入核心交换机；网管区域拥有整个网络的最高访问权限，在每台交换机上配置Telnet访问方式，用以正常的维护，5台服务器使用交换机连接然后接入核心交换机；教学楼每个楼层都配备楼层主交换机，教室之间的连接采用共享式的连接，主要设备是普通交换机；实验室每层之间配备楼层交换机，各个实验室中有接入交换机，接入交换机汇总到楼层交换机，再接入核心交换机；教室宿舍采用的是校园局域网方式上网，并绑定固定寝室的IP地址，寝室楼层配备楼层交换机接入核心交换机；学生寝室划分在整个校园局域网中，但是不使用校园局域网方式上网，采用的是ADSL拨号方式上网，每个楼层由楼层交换机接入核心交换机；办公楼是整个办公区域，其中财务室使用单独的网段并配备防火墙，以保证其安全性。

无线网络需求区域分为室外区域和室内区域。室内无线上网区域主要集中在教学楼、实验楼和楼层办公室，在这些区域为了满足信号覆盖和高密度的上网用户，采用了室内型高速无线局域网 AP 产品，产品支持 IEEE 802.11b 协议，同时为了扩展性，要求可提供基于 IEEE 802.11 g 协议下的 108 Mb/s 带宽增强技术，可提供给更多的用户以不亚于有线网络的感受访问无线网络；同时，自带的智能全向天线可满足室内的信号覆盖强度。室外的无线部署主要是教学楼、办公楼前广场、马路、绿地网球场、篮球场以及学生宿舍楼前的广场区域。采用了室外无线接入点产品，产品要采用先进的双路独立的 IEEE 802.11b 系统设计，非常适合于室外大范围的无线覆盖和网桥，同时为了扩展性，要求可提供基于 IEEE 802.11g 协议下的 108 Mb/s 带宽增强技术，可满足大量的并发无线用户流畅访问校园网的需求，使无线网络性能提高。考虑到整个网络呈星形拓扑结构，在每层需要进行无线覆盖的区域选择最佳地点放置无线热点 AP，放置时保证无线信号覆盖的范围，力求楼层内布点最少，范围最大覆盖。每层所布置的 AP 通过超五类屏蔽双绞线连接到中心机房的交换机上实现集中管理。考虑到在无线网络主要设备——无线热点 AP 选型上，要保证 AP 能长时间工作；有良好的兼容性，能兼容各种无线适配器，而且最好能支持目前无线传输的主流带宽，更重要的是能保证数据的稳定性和安全性。

2. 设备选择

① 有线网络设备。核心层采用了华为 3Com 公司的 Quidway® S8512 万兆核心交换机作为整个网络的核心连接设备；教学楼、实验室、办公楼和寝室等二级连接区域采用华为 3Com 公司 E328 教育网交换机和华为 3Com 公司 E126 教育网交换机系列以太网交换机作为主接入设备，连接核心交换机；二级区域以下的对带宽要求不高的接入点采用 3C16441A SuperStack 3 Baseline 网络集线器连接；外网接入防火墙采用 Quidway® SecPath 1000F 防火墙，内部对于安全性要求高的敏感区域（如财务室）采用 Quidway® SecPath 100secPath 100F-E 系列防火墙。

② 无线网络设备。无线 AP 选择 NETGEAR 11M 多功能企业级无线局域网接入 APME103，无线适配器选择 11M 无线 CardBus 笔记本电脑卡 MA521。

3. 网络方案拓扑图

① 整体框架，如图 11.1 所示。

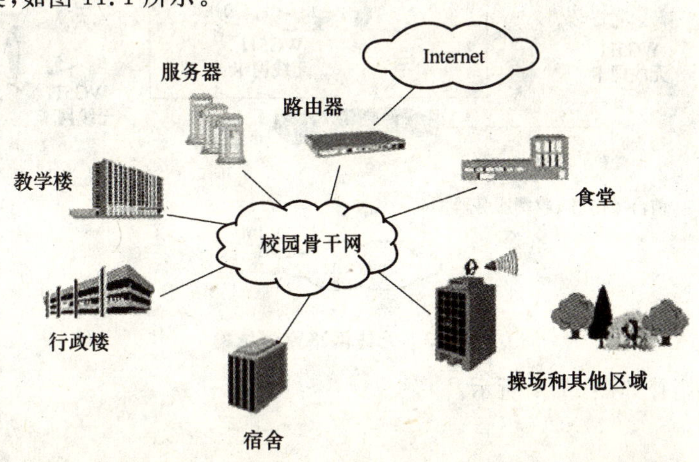

图 11.1　整体框架

②主干部分拓扑如图 11.2 所示。

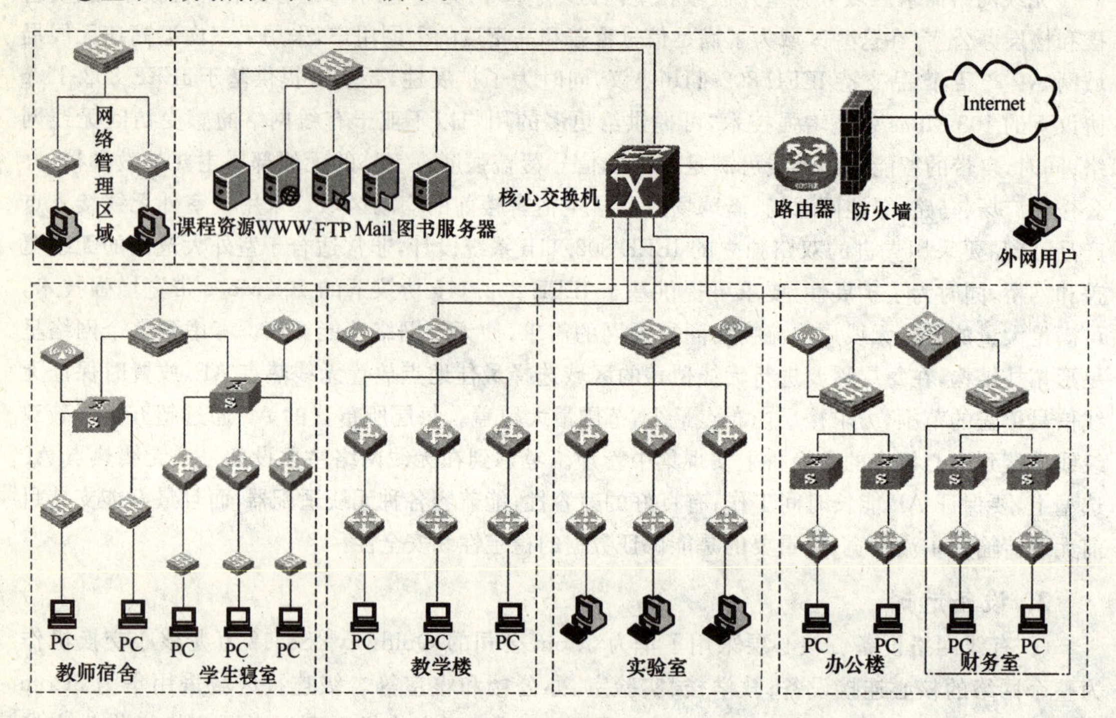

图 11.2　主干部分拓扑

③ 无线网络整体结构如图 11.3 所示。

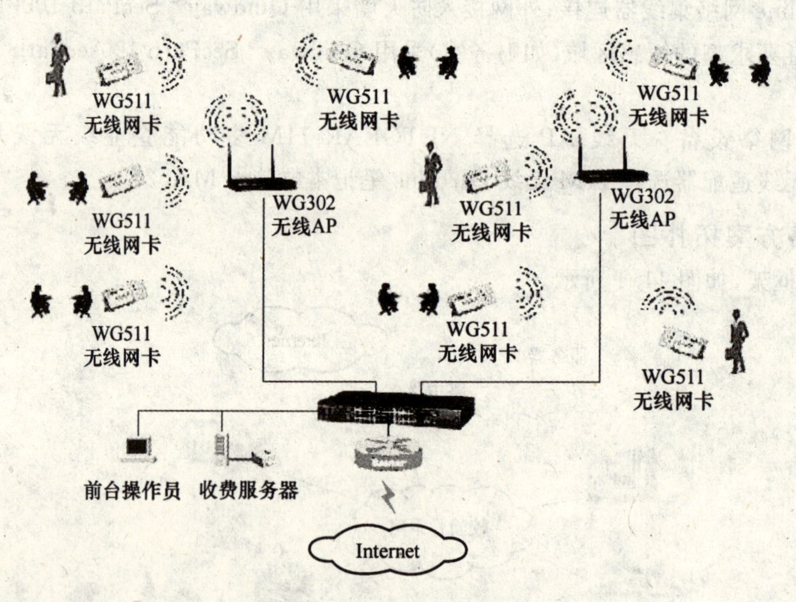

图 11.3　无线网络整体结构

④ 无线网络拓扑如图 11.4 所示。

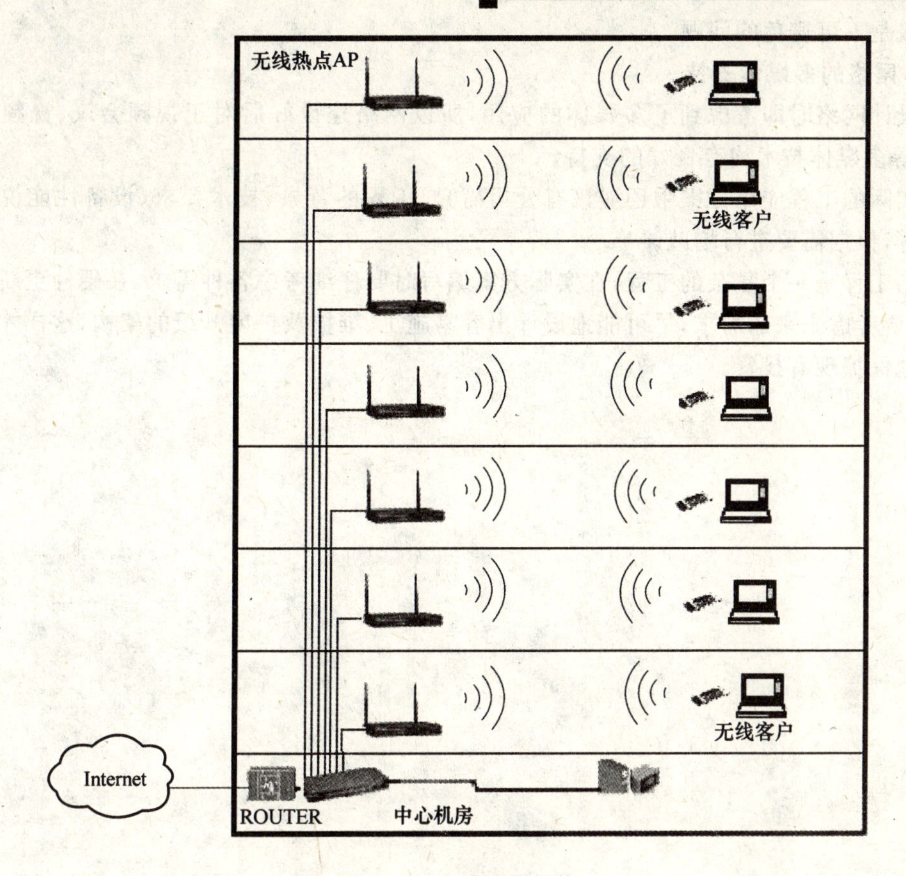

图 11.4　无线网络拓扑

11.2.4　总　结

整个网络有以下特点：

(1) 网络的连通性

各计算机终端设备之间良好的连通性是需要满足的基本条件，网络环境就是为需要通信的计算机设备之间提供互通的环境，以实现丰富多彩的网络应用。

(2) 网络的可靠性

网络在初始建设时不仅要考虑到如何实现数据传输，还要充分考虑网络的冗余与可靠性，否则运行过程中一旦网络发生故障，系统又不能很快恢复工作时，所带来的后果便是学院的时间损失，影响学院的声誉和形象。

(3) 网络的安全性

网络的安全性有非常高的要求。在局域网和广域网中传递的数据都是相当重要的信息，因此一定要保证数据的安全性，防止非法窃听和恶意破坏。

(4) 网络的可管理性

良好的网络管理要重视网络管理人力和财力的事先投入，能够控制网络，不仅能够进行定性管理，而且还能够定量分析网络流量，了解网络的健康状况。

(5) 网络的扩展性

现行网络建设情况为未来的发展提供了良好的扩展接口，随着学院规模的扩大网络的扩展和升级是不可避免的问题。

(6) 网络的多媒体支持

在设计网络时即考虑到了多媒体的应用，所以网络建设好后对于视频会议、视频点播及IP电话等多媒体技术均有良好的支持。

在实际的工程应用方案中还应该有公司简介、工程的背景、技术要求、设备性能说明及工程报价等，根据需要进行增减。

网络工程是一个复杂的工程，在实际方案编写时要仔细考虑各种需求，在硬件更新特别快的今天，要考虑未来的需求，尽可能地设计出容易施工、维护及扩展升级的架构，这样才能够最大限度地保护现有投资。

参考文献

[1] 谢希仁. 计算机网络[M]. 北京:电子工业出版社. 2008.